JN029019

'24年版

詳解

2級土木施工

管理技術検定

過去6回問題集

成美堂出版

'24 年版
詳解 2 級土木施工管理技術検定
過去 6 回問題集

C O N T E N T S

問題　編

本書の利用にあたっての注意

◎**令和 6 年 1 月 1 日現在の法改正等に準拠**

本書は令和 6 年 1 月 1 日現在の法改正等の内容を盛り込んでいます。

本書では，以下の記号を用いています。

〈記号〉

☆：問題文の正誤に影響はありませんが，関連する事項に法改正等のあった問題です。問題編では，法改正等によって問題文が変更される部分に下線をひき，問題文（選択肢）の末尾に（☆）をつけました。また，正答・解説編では，法改正等の変更箇所に下線をひき，☆印のあとに改正等により変更となった後の表記について記しました。

◎**本書の構成と使い方**

本書の正答・解説編は取り外し可能で 2 色構成となっております。正答やキーワードを付属の赤シートで隠しながら，効率よく学習することができます。

検定ガイダンス

注意）P.3 〜 4 の情報は，原則として令和 6 年 1 月 15 日現在の情報に基づいています。変更される場合がありますので，受検する場合には，事前に必ずご自身で試験実施機関の発表する最新情報を確認してください。

■試験日

- ・第一次検定（前期）：6 月 2 日
- ・第一次検定・第二次検定（同日試験）／第一次検定（後期）／第二次検定：10 月 27 日

■合格発表日

- ・第一次検定（前期）：7 月 2 日
- ・第一次検定・第二次検定（同日試験）の内、第一次検定／第一次検定（後期）：12 月 4 日
- ・第一次検定・第二次検定（同日試験）の内、第二次検定／第二次検定：令和 7 年 2 月 5 日

■受検手数料

第一次検定・第二次検定（同日試験）：10,500 円

第一次検定：5,250 円

第二次検定：5,250 円

■試験内容

●第一次検定【マークシート方式】

土木工学等（知識）・施工管理法（知識・能力）・法規（知識）の３科目。施工管理法（能力）は，施工の管理を適確に行うために必要な基礎的な能力が問われます。

●第二次検定【記述式】

施工管理法（知識・能力）からの出題。施工管理法（知識）は主任技術者として工事の施工の管理を適確に行うために必要な知識，施工管理法（能力）は主任技術者として土質試験等の正確な実施やその結果に基づく措置の実施，施工計画の適切な作成，実施などを行うことができる応用能力が問われます。

試験に関する問い合わせ先

一般財団法人　全国建設研修センター　土木試験部

〒187－8540　東京都小平市喜平町 2-1-2

(TEL)　042（300）6860
(HP アドレス) https://www.jctc.jp/

出 題 傾 向 分 析 表

過去6回に出題された項目を出題順にまとめました。出題頻度が一目でわかりますので試験対策に活用してください。

出題頻度（◎非常に高い，○高い）

※出題頻度を表すマークは，No.54～61の施工管理法（令和3年度以降に新設。p.11参照）の問題の出題内容を含めた出題頻度となっています。

土工　No.1～4		令3 前期	令3 後期	令4 前期	令4 後期	令5 前期	令5 後期
◎	土質調査	☆	☆	☆	☆		
◎	建設機械（作業と使用機械）	☆	☆	☆	☆	☆	☆
◎	盛土の施工	☆	☆		☆	☆	
◎	軟弱地盤対策工	☆	☆	☆	☆	☆	☆
	法面保護工					☆	☆
	盛土材料			☆			☆

コンクリート　No.5～8		令3 前期	令3 後期	令4 前期	令4 後期	令5 前期	令5 後期
	コンクリートの施工	☆					
	コンクリートの型枠	☆					☆
	コンクリートの打込み・締固め			☆	☆		
	コンクリートの仕上げ・養生				☆		
	コンクリート用セメント				☆		
	コンクリートの骨材	☆					☆
	コンクリートのスランプ試験					☆	
○	コンクリートの配合		☆	☆			☆
	鉄筋の加工及び組立		☆			☆	
◎	フレッシュコンクリート	☆	☆	☆	☆	☆	☆
○	混和材料		☆	☆		☆	

基礎工　No.9〜11	令3前期	令3後期	令4前期	令4後期	令5前期	令5後期
◎ 既製杭の施工	☆	☆	☆	☆	☆	☆
◎ 場所打ち杭工法	☆	☆	☆	☆	☆	☆
◎ 土留め工法	☆	☆	☆	☆	☆	☆

構造物　No.12〜14	令3前期	令3後期	令4前期	令4後期	令5前期	令5後期
応力－ひずみ曲線					☆	
高力ボルト	☆		☆			
○ 橋梁の架設工法		☆		☆		☆
鋼材の溶接・接合			☆		☆	
◎ 鋼材の特性	☆	☆		☆		☆
◎ コンクリートの劣化機構と対策	☆	☆	☆	☆	☆	☆

河川・砂防　No.15〜18	令3前期	令3後期	令4前期	令4後期	令5前期	令5後期
◎ 河川堤防	☆	☆	☆		☆	
◎ 河川護岸	☆	☆	☆	☆	☆	☆
◎ 砂防えん堤	☆	☆	☆	☆	☆	☆
◎ 地すべり防止工	☆	☆	☆	☆	☆	☆
河川一般				☆		☆

道路舗装　No.19〜22	令3前期	令3後期	令4前期	令4後期	令5前期	令5後期
◎ アスファルト舗装の施工	☆	☆	☆	☆	☆	☆
◎ アスファルト舗装の路床・路盤	☆	☆	☆	☆	☆	☆
○ アスファルト舗装の補修工法		☆		☆		☆
○ アスファルト舗装の破損	☆		☆		☆	
◎ コンクリート舗装	☆	☆	☆	☆	☆	☆

ダム・トンネル　No.23〜24	令3前期	令3後期	令4前期	令4後期	令5前期	令5後期
◎ ダムの施工	☆	☆	☆	☆	☆	☆
◎ トンネルの施工	☆	☆	☆	☆	☆	☆

出題傾向分析表

海岸・港湾　No.25〜26		令3前期	令3後期	令4前期	令4後期	令5前期	令5後期
	海岸堤防の消波工			☆		☆	
◎	海岸堤防の形式・構造	☆	☆		☆		☆
	浚渫船による施工			☆		☆	
◎	ケーソン式混成堤の施工	☆	☆		☆		☆

鉄道・地下構造物　No.27〜29		令3前期	令3後期	令4前期	令4後期	令5前期	令5後期
	鉄道の用語				☆		
	鉄道の軌道	☆					☆
	鉄道の建築限界と車両限界		☆				
○	鉄道の路盤・道床		☆	☆		☆	
◎	営業線近接工事の保安対策	☆		☆	☆	☆	☆
◎	シールド工法	☆	☆	☆	☆	☆	☆

上下水道　No.30〜31		令3前期	令3後期	令4前期	令4後期	令5前期	令5後期
○	上水道の配水管等の特徴	☆	☆				☆
○	上水道管の布設			☆	☆	☆	
○	下水道管きょの基礎		☆	☆			☆
	下水道管きょの接合方式				☆		
	下水道管きょの継手					☆	
	下水道管きょの更生工法	☆					

労働基準法　No.32〜33		令3前期	令3後期	令4前期	令4後期	令5前期	令5後期
○	労働時間・休憩・休日		☆		☆		☆
	賃金	☆				☆	
○	女性・年少者の就業・就業制限		☆	☆			☆
○	災害補償	☆			☆	☆	
	就業規則			☆			

労働安全衛生法　No.34	令3前期	令3後期	令4前期	令4後期	令5前期	令5後期
◎ 作業主任者		☆	☆	☆	☆	☆
安全衛生教育	☆					

建設業法　No.35	令3前期	令3後期	令4前期	令4後期	令5前期	令5後期
主任技術者・監理技術者			☆			☆
◎ 建設業法全般	☆	☆		☆	☆	

道路関係法　No.36	令3前期	令3後期	令4前期	令4後期	令5前期	令5後期
○ 道路法		☆	☆		☆	
○ 車両制限令	☆			☆		☆

河川法　No.37	令3前期	令3後期	令4前期	令4後期	令5前期	令5後期
○ 河川管理者の許可		☆	☆			☆
○ 河川法全般	☆			☆	☆	

建築基準法　No.38	令3前期	令3後期	令4前期	令4後期	令5前期	令5後期
◎ 用語の定義	☆	☆	☆		☆	
建ぺい率						☆
建築基準法全般				☆		

火薬類取締法　No.39	令3前期	令3後期	令4前期	令4後期	令5前期	令5後期
◎ 火薬類の取扱い	☆	☆	☆	☆	☆	☆

騒音規制法　No.40	令3前期	令3後期	令4前期	令4後期	令5前期	令5後期
◎ 特定建設作業	☆	☆	☆	☆		☆
地域の指定					☆	

振動規制法　No.41	令3前期	令3後期	令4前期	令4後期	令5前期	令5後期
◎　特定建設作業	☆	☆	☆	☆	☆	☆

港則法　No.42	令3前期	令3後期	令4前期	令4後期	令5前期	令5後期
◎　船舶の航行	☆	☆		☆		☆
作業等の許可・届出			☆		☆	

測量　No.43	令3前期	令3後期	令4前期	令4後期	令5前期	令5後期
水準測量	☆	☆				
◎　トラバース測量			☆	☆	☆	☆

公共工事標準請負契約約款　No.44	令3前期	令3後期	令4前期	令4後期	令5前期	令5後期
◎　公共工事標準請負契約約款	☆	☆	☆	☆	☆	☆

設計図・機械　No.45〜46	令3前期	令3後期	令4前期	令4後期	令5前期	令5後期
土木製図の読み方	☆		☆			
◎　構造物の部分名称		☆		☆	☆	☆
◎　建設機械	☆	☆	☆	☆	☆	☆

施工計画　No.47，54〜55	令3前期	令3後期	令4前期	令4後期	令5前期	令5後期
事前調査	☆				☆	
施工計画		☆				☆
◎　工事の仮設	☆	☆	☆	☆		
施工体制台帳					☆	
◎　建設機械	☆		☆	☆		☆
○　建設機械のコーン指数		☆		☆		☆
ダンプトラックの作業能力の算定					☆	

工程管理 No.56～57		令3前期	令3後期	令4前期	令4後期	令5前期	令5後期
○	工程表の種類と特徴	☆			☆	☆	
◎	ネットワーク式工程表	☆	☆	☆	☆	☆	☆
○	工程管理全般		☆	☆			☆

安全管理 No.48～49, 58～59		令3前期	令3後期	令4前期	令4後期	令5前期	令5後期
	安全衛生管理体制	☆					
○	足場の安全		☆	☆			☆
○	移動式クレーンの安全	☆		☆			☆
◎	地山の掘削の安全	☆	☆	☆	☆		
	保護具の使用						☆
○	車両系建設機械の安全		☆		☆	☆	
	型枠支保工の安全					☆	
◎	コンクリート構造物の解体作業の安全	☆	☆	☆	☆	☆	☆
	墜落・落下の防止				☆		
	労働者の危険防止措置全般					☆	

品質管理 No.50～51, 60～61		令3前期	令3後期	令4前期	令4後期	令5前期	令5後期
	PDCA サイクル	☆					☆
○	品質特性と試験方法		☆	☆		☆	
◎	レディーミクストコンクリートの品質管理	☆	☆	☆	☆	☆	☆
◎	盛土の品質管理	☆	☆	☆	☆	☆	☆
	ヒストグラム	☆		☆			
	管理図		☆				☆
	$\bar{x}$-R 管理図				☆	☆	
	品質管理全般				☆		

環境保全　No.52	令3前期	令3後期	令4前期	令4後期	令5前期	令5後期
◎ 建設工事の環境保全対策	☆	☆	☆		☆	
建設機械の騒音・振動				☆		☆

建設副産物・再生資源　No.53	令3前期	令3後期	令4前期	令4後期	令5前期	令5後期
◎ 特定建設資材	☆	☆	☆	☆	☆	☆

※出題頻度を表すマークは，No.1～53の施工管理法以外の問題の出題内容を含めた出題頻度となっています。

施工管理法（基礎的な能力）　No.54～61	令3前期	令3後期	令4前期	令4後期	令5前期	令5後期
施工計画 / 事前調査	☆					
施工計画 / 施工計画		☆				
◎ 施工計画 / 工事の仮設			☆			
施工計画 / 施工体制台帳					☆	
◎ 施工計画 / 建設機械	☆		☆	☆		☆
○ 施工計画 / 建設機械のコーン指数		☆		☆		☆
施工計画 / ダンプトラックの作業能力の算定					☆	
○ 工程管理 / 工程表の種類と特徴	☆			☆	☆	
◎ 工程管理 / ネットワーク式工程表	☆	☆	☆	☆	☆	☆
○ 工程管理 / 工程管理全般		☆	☆			☆
安全管理 / 安全衛生管理体制	☆					
○ 安全管理 / 足場の安全		☆	☆			☆
○ 安全管理 / 移動式クレーンの安全	☆		☆			☆
○ 安全管理 / 車両系建設機械の安全		☆		☆	☆	
安全管理 / 型枠支保工の安全					☆	
安全管理 / 墜落・落下の防止				☆		
◎ 品質管理 / 盛土の品質管理	☆	☆	☆	☆	☆	☆
品質管理 / ヒストグラム	☆		☆			
品質管理 / 管理図		☆				☆
品質管理 / $\bar{x}$-R 管理図				☆	☆	

■土工 ・・・・・・・・・・・・・・・・・・・・・・・・・・・
●各種「土質試験」の利用の仕方を押さえる
土工に用いられる原位置試験と室内試験の別，試験目的と結果から求められるものなど，各種試験の特徴を整理しておく。

●「軟弱地盤対策工」の種類と効果を分類して整理
サンドドレーン工法，サンドコンパクションパイル工法，バイブロフローテーション工法等の工法の説明，工法の効果をきっちり整理する。

●各種「建設機械」の特徴・用途を把握する
各種土木作業に応じての建設機械の適切な選択，各種土質に対する建設機械の適切な選択，また，それぞれの建設機械の稼働範囲などの特徴も整理しておく。

■コンクリート・・・・・・・・・・・・・・・・・・・・・
●「フレッシュコンクリートの性質」は頻出問題
ワーカビリティー，コンシステンシー，材料分離抵抗性などの用語は，必ず理解して覚える。

●「コンクリートの混和材料」はよく出るので注意
フライアッシュ，AE剤，減水剤，膨張材といった各種混和材料の名称と性能や効果について整理して押さえておく。

●「コンクリートの配合」には要注意
単位水量，スランプ，水セメント比などと強度との関係を押さえておく。

●「コンクリートの養生」の手順，注意点などを押さえる
養生の際の，温度変化における注意点について，散水養生と膜養生の相違点，各種セメントと養生時間について，しっかり確認をしておく。

■基礎工・・・・・・・・・・・・・・・・・・・・・・・・・・・
●「既製杭の施工」における施工上の留意点を整理
各種既製杭の建込み及び打込みの際の施工上の留意点はよく出題されるので，整理しておく。

●「場所打ち杭の施工」では各種工法の施工の特徴が頻出
オールケーシング工法，リバースサーキュレーション工法，アースドリル工法，深礎工法の掘削方法，孔壁の保護方法，適用地盤等，工法の特徴に関する問題が頻出する。

●「土留め工法」と「ケーソン基礎」の施工法の特徴と種類を押さえる
土留め工法の3種，①鋼矢板工法，②親杭横矢板工法，③連続地中壁工法の基礎的内容を押さえる。また，各工法での部材の名称も図から読み取れるように学習が必要。ケーソン基礎の2種，①オープンケーソン，②ニューマチックケーソンのそれぞれの特徴と比較した場合の違いを確認しておく。

■構造物‥‥‥‥‥‥‥‥‥‥‥‥‥‥‥‥

●「鋼材」に関する問題は用途が重要

各種鋼材の用途に関する正誤問題のほか，鋼材の特性，応力－ひずみ曲線の問題等も出されるので，注意が必要。

●「鋼橋の施工」では，架設工法，現場溶接に注意

ベント式工法・架設桁工法等の各種架設工法の特徴を整理しておく。また，現場溶接では，溶接を行ってもよい現場条件を確認し，各種の溶接の特徴を押さえる。

●「コンクリートの劣化機構」に関する問題が頻出

コンクリートの劣化対策と耐久性の問題や，劣化機構とその要因など，耐久性に係わる要件を整理しておく。

■河川・砂防‥‥‥‥‥‥‥‥‥‥‥‥‥

●「河川堤防の施工」では敷均し，締固め，施工機械に注目

1層あたりの締固め後の仕上り厚さ，締固めの留意事項，各種ローラの適用土質は頻出事項であり，しっかり押さえておく必要がある。

●「河川護岸」の構成部位の役割，設置上の留意点が重要

天端保護工，基礎工，すり付け工，根固工等の各構成部位の役割，設置する上での留意しなければならない点がよく出題される。

●「砂防えん堤」の構成部位の名称，施工順序，設置上の留意点が頻出

水通し，袖，側壁護岸等の構成部位を設置する上での留意点や施工順序を問う問題がよく出される。また，床固工，砂防えん堤，渓流保全工の施工上の留意点についても整理しておく。

●「地すべり防止」の工法は抑制工・抑止工の違いの理解が特に重要

それぞれの工法が，抑制工に属するか，または抑止工に属するか，判断できるように整理する。

■道路舗装‥‥‥‥‥‥‥‥‥‥‥‥‥‥

●「アスファルト舗装の路体・路床の施工」に関する出題が頻出

盛土の敷均し厚さと仕上り厚さ及び降雨排水対策，切土における粘性土・木根・岩塊・転石等への対応，石灰安定処理の施工について押さえておく必要がある。

●「アスファルト舗装の上・下層路盤」に関する問題が頻出

路盤材料の敷均し及び仕上り厚さ・使用機械，含水比，CBR，施工方法について整理しておく。

●「アスファルト舗装の補修工事」に関する問題が頻出

補修工法の種類とその特徴をよく整理しておく。

●「コンクリート舗装の施工」に関しては毎年出題

コンクリート版の種類，製作方法，施工法についてしっかり整理しておく。

要点チェック

■ダム・トンネル ·····················
●「コンクリートダム」に関する問題が頻出

コンクリートの打込み前の岩盤面の処理における留意点，コンクリートの敷均し・締固めの留意点についてよく出題される。

●「山岳トンネルの覆工」に注意

掘削の方法や各種工法についてよく出題されるので注意が必要。

■海岸・港湾 ·························
●「海岸堤防の施工」に関する出題が頻出

コンクリートブロック及び捨石による根固工，緩傾斜堤の勾配・構造などの基礎的事項について押さえておく。

●「防波堤」に関する出題に注意

被覆及び根固ブロック・基礎捨石，ケーソン，床掘りの施工方法，型式や特徴などについて押さえておく必要がある。

●「ケーソン式混成堤の施工」に関する問題に注意

ケーソンの据付け時の留意事項（注水，中詰め，えい航など）について押さえておく。

■鉄道・地下構造物 ·················
●「営業線近接工事の保安対策」に関する出題が頻出

作業現場への通路，重機・トロリー使用時の留意点，線路閉鎖及び機電停止を伴う場合や既設構造物に影響を及ぼす場合の措置，作業表示標の建植の必要性，見通し不良箇所の措置，列車運転状況確認の実施者について押さえておく必要がある。

●「鉄道工事の盛土」に関する問題に注意

滞水及び湧水の処置，在来線への腹付け方法，軟弱地盤・急傾斜地・大きな岩塊・降雨時・隣接構造物などに関する措置，作業基準の作成，盛土材料の圧縮性・粒度分布・含水比，盛土後の放置期間について押さえておく必要がある。

●「鉄道工事の路盤・路床」に関する問題に注意

路盤材料の敷均し厚さ・含水比，アスファルトの舗設温度・締固め，強化路盤の厚さ・路床勾配・排水・締固め密度についてよく出題される。

●「シールド工法」に関する出題が頻出

シールドジャッキの所要推進力，蛇行及びローリング修正方法，密閉型及び開放型シールドにおける切羽の安定性についてよく出題される。

■上下水道 ·························
●「上水道配水管の布設」に関する問題が頻出

地下埋設物との間隔，布設場所・位置，土被り，伏越し前後の勾配についてよく出題される。

●「推進方式と管種，土質」に関する出題
　が頻出
ボーリング方式・高低耐荷力圧入及びオーガ方式・一工程式・二工程式・泥水方式・泥土圧方式などの推進方式の詳細と適する管種について押さえておく必要がある。

●「下水道管の管種と基礎」に関する問題
　に注意
布設する管種と土質（普通土・硬質土・軟弱土・シルト・有機質土）及び基礎の種類の関係について押さえておくこと。また，接合方法にも注意。

■労働基準法

●「労働時間・休憩」に関する出題が頻出
法第 32，34，36 条に規定される労働時間及び休憩に関する内容について押さえておく必要がある。

●「賃金」に関する問題に注意
法第 11，12，24，25，26，27 条に規定される賃金に関する内容について押さえておく。

●「女性・年少者の就業制限」に関する問
　題に注意
法第 62 条，年少者労働基準規則第 7，8条に規定される女性や年少者の就業制限に関する内容について押さえておく。

■労働安全衛生法
法第 14 条，施行令第 6 条に規定される作業主任者と，法第 88 条第 4 項に規定される計画の届出に関する内容についての出題が多い。

■建設業法
法第 3，7，19，及び 26 条に規定される「主任技術者」及び「監理技術者」に関する内容について押さえておく必要がある。

■道路関係法
●「道路管理者・占用許可」に関する問
　題に注意
道路管理者の区分，道路占用許可の基準や申請内容について理解しておく。

●「車両制限令」についての問題が頻出
道路法第 47 条，車両制限令第 3 条に規定される内容について理解しておく。

■河川法
●「河川区域内での河川管理者の許可」に
　関する問題に注意
法 第 24，26，27 条，施 行 令 第 15，16，34 条，規則第 12 条に規定される河川管理者の許可を要する事項にはどういうものがあるのかを整理しておく。

■建築基準法
●「仮設建築物」に関する問題に注意
法 第 6 〜7 の6，12，15，18，19，21 〜23，26，31，33 〜37，39，40 条，第 3章の集団規定（道路，建蔽率など）に規定される内容と，法第 85 条に規定される仮設建築物に対する緩和措置との関係についてしっかり整理しておく。

■火薬類取締法
法第 23 条，規則第 52，53 条に規定される取扱い許可に関する問題を押さえる。法第 2 条に規定される火薬類の定義にも注意が必要。

■騒音規制法
●「特定建設作業の定義」に関する出題が
　頻出
法第 2 条に規定される騒音を発生する特定建設作業の定義を押さえておく。また，騒音の規制基準の数値も押さえておく必要がある。

■振動規制法 ……………………………

施行令第２条に規定される特定建設作業の定義と，規則第11条に規定される振動を発生する特定建設作業の振動の測定位置，規制基準に関して理解しておく。

■港則法………………………………

法第12，13条に規定される港内の船舶交通の安全と法第4，7，22，28，31，34条に規定される特定港内で港長の許可を要する事項についてまとめておくこと。

■測量 …………………………………

水準測量の作業上の留意点や誤差，トランシット測量の取扱い上の留意点に関して押さえておく必要がある。また，GPSやトラバース測量等，多様な測量方法についても整理しておく。

■公共工事標準請負契約約款 ………

約款第1，13，18条に規定される設計図書に関して定義をしっかりと覚えておく。

■設計図………………………………

道路河川の横断面図，橋梁の一般図等から読み取れる数値や名称など，多様な問題が出る。

■施工計画 ……………………………

●「事前調査事項」を現場条件，契約条件によるものに分類して整理

施工計画を立案するにあたり事前に調査する事項について，現場条件によるものか，あるいは契約条件によるものかを分類して整理する。

●「仮設備」の契約上の取扱いを理解する

契約上，仕様が決められていない任意仮設と，仕様が決められている指定仮設の契約上の取扱いの違いを理解しておく。変更契約の対象とならないなど契約上の取扱いを理解しておく。さらに，仮設備に含まれるものを挙げておく。

■建設機械 ……………………………

●「建設機械」では掘削機械と締固め機械の特徴，適用条件を明確に

パワーショベルやバックホウ等の掘削機械，ブルドーザの種類，タンピングローラ，タイヤローラ等の締固め機械の特徴を明確にして，適用条件，機械の規格についてもしっかり押さえておく。

■工程管理 ……………………………

●「工程図表」での各種工程図表の特徴

バーチャート，ガントチャート，曲線式工程表及びネットワーク式工程表のそれぞれの工程図表における特徴を整理しておく。

●「ネットワーク式工程表」は構成要素，長所・短所を整理する

ネットワーク式工程表におけるダミー，アクティビティ，イベント番号等の役割を明確にするとともに，クリティカルパスの算定方法を習得しておく。

■安全管理 ‥‥‥‥‥‥‥‥‥‥

●「作業主任者」を選任して行わなければ ならない作業とその役割を明らかに

労働安全衛生規則に定められている作業主任者を選任して行わなければならない作業，その作業主任者の名称を明確にしておき，どのような役割を担うか押さえておく。

●「足場の安全」では，足場の各部分の寸法の数値を重点的に押さえる

作業床の幅，作業床に設置する手すりの高さ，幅木の高さ，床材間の隙間といった寸法の数値について，労働安全衛生規則の規定を確認し，正確に覚える必要がある。

●「地山の掘削作業の安全」では，作業主任者や事業者の職務内容に注意

地山の掘削作業主任者の選任の要件や職務の内容，事業者が安全確保のために講じるべき措置について問われる可能性が高いので，労働安全衛生規則の規定を確認する必要がある。
また，掘削面の勾配の数値が問われることもあるので注意が必要。

●「コンクリート構造物の解体作業時の安全」では，事業者の職務内容に注意

労働安全衛生規則に定められている事業者が行うべき事項を確認し，作業主任者の職務などとの違いをしっかりと押さえておく。また，悪天候などの危険が予想される場合の事業者の対処についても確認しておく。

■品質管理 ‥‥‥‥‥‥‥‥‥‥

●「品質管理」における一般的事項を整理

品質管理の一般的な手順，その手順ごとの内容について押さえておく。

●土工やコンクリートにおける「品質特性」とその試験方法が頻出

品質特性を決める場合の条件を整理して，土工やコンクリートにおける各品質特性には何があるか，またその試験方法を押さえておく。

●「品質管理に用いる管理図」では，各管理図の特徴，判明可能な事項が重要

ヒストグラム，工程能力図，度数表等の特徴，知ることができる事項を整理して確認する。

●「レディーミクストコンクリート」の品質管理は，受入れ検査に関する問題が頻出

レディーミクストコンクリートの受入れ検査は，強度，スランプ，空気量及び塩化物含有量について行うが，それぞれの許容差，許容量について明確にしておく。

●「アスファルト舗装」舗設時の品質管理が頻出

アスファルト舗装の舗設現場における品質管理項目（安定度，密度，平坦性等）を押さえておく。

●「盛土の品質確保」では，盛土材料の条件，締固め機械の性質が重要

盛土の品質確保をはかるための盛土材料の条件を理解するとともに，締固め機械の性質を押さえておく必要がある。

■環境保全 ……………………………

●「騒音・振動対策」では杭打ち，鋼矢板打設等による騒音振動が頻出

建設工事，主に建設機械を使用した杭打ち，鋼矢板打設に伴う騒音や振動の対策について出題されるので，各種建設機械の特性を整理しておく。

●「特定建設作業」がよく出題

特定建設作業に該当する作業をしっかりと覚える。様々な作業を挙げ，該当しない作業を示させる出題が頻出。

●「環境保全対策」は要チェック

建設現場で発生する騒音・振動，粉じん，土壌汚染等で地域住民の生活環境を脅かすことがないよう，どの様な対策が必要となるか日頃からしっかり考えておく。

■建設副産物・再生資源…………

●廃棄物について

建設工事から発生する廃棄物が，産業廃棄物にあたるのか否かを問う問題がよく出る。一般廃棄物との違いをしっかり整理しておく。

●「指定副産物」と「特定建設資材」は確実に押さえる

「リサイクル法（資源の有効な利用の促進に関する法律）」に定められている建設業における「指定副産物」
→①土砂（建設発生土）
　②コンクリートの塊
　③アスファルト・コンクリートの塊
　④木材（建設発生木材）など
「建設リサイクル法（建設工事に係る資材の再資源化等に関する法律）」に定められている「特定建設資材（廃棄物）」
→①コンクリート
　②コンクリート及び鉄から成る建設資材
　③木材
　④アスファルト・コンクリート

2級土木施工管理技術検定

管理技術検定

令和5年度 後期 問題

● P.197 〜 199（第一次検定），p.200 〜 204（第二次検定）の解答用紙をコピーしてお使いください。

実施年		受検者数（人）	合格者数（人）	合格率（%）
令和5年度 後期	第一次[*1]	27,564	14,477	52.5
	第二次[*2]	26,178	16,464	62.9
令和5年度 前期	第一次	15,526	6,664	42.9
令和4年度 後期	第一次[*1]	27,461	17,565	64.0
	第二次[*2]	32,351	12,246	37.9
令和4年度 前期	第一次	16,041	10,175	63.4
令和3年度 後期	第一次[*1]	29,636	21,513	72.6
	第二次[*2]	28,688	11,713	40.8
令和3年度 前期	第一次	14,557	10,229	70.3

[*1] 第一次検定のみ受検者数または合格者数を含む。
[*2] 第二次検定の受検者数は，第一次検定及び第二次検定同日受検者のうち第一次検定合格者と第二次検定のみ試験受検者の実際の受検者の合計で記載，合格率も同様の数値を元に算出。

試験時間　130分

※問題番号 No.1 ～ No.11 までの 11 問題のうちから 9 問題を選択し解答してください。

No. 1　「土工作業の種類」と「使用機械」に関する次の組合せのうち，**適当でないもの**はどれか。

［土工作業の種類］　　　［使用機械］
1　掘削・積込み…………クラムシェル
2　さく岩………………モータグレーダ
3　法面仕上げ…………バックホウ
4　締固め………………タイヤローラ

No. 2　法面保護工の「工種」とその「目的」の組合せとして，次のうち**適当でないもの**はどれか。

［工種］　　　　　　　　［目的］
1　種子吹付け工…………凍上崩落の抑制
2　ブロック積擁壁工……土圧に対抗して崩壊防止
3　モルタル吹付け工……表流水の浸透防止
4　筋芝工………………切土面の浸食防止

No. 3　道路土工の盛土材料として望ましい条件に関する次の記述のうち，**適当でないもの**はどれか。

1　建設機械のトラフィカビリティーが確保しやすいこと。
2　締固め後の圧縮性が大きく，盛土の安定性が保てること。
3　敷均しが容易で締固め後のせん断強度が高いこと。
4　雨水等の浸食に強く，吸水による膨潤性が低いこと。

No. 4　軟弱地盤における次の改良工法のうち，締固め工法に**該当するもの**はどれか。

1　ウェルポイント工法
2　石灰パイル工法
3　バイブロフローテーション工法
4　プレローディング工法

No. 5　コンクリートで使用される骨材の性質に関する次の記述のうち，**適当でないもの**はどれか。

1　すりへり減量が大きい骨材を用いると，コンクリートのすりへり抵抗性が低下する。
2　骨材の粗粒率が大きいほど，粒度が細かい。
3　骨材の粒形は，扁平や細長よりも球形がよい。
4　骨材に有機不純物が多く混入していると，コンクリートの凝結や強度等に悪影響を及ぼす。

No. 6　コンクリートの配合設計に関する次の記述のうち，**適当でないもの**はどれか。

1　打込みの最小スランプの目安は，鋼材の最小あきが小さいほど，大きくなるように定める。
2　打込みの最小スランプの目安は，締固め作業高さが大きいほど，小さくなるように定める。
3　単位水量は，施工が可能な範囲内で，できるだけ少なくなるように定める。
4　細骨材率は，施工が可能な範囲内で，単位水量ができるだけ少なくなるように定める。

No. 7 フレッシュコンクリートに関する次の記述のうち，**適当でないもの**はどれか。

1 コンシステンシーとは，変形又は流動に対する抵抗性である。
2 レイタンスとは，コンクリート表面に水とともに浮かび上がって沈殿する物質である。
3 材料分離抵抗性とは，コンクリート中の材料が分離することに対する抵抗性である。
4 ブリーディングとは，運搬から仕上げまでの一連の作業のしやすさである。

No. 8 型枠に関する次の記述のうち，**適当でないもの**はどれか。

1 型枠内面には，剥離剤を塗布することを原則とする。
2 コンクリートの側圧は，コンクリート条件や施工条件により変化する。
3 型枠は，取り外しやすい場所から外していくことを原則とする。
4 コンクリートのかどには，特に指定がなくても面取りができる構造とする。

No. 9 既製杭の施工に関する次の記述のうち，**適当なもの**はどれか。

1 打撃による方法は，杭打ちハンマとしてバイブロハンマが用いられている。
2 中掘り杭工法は，あらかじめ地盤に穴をあけておき既製杭を挿入する。
3 プレボーリング工法は，既製杭の中をアースオーガで掘削しながら杭を貫入する。
4 圧入による方法は，オイルジャッキ等を使用して杭を地中に圧入する。

No. 10　場所打ち杭の施工に関する次の記述のうち，**適当なもの**はどれか。

1　オールケーシング工法は，ケーシングチューブを土中に挿入して，ケーシングチューブ内の土を掘削する。

2　アースドリル工法は，掘削孔に水を満たし，掘削土とともに地上に吸い上げる。

3　リバースサーキュレーション工法は，支持地盤を直接確認でき，孔底の障害物の除去が容易である。

4　深礎工法は，ケーシング下部の孔壁の崩壊防止のため，ベントナイト水を注入する。

No. 11　土留めの施工に関する次の記述のうち，**適当でないもの**はどれか。

1　自立式土留め工法は，支保工を必要としない工法である。

2　アンカー式土留め工法は，引張材を用いる工法である。

3　ボイリングとは，軟弱な粘土質地盤を掘削した時に，掘削底面が盛り上がる現象である。

4　パイピングとは，砂質土の弱いところを通ってボイリングがパイプ状に生じる現象である。

※問題番号No.12〜No.31までの20問題のうちから6問題を選択し解答してください。

No. 12　鋼材に関する次の記述のうち，**適当でないもの**はどれか。

1　鋼材は，気象や化学的な作用による腐食により劣化する。

2　疲労の激しい鋼材では，急激な破壊が生じることがある。

3　鋳鉄や鍛鋼は，橋梁の支承や伸縮継手等に用いられる。

4　硬鋼線材は，鉄線として鉄筋の組立や蛇かご等に用いられる。

＊No.12は正答が2つ公表されています。

No. 13 鋼道路橋における次の架設工法のうち，クレーンを組み込んだ起重機船を架設地点まで進入させ，橋梁を所定の位置に吊り上げて架設する工法として，**適当なもの**はどれか。

1 フローティングクレーンによる一括架設工法
2 クレーン車によるベント式架設工法
3 ケーブルクレーンによる直吊り工法
4 トラベラークレーンによる片持ち式架設工法

No. 14 コンクリートの「劣化機構」と「劣化要因」に関する次の組合せのうち，**適当でないもの**はどれか。

［劣化機構］	［劣化要因］
1 アルカリシリカ反応 ………	反応性骨材
2 疲労 ………………………	繰返し荷重
3 塩害 ………………………	凍結融解作用
4 化学的侵食 ………………	硫酸

No. 15 河川に関する次の記述のうち，**適当でないもの**はどれか。

1 河川の流水がある側を堤内地，堤防で守られている側を堤外地という。
2 河川堤防断面で一番高い平らな部分を天端という。
3 河川において，上流から下流を見て右側を右岸，左側を左岸という。
4 堤防の法面は，河川の流水がある側を表法面，その反対側を裏法面という。

No. 16 河川護岸に関する次の記述のうち，**適当でないもの**はどれか。

1 低水護岸は，低水路を維持し，高水敷の洗掘等を防止するものである。
2 法覆工は，堤防及び河岸の法面を被覆して保護するものである。
3 低水護岸の天端保護工は，流水によって護岸の表側から破壊しないように保護するものである。
4 横帯工は，流水方向の一定区間毎に設け，護岸の破壊が他に波及しないようにするものである。

No. 17 砂防えん堤に関する次の記述のうち，**適当なもの**はどれか。

1 水通しは，施工中の流水の切換えや堆砂後の本えん堤にかかる水圧を軽減させるために設ける。

2 前庭保護工は，本えん堤の洗掘防止のために，本えん堤の上流側に設ける。

3 袖は，洪水が越流した場合でも袖部等の破壊防止のため，両岸に向かって水平な構造とする。

4 砂防えん堤は，安全性の面から強固な岩盤に施工することが望ましい。

No. 18 地すべり防止工に関する次の記述のうち，**適当でないもの**はどれか。

1 排水トンネル工は，原則として安定した地盤にトンネルを設け，ここから帯水層に向けてボーリングを行い，トンネルを使って排水する工法であり，抑制工に分類される。

2 排土工は，地すべり頭部の不安定な土塊を排除し，土塊の滑動力を減少させる工法であり，抑止工に分類される。

3 水路工は，地表の水を水路に集め，速やかに地すべりの地域外に排除する工法であり，抑制工に分類される。

4 シャフト工は，井筒を山留めとして掘り下げ，鉄筋コンクリートを充填して，シャフト（杭）とする工法であり，抑止工に分類される。

No. 19 道路のアスファルト舗装における路床の施工に関する次の記述のうち，**適当でないもの**はどれか。

1 路床は，舗装と一体となって交通荷重を支持し，厚さは1mを標準とする。

2 切土路床では，土中の木根，転石等を表面から30cm程度以内は取り除く。

3 盛土路床は，均質性を得るために，材料の最大粒径は100mm以下であることが望ましい。

4 盛土路床では，1層の敷均し厚さは仕上り厚で40cm以下を目安とする。

No. 20 道路のアスファルト舗装におけるアスファルト混合物の締固めに関する次の記述のうち，**適当なもの**はどれか。

1 初転圧は，一般に 10 〜 12t のタイヤローラで 2 回（1 往復）程度行う。
2 二次転圧は，一般に 8 〜 20t のロードローラで行うが，振動ローラを用いることもある。
3 締固め温度は，高いほうが良いが，高すぎるとヘアクラックが多く見られることがある。
4 締固め作業は，敷均し終了後，初転圧，継目転圧，二次転圧，仕上げ転圧の順序で行う。

No. 21 道路のアスファルト舗装の補修工法に関する次の記述のうち，**適当でないもの**はどれか。

1 オーバーレイ工法は，既設舗装の上に，加熱アスファルト混合物以外の材料を使用して，薄い封かん層を設ける工法である。
2 打換え工法は，不良な舗装の一部分，又は全部を取り除き，新しい舗装を行う工法である。
3 切削工法は，路面の凹凸を削り除去し，不陸や段差を解消する工法である。
4 パッチング工法は，局部的なひび割れやくぼみ，段差等を応急的に舗装材料で充填する工法である。

No. 22 道路のコンクリート舗装の施工に関する次の記述のうち，**適当でないもの**はどれか。

1 普通コンクリート舗装の路盤は，厚さ 30cm 以上の場合は上層と下層に分けて施工する。
2 普通コンクリート舗装の路盤は，コンクリート版が膨張・収縮できるよう，路盤上に厚さ 2cm 程度の砂利を敷設する。
3 普通コンクリート版の縦目地は，版の温度変化に対応するよう，車線に直交する方向に設ける。
4 普通コンクリート版の縦目地は，ひび割れが生じても亀裂が大きくならないためと，版に段差が生じないためにダミー目地が設けられる。

No. 23 コンクリートダムの施工に関する次の記述のうち，**適当でないもの**はどれか。

1　転流工は，ダム本体工事にとりかかるまでに必要な工事で，工事用道路や土捨場等の工事を行うものである。
2　基礎掘削工は，基礎岩盤に損傷を与えることが少なく，大量掘削に対応できるベンチカット工法が一般的である。
3　基礎処理工は，セメントミルク等を用いて，ダムの基礎岩盤の状態が均一ではない弱部の補強，改良を行うものである。
4　RCD工法は，単位水量が少なく，超硬練りに配合されたコンクリートを振動ローラで締め固める工法である。

No. 24 トンネルの山岳工法における掘削に関する次の記述のうち，**適当でないもの**はどれか。

1　機械掘削は，発破掘削に比べて騒音や振動が比較的少ない。
2　発破掘削は，主に地質が軟岩の地山に用いられる。
3　全断面工法は，トンネルの全断面を一度に掘削する工法である。
4　ベンチカット工法は，一般的にトンネル断面を上下に分割して掘削する工法である。

No. 25 海岸堤防の形式の特徴に関する次の記述のうち，**適当でないもの**はどれか。

1　直立型は，比較的良好な地盤で，堤防用地が容易に得られない場合に適している。
2　傾斜型は，比較的軟弱な地盤で，堤体土砂が容易に得られる場合に適している。
3　緩傾斜型は，堤防用地が広く得られる場合や，海水浴場等に利用する場合に適している。
4　混成型は，水深が割合に深く，比較的良好な地盤に適している。

No. 26 ケーソン式混成堤の施工に関する次の記述のうち，**適当でないもの**はどれか。

1 ケーソンの底面が据付け面に近づいたら，注水を一時止め，潜水士によって正確な位置を決めたのち，ふたたび注水して正しく据え付ける。
2 据え付けたケーソンは，できるだけゆっくりケーソン内部に中詰めを行って，ケーソンの質量を増し，安定性を高める。
3 ケーソンは，波が静かなときを選び，一般にケーソンにワイヤをかけて引き船により据付け，現場までえい航する。
4 中詰め後は，波によって中詰め材が洗い出されないように，ケーソンの蓋となるコンクリートを打設する。

No. 27 鉄道の「軌道の用語」と「説明」に関する次の組合せのうち，**適当でないもの**はどれか。

[軌道の用語]   [説明]
1 スラック・・・・・・・・・・・・・曲線部において列車の通過を円滑にするために軌間を縮小する量のこと
2 カント・・・・・・・・・・・・・・・曲線部において列車の転倒を防止するために曲線外側レールを高くすること
3 軌間・・・・・・・・・・・・・・・・両側のレール頭部間の最短距離のこと
4 スラブ軌道・・・・・・・・・・・プレキャストのコンクリート版を用いた軌道のこと

No. 28 鉄道（在来線）の営業線内及びこれに近接した工事に関する次の記述のうち，**適当でないもの**はどれか。

1 重機械による作業は，列車の近接から通過の完了まで建築限界をおかさないよう注意して行う。
2 工事場所が信号区間では，バール・スパナ・スチールテープ等の金属による短絡を防止する。
3 営業線での安全確保のため，所要の防護策を設け定期的に点検する。
4 重機械の運転者は，重機械安全運転の講習会修了証の写しを添え，監督員等の承認を得る。

No. 29　シールド工法に関する次の記述のうち，**適当でないもの**はどれか。

1　泥水式シールド工法は，泥水を循環させ，泥水によって切羽の安定を図る工法である。
2　泥水式シールド工法は，掘削した土砂に添加材を注入して強制的に攪拌し，流体輸送方式によって地上に搬出する工法である。
3　土圧式シールド工法は，カッターチャンバー内に掘削した土砂を充満させ，切羽の土圧と平衡を保つ工法である。
4　土圧式シールド工法は，掘削した土砂をスクリューコンベヤで排土する工法である。

No. 30　上水道に用いる配水管と継手の特徴に関する次の記述のうち，**適当でないもの**はどれか。

1　鋼管の継手の溶接は，時間がかかり，雨天時には溶接に注意しなければならない。
2　ポリエチレン管の融着継手は，雨天時や湧水地盤での施工が困難である。
3　ダクタイル鋳鉄管のメカニカル継手は，地震の変動への適応が困難である。
4　硬質塩化ビニル管の接着した継手は，強度や水密性に注意しなければならない。

No. 31 下水道の剛性管渠を施工する際の下記の「基礎地盤の土質区分」と「基礎の種類」の組合せとして、**適当なもの**は次のうちどれか。

［基礎地盤の土質区分］
（イ）軟弱土（シルト及び有機質土）
（ロ）硬質土（硬質粘土，礫混じり土及び礫混じり砂）
（ハ）極軟弱土（非常に緩いシルト及び有機質土）

［基礎の種類］

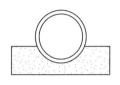

砂基礎　　　　　　コンクリート基礎　　鉄筋コンクリート基礎

	（イ）	（ロ）	（ハ）
1	砂基礎	コンクリート基礎	鉄筋コンクリート基礎
2	コンクリート基礎	砂基礎	鉄筋コンクリート基礎
3	鉄筋コンクリート基礎	砂基礎	コンクリート基礎
4	砂基礎	鉄筋コンクリート基礎	コンクリート基礎

※問題番号 No.32～No.42 までの 11 問題のうちから 6 問題を選択し解答してください。

No. 32 労働時間，休憩に関する次の記述のうち，労働基準法上，**誤っているもの**はどれか。

1　使用者は，原則として労働者に，休憩時間を除き 1 週間に 40 時間を超えて，労働させてはならない。
2　災害その他避けることのできない事由によって，臨時の必要がある場合は，使用者は，行政官庁の許可を受けて，労働時間を延長することができる。
3　使用者は，労働時間が 8 時間を超える場合においては労働時間の途中に少なくとも 45 分の休憩時間を，原則として，一斉に与えなければならない。
4　労働時間は，事業場を異にする場合においても，労働時間に関する規定の適用について通算する。

No. 33 満18才に満たない者の就労に関する次の記述のうち，労働基準法上，**誤っているもの**はどれか。

1　使用者は，毒劇薬，又は爆発性の原料を取り扱う業務に就かせてはならない。
2　使用者は，その年齢を証明する後見人の証明書を事業場に備え付けなければならない。
3　使用者は，動力によるクレーンの運転をさせてはならない。
4　使用者は，坑内で労働させてはならない。

No. 34 労働安全衛生法上，**作業主任者の選任を必要としない作業**は，次のうちどれか。

1　土止め支保工の切りばり又は腹起こしの取付け又は取り外しの作業
2　高さが5m以上のコンクリート造の工作物の解体又は破壊の作業
3　既製コンクリート杭の杭打ちの作業
4　掘削面の高さが2m以上となる地山の掘削の作業

No. 35 主任技術者及び監理技術者の職務に関する次の記述のうち，建設業法上，**正しいもの**はどれか。

1　当該建設工事の下請契約書の作成を行わなければならない。
2　当該建設工事の下請代金の支払いを行わなければならない。
3　当該建設工事の資機材の調達を行わなければならない。
4　当該建設工事の品質管理を行わなければならない。

No. 36 車両の最高限度に関する次の記述のうち，車両制限令上，**正しいもの**はどれか。
ただし，道路管理者が道路の構造の保全及び交通の危険の防止上支障がないと認めて指定した道路を通行する車両を除く。

1　車両の幅は，2.5mである。
2　車両の輪荷重は，10tである。
3　車両の高さは，4.5mである。
4　車両の長さは，14mである。

No. 37 河川法上，河川区域内において，河川管理者の許可を**必要としないも
の**は次のうちどれか。

1 河川区域内に設置されているトイレの撤去
2 河川区域内の上空を横断する送電線の改築
3 河川区域内の土地を利用した鉄道橋工事の資材置場の設置
4 取水施設の機能維持のために行う取水口付近に堆積した土砂の排除

No. 38 敷地面積1000m²の土地に，建築面積500m²の2階建ての倉庫を
建築しようとする場合，建築基準法上，建ぺい率（%）として**正しいも
の**は次のうちどれか。

1　50
2　100
3　150
4　200

No. 39 火薬類の取扱いに関する次の記述のうち，火薬類取締法上，**誤ってい
るもの**はどれか。

1 火工所に火薬類を存置する場合には，見張人を原則として常時配置すること。
2 火工所として建物を設ける場合には，適当な換気の措置を講じ，床面は鉄類で覆
い，安全に作業ができるような措置を講ずること。
3 火工所の周囲には，適当な柵を設け，「火気厳禁」等と書いた警戒札を掲示する
こと。
4 火工所は，通路，通路となる坑道，動力線，火薬類取扱所，他の火工所，火薬
庫，火気を取り扱う場所，人の出入りする建物等に対し安全で，かつ，湿気の少な
い場所に設けること。

No. 40 騒音規制法上，建設機械の規格等にかかわらず特定建設作業の**対象とならない作業**は，次のうちどれか。
ただし，当該作業がその作業を開始した日に終わるものを除く。

1　さく岩機を使用する作業
2　圧入式杭打杭抜機を使用する作業
3　バックホゥを使用する作業
4　ブルドーザを使用する作業

No. 41 振動規制法上，特定建設作業の規制基準に関する測定位置として，次の記述のうち**正しいもの**はどれか。

1　特定建設作業の敷地内の振動発生源
2　特定建設作業の敷地の中心地点
3　特定建設作業の敷地の境界線
4　特定建設作業の敷地に最も近接した家屋内

No. 42 港則法上，特定港内の船舶の航路及び航法に関する次の記述のうち，**誤っているもの**はどれか。

1　汽艇等以外の船舶は，特定港に出入し，又は特定港を通過するには，国土交通省令で定める航路によらなければならない。
2　船舶は，航路内においては，原則として投びょうし，又はえい航している船舶を放してはならない。
3　船舶は，航路内において，他の船舶と行き会うときは，左側を航行しなければならない。
4　航路から航路外に出ようとする船舶は，航路を航行する他の船舶の進路を避けなければならない。

No. 43 閉合トラバース測量による下表の観測結果において，閉合誤差が 0.008m のとき，**閉合比**は次のうちどれか。
ただし，閉合比は有効数字 4 桁目を切り捨て，3 桁に丸める。

側線	距離 I(m)	方位角			緯距 L(m)	経距 D(m)
AB	37.464	183°	43′	41″	−37.385	−2.436
BC	40.557	103°	54′	7″	−9.744	39.369
CD	39.056	36°	32′	41″	31.377	23.256
DE	38.903	325°	21′	0″	32.003	−22.119
EA	41.397	246°	53′	37″	−16.246	−38.076
計	197.377				0.005	−0.006

閉合誤差＝ 0.008m

1　1／24400
2　1／24500
3　1／24600
4　1／24700

No. 44 公共工事で発注者が示す設計図書に**該当しないもの**は，次のうちどれか。

1　現場説明書
2　現場説明に対する質問回答書
3　設計図面
4　施工計画書

No. 45 下図は橋の一般的な構造を示したものであるが，（イ）～（ニ）の橋の長さを表す名称に関する組合せとして，**適当なもの**は次のうちどれか。

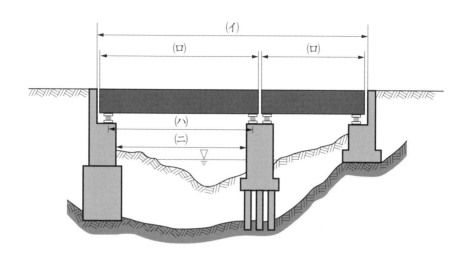

	（イ）	（ロ）	（ハ）	（ニ）
1	橋長	桁長	径間長	支間長
2	桁長	橋長	支間長	径間長
3	桁長	橋長	径間長	支間長
4	橋長	桁長	支間長	径間長

No. 46 建設機械の用途に関する次の記述のうち，**適当でないもの**はどれか。

1　ブルドーザは，土工板を取り付けた機械で，土砂の掘削・運搬（押土），積込み等に用いられる。

2　ランマは，振動や打撃を与えて，路肩や狭い場所等の締固めに使用される。

3　モーターグレーダは，路面の精密な仕上げに適しており，砂利道の補修，土の敷均し等に用いられる。

4　タイヤローラは，接地圧の調整や自重を加減することができ，路盤等の締固めに使用される。

No. 47 施工計画作成に関する次の記述のうち，**適当でないもの**はどれか。

1 環境保全計画は，公害問題，交通問題，近隣環境への影響等に対し，十分な対策を立てることが主な内容である。
2 調達計画は，労務計画，資材計画，機械計画を立てることが主な内容である。
3 品質管理計画は，要求する品質を満足させるために設計図書に基づく規格値内に収まるよう計画することが主な内容である。
4 仮設備計画は，仮設備の設計や配置計画，安全衛生計画を立てることが主な内容である。

No. 48 労働安全衛生法上，事業者が労働者に保護帽の着用をさせなければならない作業に**該当しないもの**は，次のうちどれか。

1 物体の飛来又は落下の危険のある採石作業
2 最大積載量が5tの貨物自動車の荷の積み卸しの作業
3 ジャッキ式つり上げ機械を用いた荷のつり上げ，つり下げの作業
4 橋梁支間20mのコンクリート橋の架設作業

No. 49 高さ5m以上のコンクリート造の工作物の解体作業にともなう危険を防止するために事業者が行うべき事項に関する次の記述のうち，労働安全衛生法上，**誤っているもの**はどれか。

1 作業方法及び労働者の配置を決定し，作業を直接指揮する。
2 強風，大雨，大雪等の悪天候のため，作業の実施について危険が予想されるときは，当該作業を中止しなければならない。
3 器具，工具等を上げ，又は下ろすときは，つり綱，つり袋等を労働者に使用させる。
4 外壁，柱等の引倒し等の作業を行うときは，引倒し等について一定の合図を定め，関係労働者に周知させなければならない。

No. 50 工事の品質管理活動における品質管理のPDCA（Plan, Do, Check, Action）に関する次の記述のうち，**適当でないもの**はどれか。

1 第1段階（計画 Plan）では，品質特性の選定と品質規格を決定する。
2 第2段階（実施 Do）では，作業日報に基づき，作業を実施する。
3 第3段階（検討 Check）では，統計的手法により，解析・検討を行う。
4 第4段階（処理 Action）では，異常原因を追究し，除去する処置をとる。

No. 51 レディーミクストコンクリート（JIS A 5308）の受入れ検査と合格判定に関する次の記述のうち，**適当でないもの**はどれか。

1 圧縮強度の1回の試験結果は，購入者の指定した呼び強度の強度値の85%以上である。
2 空気量4.5%のコンクリートの空気量の許容差は，±2.0%である。
3 スランプ12cmのコンクリートのスランプの許容差は，±2.5cmである。
4 塩化物含有量は，塩化物イオン量として原則0.3kg/m³以下である。

No. 52 建設工事における騒音や振動に関する次の記述のうち，**適当でないもの**はどれか。

1 掘削，積込み作業にあたっては，低騒音型建設機械の使用を原則とする。
2 アスファルトフィニッシャでの舗装工事で，特に静かな工事施工が要求される場合，バイブレータ式よりタンパ式の採用が望ましい。
3 建設機械の土工板やバケット等は，できるだけ土のふるい落としの操作を避ける。
4 履帯式の土工機械では，走行速度が速くなると騒音振動も大きくなるので，不必要な高速走行は避ける。

No. 53 「建設工事に係る資材の再資源化等に関する法律」（建設リサイクル法）に定められている特定建設資材に**該当するもの**は，次のうちどれか。

1 ガラス類
2 廃プラスチック
3 アスファルト・コンクリート
4 土砂

正答　別冊 P.17　37

No. 54 建設機械の走行に関する下記の文章中の [   ] の（イ）～（ニ）に当てはまる語句の組合せとして，**適当なもの**は次のうちどれか。

・建設機械の走行に必要なコーン指数は， [（イ）] より [（ロ）] の方が大きく， [（イ）] より [（ハ）] の方が小さい。

・ [（ニ）] では，建設機械の走行に伴うこね返しにより土の強度が低下し，走行不可能になることもある。

	（イ）	（ロ）	（ハ）	（ニ）
1	普通ブルドーザ	ダンプトラック	湿地ブルドーザ	粘性土
2	ダンプトラック	普通ブルドーザ	湿地ブルドーザ	砂質土
3	ダンプトラック	湿地ブルドーザ	普通ブルドーザ	粘性土
4	湿地ブルドーザ	ダンプトラック	普通ブルドーザ	砂質土

No. 55 建設機械の作業に関する下記の①～④の4つの記述のうち，**適当なものの数**は次のうちどれか。

①リッパビリティとは，バックホゥに装着されたリッパによって作業できる程度をいう。

②トラフィカビリティとは，建設機械の走行性をいい，一般にN値で判断される。

③ブルドーザの作業効率は，砂の方が岩塊・玉石より小さい。

④ダンプトラックの作業効率は，運搬路の沿道条件，路面状態，昼夜の別で変わる。

1　1つ
2　2つ
3　3つ
4　4つ

No. 56 工程管理に関する下記の①〜④の4つの記述のうち，**適当なもののみを全てあげている組合せ**は次のうちどれか。

①計画工程と実施工程に差が生じた場合には，その原因を追及して改善する。
②工程管理では，計画工程が実施工程よりも，やや上回る程度に進行管理を実施する。
③常に工程の進捗状況を全作業員に周知徹底させ，作業能率を高めるように努力する。
④工程表は，工事の施工順序と所要の日数等をわかりやすく図表化したものである。

1　①②
2　②③
3　①②③
4　①③④

下図のネットワーク式工程表について記載している下記の文章中の
　　　　　の（イ）～（ニ）に当てはまる語句の組合せとして，**正しい
もの**は次のうちどれか。
ただし，図中のイベント間のA～Gは作業内容，数字は作業日数を表す。

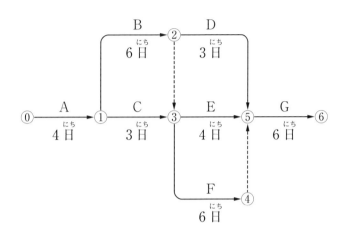

・ 　(イ)　 及び 　(ロ)　 は，クリティカルパス上の作業である。
・作業Dが 　(ハ)　 遅延しても，全体の工期に影響はない。
・この工程全体の工期は， 　(ニ)　 である。

	（イ）	（ロ）	（ハ）	（ニ）
1	作業B	作業F	3日	22日間
2	作業C	作業E	4日	20日間
3	作業C	作業E	3日	20日間
4	作業B	作業F	4日	22日間

No. 58 足場の安全に関する下記の文章中の [　　] の（イ）～（ニ）に当てはまる語句の組合せとして、労働安全衛生法上、**正しいもの**は次のうちどれか。

・高さ2m以上の足場（一側足場及びわく組足場を除く）の作業床には、墜落や転落を防止するため、手すりと [　（イ）　] を設置する。
・高さ2m以上の足場（一側足場及びつり足場を除く）の作業床の幅は40cm以上とし、物体の落下を防ぐ [　（ロ）　] を設置する。
・高さ2m以上の足場（一側足場及びつり足場を除く）の作業床における床材間の [　（ハ）　] は、3cm以下とする。
・高さ5m以上の足場の組立て、解体等の作業を行う場合は、[　（ニ）　] が指揮を行う。

	（イ）	（ロ）	（ハ）	（ニ）
1	中さん	幅木	隙間	足場の組立て等作業主任者
2	幅木	中さん	段差	監視人
3	中さん	幅木	段差	足場の組立て等作業主任者
4	幅木	中さん	隙間	監視人

No. 59 移動式クレーンを用いた作業において、事業者が行うべき事項に関する下記の①～④の4つの記述のうち、クレーン等安全規則上、**正しいものの数**は次のうちどれか。

①移動式クレーンにその定格荷重をこえる荷重をかけて使用してはならない。
②軟弱地盤のような移動式クレーンが転倒するおそれのある場所では、原則として作業を行ってはならない。
③アウトリガーを有する移動式クレーンを用いて作業を行うときは、原則としてアウトリガーを最大限に張り出さなければならない。
④移動式クレーンの運転者を、荷をつったままで旋回範囲から離れさせてはならない。

1　1つ
2　2つ
3　3つ
4　4つ

No. 60 管理図に関する下記の文章中の □ の（イ）～（ニ）に当てはまる語句又は数値の組合せとして，**適当なもの**は次のうちどれか。

・管理図は，いくつかある品質管理の手法の中で，応用範囲が　(イ)　便利で，最も多く活用されている。
・一般に，上下の管理限界の線は，統計量の標準偏差の　(ロ)　倍の幅に記入している。
・不良品の個数や事故の回数など個数で数えられるデータは，　(ハ)　と呼ばれている。
・管理限界内にあっても，測定値が　(ニ)　上下するときは工程に異常があると考える。

	（イ）	（ロ）	（ハ）	（ニ）
1	広く	10	計数値	1度でも
2	狭く	3	計量値	1度でも
3	狭く	10	計量値	周期的に
4	広く	3	計数値	周期的に

No. 61 盛土の締固めにおける品質管理に関する下記の①～④の4つの記述のうち，**適当なものの数**は次のうちどれか。

①工法規定方式は，盛土の締固め度を規定する方法である。
②盛土の締固めの効果や特性は，土の種類や含水比，施工方法によって大きく変化する。
③盛土が最もよく締まる含水比は，最大乾燥密度が得られる含水比で最適含水比である。
④現場での土の乾燥密度の測定方法には，砂置換法やRI計器による方法がある。

1　1つ
2　2つ
3　3つ
4　4つ

正答　別冊 P.23

令和5年度
後期

第二次検定

試験時間　120分

※問題1〜問題5は必須問題です。必ず解答してください。
問題1で
①設問1の解答が無記載又は記述漏れがある場合，
②設問2の解答が無記載又は設問で求められている内容以外の記述の場合，
どちらの場合にも問題2以降は採点の対象となりません。

必須問題

問題 1　あなたが経験した土木工事の現場において，工夫した安全管理又は工夫した工程管理のうちから1つ選び，次の〔設問1〕，〔設問2〕に答えなさい。
　〔注意〕　あなたが経験した工事でないことが判明した場合は失格となります。

〔設問1〕　あなたが経験した土木工事に関し，次の事項について解答欄に明確に記述しなさい。
　〔注意〕　「経験した土木工事」は，あなたが工事請負者の技術者の場合は，あなたの所属会社が受注した工事内容について記述してください。従って，あなたの所属会社が二次下請業者の場合は，発注者名は一次下請業者名となります。
　　　　　なお，あなたの所属が発注機関の場合の発注者名は，所属機関名となります。

(1)　工　事　名
(2)　工事の内容
　①　発注者名
　②　工事場所
　③　工　　期
　④　主な工種
　⑤　施　工　量
(3)　工事現場における施工管理上のあなたの立場

解答例　別冊 P.25　43

〔設問2〕 上記工事で実施した「**現場で工夫した安全管理**」又は「**現場で工夫した工程管理**」のいずれかを選び，次の事項について解答欄に具体的に記述しなさい。

(1) 特に留意した**技術的課題**
(2) 技術的課題を解決するために**検討した項目と検討理由及び検討内容**
(3) 上記検討の結果，**現場で実施した対応処置とその評価**

必須問題

問題 2

地山の明り掘削の作業時に事業者が行わなければならない安全管理に関し，労働安全衛生法上，次の文章の ＿＿＿＿＿ の（イ）～（ホ）に当てはまる**適切な語句**を，下記の語句から選び解答欄に記入しなさい。

(1) 地山の崩壊，埋設物等の損壊等により労働者に危険を及ぼすおそれのあるときは，作業箇所及びその周辺の地山について，ボーリングその他適当な方法により調査し，調査結果に適応する掘削の時期及び ＿＿（イ）＿＿ を定めて，作業を行わなければならない。

(2) 地山の崩壊又は土石の落下により労働者に危険を及ぼす恐れのあるときは，あらかじめ ＿＿（ロ）＿＿ を設け， ＿＿（ハ）＿＿ を張り，労働者の立入りを禁止する等の措置を講じなければならない。

(3) 掘削機械，積込機械及び運搬機械の使用によるガス導管，地中電線路その他地下に存在する工作物の ＿＿（ニ）＿＿ により労働者に危険を及ぼす恐れのあるときは，これらの機械を使用してはならない。

(4) 点検者を指名して，その日の作業を ＿＿（ホ）＿＿ する前，大雨の後及び中震（震度4）以上の地震の後，浮石及び亀裂の有無及び状態並びに含水，湧水及び凍結の状態の変化を点検させなければならない。

［語 句］

土止め支保工,	遮水シート,	休憩,	飛散,	作業員,
型枠支保工,	順序,	開始,	防護網,	段差,
吊り足場,	合図,	損壊,	終了,	養生シート

必須問題

問題 3

「建設工事に係る資材の再資源化等に関する法律」（建設リサイクル法）により定められている，下記の特定建設資材①〜④から**2つ選び**，その番号，**再資源化後の材料名又は主な利用用途**を，解答欄に記述しなさい。

ただし，同一の解答は不可とする。

①コンクリート
②コンクリート及び鉄から成る建設資材
③木材
④アスファルト・コンクリート

必須問題

問題 4

切土法面の施工に関する次の文章の _____ の（イ）〜（ホ）に当てはまる**適切な語句を**，下記の語句から選び解答欄に記入しなさい。

(1) 切土の施工に当たっては ___(イ)___ の変化に注意を払い，当初予想された ___(イ)___ 以外が現れた場合，ひとまず施工を中止する。

(2) 切土法面の施工中は，雨水等による法面浸食や ___(ロ)___ ・落石等が発生しないように，一時的な法面の排水，法面保護，落石防止を行うのがよい。

(3) 施工中の一時的な切土法面の排水は，仮排水路を ___(ハ)___ の上や小段に設け，できるだけ切土部への水の浸透を防止するとともに法面を雨水等が流れないようにすることが望ましい。

(4) 施工中の一時的な法面保護は，法面全体をビニールシートで被覆したり，___(ニ)___ により法面を保護することもある。

(5) 施工中の一時的な落石防止としては，亀裂の多い岩盤法面や礫等の浮石の多い法面では，仮設の落石防護網や落石防護 ___(ホ)___ を施すこともある。

[語句]
土地利用，　看板，　平坦部，　地質，　柵，
監視，　転倒，　法肩，　客土，　N値，
モルタル吹付，　尾根，　飛散，　管，　崩壊

問題 5 コンクリートに関する下記の用語①～④から**2つ選び**，その番号，その用語の説明について解答欄に記述しなさい。

①アルカリシリカ反応
②コールドジョイント
③スランプ
④ワーカビリティー

問題6～問題9までは選択問題（1），（2）です。
※問題6，問題7の選択問題（1）の2問題のうちから1問題を選択し解答してください。
　なお，選択した問題は，解答用紙の選択欄に○印を必ず記入してください。

選択問題（1）

問題 6 盛土の締固め管理方法に関する次の文章の の（イ）～（ホ）に当てはまる**適切な語句又は数値**を，下記の語句又は数値から選び解答欄に記入しなさい。

(1) 盛土工事の締固め管理方法には，　(イ)　規定方式と　(ロ)　規定方式があり，どちらの方法を適用するかは，工事の性格・規模・土質条件など，現場の状況をよく考えた上で判断することが大切である。

(2) 　(イ)　規定方式のうち，最も一般的な管理方法は，現場における土の締固めの程度を締固め度で規定する方法である。

(3) 締固め度の規定値は，一般に JIS A 1210（突固めによる土の締固め試験方法）のA法で道路土工に規定された室内試験から得られる土の最大　(ハ)　の　(ニ)　％以上とされている。

(4) 　(ロ)　規定方式は，使用する締固め機械の機種や締固め回数，盛土材料の敷均し厚さ等，　(ロ)　そのものを　(ホ)　に規定する方法である。

[語句又は数値]
施工,	80,	協議書,	90,	乾燥密度,
安全,	品質,	収縮密度,	工程,	指示書,
膨張率,	70,	工法,	現場,	仕様書

選択問題（1）

問題 7　コンクリート構造物の鉄筋の組立及び型枠に関する次の文章の ____ の （イ）～（ホ）に当てはまる**適切な語句**を，下記の語句から選び解答欄に記入しなさい。

(1)　鉄筋どうしの交点の要所は直径0.8mm以上の　(イ)　等で緊結する。

(2)　鉄筋のかぶりを正しく保つために，モルタルあるいはコンクリート製の　(ロ)　を用いる。

(3)　鉄筋の継手箇所は構造上の弱点となりやすいため，できるだけ大きな荷重がかかる位置を避け，　(ハ)　の断面に集めないようにする。

(4)　型枠の締め付けにはボルト又は鋼棒を用いる。型枠相互の間隔を正しく保つためには，　(ニ)　やフォームタイを用いる。

(5)　型枠内面には，　(ホ)　を塗っておくことが原則である。

［語　句］

結束バンド，　　スペーサ，　　千鳥，　　剥離剤，　　交互，

潤滑油，　　混和剤，　　クランプ，　　焼なまし鉄線，　　パイプ，

セパレータ，　　平板，　　供試体，　　電線，　　同一

※問題8，問題9の選択問題（2）の2問題のうちから1問題を選択し解答してください。

なお，選択した問題は，解答用紙の選択欄に○印を必ず記入してください。

選択問題（2）

問題 8　建設工事における移動式クレーン作業及び玉掛け作業に係る安全管理のうち，**事業者が実施すべき安全対策**について，下記の①，②の作業ごとに，それぞれ1つずつ解答欄に記述しなさい。

ただし，同一の解答は不可とする。

①移動式クレーン作業
②玉掛け作業

解答例　別冊P.29　　47

問題 9

下図のような管渠を構築する場合，施工手順に基づき**工種名を記述し，横線式工程表（バーチャート）を作成し，全所要日数を求め**解答欄に記述しなさい。
各工種の作業日数は次のとおりとする。

・床掘工 7 日　　・基礎砕石工 5 日　　・養生工 7 日　　・埋戻し工 3 日
・型枠組立工 3 日　・型枠取外し工 1 日　・コンクリート打込み工 1 日
・管渠敷設工 4 日

ただし，基礎砕石工については床掘工と 3 日の重複作業で行うものとする。
また，解答用紙に記載されている工種は施工手順として決められたものとする。

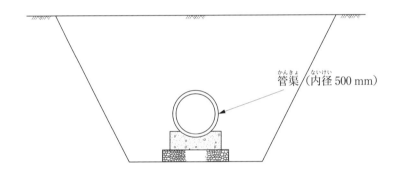

管渠（内径 500 mm）

解答例　別冊 P.33

2級土木施工
管理技術検定

令和5年度 前期 問題

▨ 第一次検定 ・・・・・・・・・・・・・・・・・ 50

● P.197 ～ 199（第一次検定）の解答用紙をコピーしてお使いください。

実施年		受検者数（人）	合格者数（人）	合格率（%）
令和5年度 後期	第一次*1	27,564	14,477	52.5
	第二次*2	26,178	16,464	62.9
令和5年度 前期	第一次	15,526	6,664	42.9
令和4年度 後期	第一次*1	27,461	17,565	64.0
	第二次*2	32,351	12,246	37.9
令和4年度 前期	第一次	16,041	10,175	63.4
令和3年度 後期	第一次*1	29,636	21,513	72.6
	第二次*2	28,688	11,713	40.8
令和3年度 前期	第一次	14,557	10,229	70.3

*1 第一次検定のみ受検者数または合格者数を含む。
*2 第二次検定の受検者数は，第一次検定及び第二次検定同日受検者のうち第一次検定合格者と第二次検定のみ試験受検者の実際の受検者の合計で記載，合格率も同様の数値を元に算出。

第一次検定

試験時間　130分

※問題番号No.1～No.11までの11問題のうちから9問題を選択し解答してください。

No. 1 土工の作業に使用する建設機械に関する次の記述のうち，**適当なもの**はどれか。

1 ブルドーザは，掘削・押土及び短距離の運搬作業に用いられる。
2 バックホゥは，主に機械位置より高い場所の掘削に用いられる。
3 トラクターショベルは，主に機械位置より高い場所の掘削に用いられる。
4 スクレーパは，掘削・押土及び短距離の運搬作業に用いられる。

No. 2 法面保護工の「工種」とその「目的」の組合せとして，次のうち**適当でないもの**はどれか。

　　　　　　［工種］　　　　　　　　　　　　［目的］
1 種子吹付け工‥‥‥‥‥‥‥土圧に対抗して崩壊防止
2 張芝工‥‥‥‥‥‥‥‥‥‥切土面の浸食防止
3 モルタル吹付け工‥‥‥‥表流水の浸透防止
4 コンクリート張工 ‥‥‥‥岩盤のはく落防止

No. 3　道路における盛土の施工に関する次の記述のうち，**適当でないもの**はどれか。

1　盛土の締固め目的は，完成後に求められる強度，変形抵抗及び圧縮抵抗を確保することである。
2　盛土の締固めは，盛土全体が均等になるようにしなければならない。
3　盛土の敷均し厚さは，材料の粒度，土質，施工法及び要求される締固め度等の条件に左右される。
4　盛土における構造物縁部の締固めは，大型の機械で行わなければならない。

No. 4　軟弱地盤における改良工法に関する次の記述のうち，**適当でないもの**はどれか。

1　サンドマット工法は，表層処理工法の1つである。
2　バイブロフローテーション工法は，緩い砂質地盤の改良に適している。
3　深層混合処理工法は，締固め工法の1つである。
4　ディープウェル工法は，透水性の高い地盤の改良に適している。

No. 5　コンクリートに用いられる次の混和材料のうち，水和熱による温度上昇の低減を図ることを目的として使用されるものとして，**適当なもの**はどれか。

1　フライアッシュ
2　シリカフューム
3　AE減水剤
4　流動化剤

正答　別冊 P.34　　51

No. 6 コンクリートのスランプ試験に関する次の記述のうち，**適当でないもの**はどれか。

1　スランプ試験は，高さ30cmのスランプコーンを使用する。
2　スランプ試験は，コンクリートをほぼ等しい量の2層に分けてスランプコーンに詰める。
3　スランプ試験は，各層を突き棒で25回ずつ一様に突く。
4　スランプ試験は，0.5cm単位で測定する。

No. 7 フレッシュコンクリートに関する次の記述のうち，**適当でないもの**はどれか。

1　コンシステンシーとは，練混ぜ水の一部が遊離してコンクリート表面に上昇する現象である。
2　材料分離抵抗性とは，コンクリート中の材料が分離することに対する抵抗性である。
3　ワーカビリティーとは，運搬から仕上げまでの一連の作業のしやすさである。
4　レイタンスとは，コンクリート表面に水とともに浮かび上がって沈殿する物質である。

No. 8 鉄筋の加工及び組立に関する次の記述のうち，**適当でないもの**はどれか。

1　鉄筋は，常温で加工することを原則とする。
2　曲げ加工した鉄筋の曲げ戻しは行わないことを原則とする。
3　鉄筋どうしの交点の要所は，スペーサで緊結する。
4　組立後に鉄筋を長期間大気にさらす場合は，鉄筋表面に防錆処理を施す。

No. 9 打撃工法による既製杭の施工に関する次の記述のうち，**適当でないもの**はどれか。

1　群杭の場合，杭群の周辺から中央部へと打ち進むのがよい。
2　中掘り杭工法に比べて，施工時の騒音や振動が大きい。
3　ドロップハンマや油圧ハンマ等を用いて地盤に貫入させる。
4　打込みに際しては，試し打ちを行い，杭心位置や角度を確認した後に本打ちに移るのがよい。

No. 10 場所打ち杭の「工法名」と「主な資機材」に関する次の組合せのうち，**適当でないもの**はどれか。

　　　　　　　　　　［工法名］　　　　　　　　　　　　　　　　［主な資機材］
1　リバースサーキュレーション工法 ‥‥‥ ベントナイト水，ケーシング
2　アースドリル工法 ‥‥‥‥‥‥‥‥‥ ケーシング，ドリリングバケット
3　深礎工法‥‥‥‥‥‥‥‥‥‥‥‥‥ 削岩機，土留材
4　オールケーシング工法 ‥‥‥‥‥‥‥ ケーシングチューブ，ハンマーグラブ

No. 11 土留めの施工に関する次の記述のうち，**適当でないもの**はどれか。

1　自立式土留め工法は，支保工を必要としない工法である。
2　切梁り式土留め工法には，中間杭や火打ち梁を用いるものがある。
3　ヒービングとは，砂質地盤で地下水位以下を掘削した時に，砂が吹き上がる現象である。
4　パイピングとは，砂質土の弱いところを通ってボイリングがパイプ状に生じる現象である。

※問題番号No.12〜No.31までの20問題のうちから6問題を選択し解答してください。

No. 12　下図は，一般的な鋼材の応力度とひずみの関係を示したものであるが，次の記述のうち**適当でないもの**はどれか。

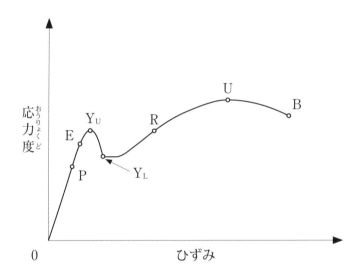

1　点Pは，応力度とひずみが比例する最大限度である。
2　点 Y_U は，弾性変形をする最大限度である。
3　点Uは，最大応力度の点である。
4　点Bは，破壊点である。

No. 13　鋼材の溶接接合に関する次の記述のうち，**適当なもの**はどれか。

1 開先溶接の始端と終端は，溶接欠陥が生じやすいので，スカラップという部材を設ける。
2 溶接の施工にあたっては，溶接線近傍を湿潤状態にする。
3 すみ肉溶接においては，原則として裏はつりを行う。
4 エンドタブは，溶接終了後，ガス切断法により除去してその跡をグラインダ仕上げする。

No. 14　コンクリート構造物の耐久性を向上させる対策に関する次の記述のうち，**適当なもの**はどれか。

1 塩害対策として，水セメント比をできるだけ大きくする。
2 塩害対策として，膨張材を用いる。
3 凍害対策として，吸水率の大きい骨材を使用する。
4 凍害対策として，AE減水剤を用いる。

No. 15　河川堤防の施工に関する次の記述のうち，**適当でないもの**はどれか。

1 堤防の腹付け工事では，旧堤防との接合を高めるため階段状に段切りを行う。
2 引堤工事を行った場合の旧堤防は，新堤防の完成後，ただちに撤去する。
3 堤防の腹付け工事では，旧堤防の裏法面に腹付けを行うのが一般的である。
4 盛土の施工中は，堤体への雨水の滞水や浸透が生じないよう堤体横断方向に勾配を設ける。

正答　別冊 P.38

No. 16 河川護岸の施工に関する次の記述のうち，**適当なもの**はどれか。

1 根固工は，水衝部等で河床洗掘を防ぎ，基礎工等を保護するために施工する。
2 高水護岸は，単断面の河川において高水時に表法面を保護するために施工する。
3 護岸基礎工の天端の高さは，洗掘に対する保護のため計画河床高より高く施工する。
4 法覆工は，堤防の法勾配が緩く流速が小さな場所では，間知ブロックで施工する。

No. 17 砂防えん堤に関する次の記述のうち，**適当でないもの**はどれか。

1 袖は，洪水を越流させないようにし，土石等の流下による衝撃に対して強固な構造とする。
2 堤体基礎の根入れは，基礎地盤が岩盤の場合は0.5m以上行うのが通常である。
3 前庭保護工は，本えん堤を越流した落下水による前庭部の洗掘を防止するための構造物である。
4 本えん堤の堤体下流の法勾配は，一般に1：0.2程度としている。

No. 18 地すべり防止工に関する次の記述のうち，**適当なもの**はどれか。

1 杭工は，原則として地すべり運動ブロックの頭部斜面に杭をそう入し，斜面の安定を高める工法である。
2 集水井工は，井筒を設けて集水ボーリング等で地下水を集水し，原則としてポンプにより排水を行う工法である。
3 横ボーリング工は，地下水調査等の結果をもとに，帯水層に向けてボーリングを行い，地下水を排除する工法である。
4 排土工は，土塊の滑動力を減少させることを目的に，地すべり脚部の不安定な土塊を排除する工法である。

No. 19 道路のアスファルト舗装における上層路盤の施工に関する次の記述のうち，**適当でないもの**はどれか。

1　粒度調整路盤は，1層の仕上り厚が15cm以下を標準とする。
2　加熱アスファルト安定処理路盤材料の敷均しは，一般にモータグレーダで行う。
3　セメント安定処理路盤は，1層の仕上り厚が10〜20cmを標準とする。
4　石灰安定処理路盤材料の締固めは，最適含水比よりやや湿潤状態で行う。

No. 20 道路のアスファルト舗装におけるアスファルト混合物の施工に関する次の記述のうち，**適当でないもの**はどれか。

1　気温が5℃以下の施工では，所定の締固め度が得られることを確認したうえで施工する。
2　敷均し時の混合物の温度は，一般に110℃を下回らないようにする。
3　初転圧温度は，一般に90〜100℃である。
4　転圧終了後の交通開放は，舗装表面温度が一般に50℃以下になってから行う。

No. 21 道路のアスファルト舗装における破損に関する次の記述のうち，**適当でないもの**はどれか。

1　沈下わだち掘れは，路床・路盤の沈下により発生する。
2　線状ひび割れは，縦・横に長く生じるひび割れで，舗装の継目に発生する。
3　亀甲状ひび割れは，路床・路盤の支持力低下により発生する。
4　流動わだち掘れは，道路の延長方向の凹凸で，比較的長い波長で発生する。

No. 22 道路のコンクリート舗装に関する次の記述のうち，**適当でないもの**はどれか。

1 普通コンクリート舗装は，温度変化によって膨張・収縮するので目地が必要である。
2 コンクリート舗装は，主としてコンクリートの引張抵抗で交通荷重を支える。
3 普通コンクリート舗装は，養生期間が長く部分的な補修が困難である。
4 コンクリート舗装は，アスファルト舗装に比べて耐久性に富む。

No. 23 ダムの施工に関する次の記述のうち，**適当でないもの**はどれか。

1 転流工は，ダム本体工事を確実にまた容易に施工するため，工事期間中の河川の流れを迂回させるものである。
2 ダム本体の基礎の掘削は，大量掘削に対応できる爆破掘削によるブレーカ工法が一般的に用いられる。
3 重力式コンクリートダムの基礎処理は，コンソリデーショングラウチングとカーテングラウチングの施工が一般的である。
4 RCD工法は，一般にコンクリートをダンプトラックで運搬し，ブルドーザで敷き均し，振動ローラ等で締め固める。

No. 24 トンネルの山岳工法における支保工に関する次の記述のうち，**適当でないもの**はどれか。

1 ロックボルトは，緩んだ岩盤を緩んでいない地山に固定し落下を防止する等の効果がある。
2 吹付けコンクリートは，地山の凹凸をなくすように吹き付ける。
3 支保工は，岩石や土砂の崩壊を防止し，作業の安全を確保するために設ける。
4 鋼アーチ式支保工は，一次吹付けコンクリート施工前に建て込む。

No. 25 海岸堤防の異形コンクリートブロックによる消波工に関する次の記述のうち，**適当でないもの**はどれか。

1　異形コンクリートブロックは，ブロックとブロックの間を波が通過することにより，波のエネルギーを減少させる。

2　異形コンクリートブロックは，海岸堤防の消波工のほかに，海岸の侵食対策としても多く用いられる。

3　層積みは，規則正しく配列する積み方で整然と並び，外観が美しく，安定性が良く，捨石均し面に凹凸があっても支障なく据え付けられる。

4　乱積みは，荒天時の高波を受けるたびに沈下し，徐々にブロックどうしのかみ合わせが良くなり安定してくる。

No. 26 グラブ浚渫の施工に関する次の記述のうち，**適当なもの**はどれか。

1　グラブ浚渫船は，岸壁等の構造物前面の浚渫や狭い場所での浚渫には使用できない。

2　非航式グラブ浚渫船の標準的な船団は，グラブ浚渫船と土運船の2隻で構成される。

3　余掘りは，計画した浚渫の範囲を一定した水深に仕上げるために必要である。

4　浚渫後の出来形確認測量には，音響測深機は使用できない。

No. 27 鉄道工事における道床及び路盤の施工上の留意事項に関する次の記述のうち，**適当でないもの**はどれか。

1　バラスト道床は，安価で施工・保守が容易であるが定期的な軌道の修正・修復が必要である。

2　バラスト道床は，耐摩耗性に優れ，単位容積質量やせん断抵抗角が小さい砕石を選定する。

3　路盤は，軌道を支持するもので，十分強固で適当な弾性を有し，排水を考慮する必要がある。

4　路盤は，使用材料により，粒度調整砕石を用いた強化路盤，良質土を用いた土路盤等がある。

No. 28 鉄道（在来線）の営業線内工事における工事保安体制に関する次の記述のうち，**適当でないもの**はどれか。

1 列車見張員は，工事現場ごとに専任の者を配置しなければならない。
2 工事管理者は，工事現場ごとに専任の者を常時配置しなければならない。
3 軌道作業責任者は，工事現場ごとに専任の者を配置しなければならない。
4 軌道工事管理者は，工事現場ごとに専任の者を常時配置しなければならない。

No. 29 シールド工法に関する次の記述のうち，**適当でないもの**はどれか。

1 シールド工法は，開削工法が困難な都市の下水道工事や地下鉄工事等で用いられる。
2 シールド掘進後は，セグメント外周にモルタル等を注入し，地盤の緩みと沈下を防止する。
3 シールドのフード部は，トンネル掘削する切削機械を備えている。
4 密閉型シールドは，ガーダー部とテール部が隔壁で仕切られている。

No. 30 上水道の管布設工に関する次の記述のうち，**適当なもの**はどれか。

1 鋼管の運搬にあたっては，管端の非塗装部分に当て材を介して支持する。
2 管の布設にあたっては，原則として高所から低所に向けて行う。
3 ダクタイル鋳鉄管は，表示記号の管径，年号の記号を下に向けて据え付ける。
4 鋳鉄管の切断は，直管及び異形管ともに切断機で行うことを標準とする。

No. 31 下図に示す下水道の遠心力鉄筋コンクリート管（ヒューム管）の（イ）～（ハ）の継手の名称に関する次の組合せのうち，**適当なもの**はどれか。

目地モルタル　　コンポコーキング　　目地材　ゴムリング

ゴムリング

（イ）　　　　　　　　　（ロ）　　　　　　　　　（ハ）

	（イ）	（ロ）	（ハ）
1	カラー継手	いんろう継手	ソケット継手
2	いんろう継手	ソケット継手	カラー継手
3	ソケット継手	カラー継手	いんろう継手
4	いんろう継手	カラー継手	ソケット継手

※問題番号 No.32 ～ No.42 までの 11 問題のうちから 6 問題を選択し解答してください。

No. 32 賃金に関する次の記述のうち，労働基準法上，**誤っているもの**はどれか。

1　賃金とは，労働の対償として使用者が労働者に支払うすべてのものをいう。
2　未成年者の親権者又は後見人は，未成年者の賃金を代って受け取ることができる。
3　賃金の最低基準に関しては，最低賃金法の定めるところによる。
4　賃金は，原則として，通貨で，直接労働者に，その全額を支払わなければならない。

No. 33 災害補償に関する次の記述のうち，労働基準法上，**誤っているもの**はどれか。

1　労働者が業務上疾病にかかった場合においては，使用者は，必要な療養費用の一部を補助しなければならない。
2　労働者が業務上負傷し，又は疾病にかかった場合の補償を受ける権利は，差し押さえてはならない。
3　労働者が業務上負傷し治った場合に，その身体に障害が存するときは，使用者は，その障害の程度に応じて障害補償を行わなければならない。
4　労働者が業務上死亡した場合においては，使用者は，遺族に対して，遺族補償を行わなければならない。

No. 34 労働安全衛生法上，事業者が，技能講習を修了した作業主任者を選任しなければならない作業として，**該当しないもの**は次のうちどれか。

1　高さが 3m のコンクリート橋梁上部構造の架設の作業
2　型枠支保工の組立て又は解体の作業
3　掘削面の高さが 2m 以上となる地山の掘削の作業
4　土止め支保工の切りばり又は腹起こしの取付け又は取り外しの作業

No. 35 建設業法に関する次の記述のうち，**誤っているもの**はどれか。

1　建設業者は，建設工事の担い手の育成及び確保，その他の施工技術の確保に努めなければならない。
2　建設業者は，請負契約を締結する場合，工事の種別ごとの材料費，労務費等の内訳により見積りを行うようにする。
3　建設業とは，元請，下請その他いかなる名義をもってするのかを問わず，建設工事の完成を請け負う営業をいう。
4　建設業者は，請負った工事を施工するときは，建設工事の経理上の管理をつかさどる主任技術者を置かなければならない。

No. 36 道路に工作物，物件又は施設を設け，継続して道路を使用しようとする場合において，道路管理者の許可を受けるために提出する申請書に記載すべき事項に**該当するもの**は，次のうちどれか。

1 施工体系図
2 建設業の許可番号
3 主任技術者名
4 工事実施の方法

No. 37 河川法に関する次の記述のうち，**誤っているもの**はどれか。

1 都道府県知事が管理する河川は，原則として，二級河川に加えて準用河川が含まれる。
2 河川区域は，堤防に挟まれた区域と，河川管理施設の敷地である土地の区域が含まれる。
3 河川法上の河川には，ダム，堰，水門，床止め，堤防，護岸等の河川管理施設が含まれる。
4 河川法の目的には，洪水防御と水利用に加えて河川環境の整備と保全が含まれる。

No. 38 建築基準法上，建築設備に**該当しないもの**は，次のうちどれか。

1 煙突
2 排水設備
3 階段
4 冷暖房設備

No. 39 火薬類の取扱いに関する次の記述のうち，火薬類取締法上，**誤っている**ものはどれか。

1 火薬類を取り扱う者は，所有又は，占有する火薬類，譲渡許可証，譲受許可証又は運搬証明書を紛失又は盗取されたときは，遅滞なくその旨を都道府県知事に届け出なければならない。
2 火薬庫を設置し移転又は設備を変更しようとする者は，原則として都道府県知事の許可を受けなければならない。
3 火薬類を譲り渡し，又は譲り受けようとする者は，原則として都道府県知事の許可を受けなければならない。
4 火薬類を廃棄しようとする者は，経済産業省令で定めるところにより，原則として，都道府県知事の許可を受けなければならない。

No. 40 騒音規制法上，住民の生活環境を保全する必要があると認める地域の指定を行う者として，**正しいもの**は次のうちどれか。

1 環境大臣
2 国土交通大臣
3 町村長
4 都道府県知事又は市長

No. 41 振動規制法上，指定地域内において特定建設作業を施工しようとする者が，届け出なければならない事項として，**該当しないもの**は次のうちどれか。

1 特定建設作業の現場付近の見取り図
2 特定建設作業の実施期間
3 特定建設作業の振動防止対策の方法
4 特定建設作業の現場の施工体制表

No. 42 港則法上，許可申請に関する次の記述のうち，**誤っているもの**はどれか。

1　船舶は，特定港内又は特定港の境界附近において危険物を運搬しようとするときは，港長の許可を受けなければならない。

2　船舶は，特定港において危険物の積込，積替又は荷卸をするには，その旨を港長に届け出なければならない。

3　特定港内において，汽艇等以外の船舶を修繕しようとする者は，その旨を港長に届け出なければならない。

4　特定港内又は特定港の境界附近で工事又は作業をしようとする者は，港長の許可を受けなければならない。

※問題番号No.43〜No.53までの11問題は，**必須問題ですから全問題を解答して**ください。

No. 43 閉合トラバース測量による下表の観測結果において，測線ABの方位角が182°50′39″のとき，測線BCの方位角として，**適当なもの**は次のうちどれか。

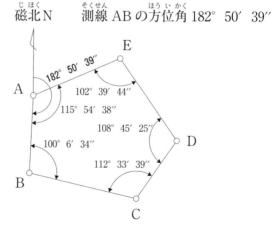

測点	観測角		
A	115°	54′	38″
B	100°	6′	34″
C	112°	33′	39″
D	108°	45′	25″
E	102°	39′	44″

磁北N　　測線ABの方位角 182° 50′ 39″

1　102° 51′ 5″
2　102° 53′ 7″
3　102° 55′ 10″
4　102° 57′ 13″

正答　別冊 P.47

No. 44 公共工事標準請負契約約款に関する次の記述のうち，**誤っているもの**はどれか。

1 設計図書とは，図面，仕様書，契約書，現場説明書及び現場説明に対する質問回答書をいう。
2 現場代理人とは，契約を取り交わした会社の代理として，任務を代行する責任者をいう。
3 現場代理人，監理技術者等及び専門技術者は，これを兼ねることができる。
4 発注者は，工事完成検査において，工事目的物を最小限度破壊して検査することができる。

No. 45 下図は標準的なブロック積擁壁の断面図であるが，ブロック積擁壁各部の名称と記号の表記として２つとも**適当なもの**は，次のうちどれか。

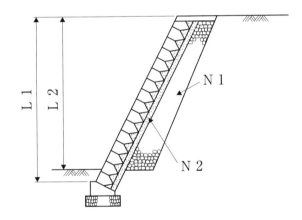

1 擁壁の直高L１，裏込めコンクリートN１
2 擁壁の直高L２，裏込めコンクリートN２
3 擁壁の直高L１，裏込め材N１
4 擁壁の直高L２，裏込め材N２

No. 46 建設工事における建設機械の「機械名」と「性能表示」に関する次の組合せのうち，**適当なもの**はどれか。

　　　［機械名］　　　　　　　　［性能表示］
1　バックホゥ・・・・・・・・・・・・・・バケット質量 (kg)
2　ダンプトラック・・・・・・・・・車両重量 (t)
3　クレーン・・・・・・・・・・・・・・ブーム長 (m)
4　ブルドーザ・・・・・・・・・・・・質量 (t)

No. 47 施工計画作成のための事前調査に関する次の記述のうち，**適当でないもの**はどれか。

1　近隣環境の把握のため，現場周辺の状況，近隣施設，交通量等の調査を行う。
2　工事内容の把握のため，現場事務所用地，設計図書及び仕様書の内容等の調査を行う。
3　現場の自然条件の把握のため，地質，地下水，湧水等の調査を行う。
4　労務，資機材の把握のため，労務の供給，資機材の調達先等の調査を行う。

No. 48 労働者の危険を防止するための措置に関する次の記述のうち，労働安全衛生上，**誤っているもの**はどれか。

1　橋梁支間20m以上の鋼橋の架設作業を行うときは，物体の飛来又は落下による危険を防止するため，保護帽を着用する。
2　明り掘削の作業を行うときは，物体の飛来又は落下による危険を防止するため，保護帽を着用する。
3　高さ2m以上の箇所で墜落の危険がある作業で作業床を設けることが困難なときは，防網を張り，要求性能墜落制止用器具を使用する。
4　つり足場，張出し足場の組立て，解体等の作業では，原則として要求性能墜落制止用器具を安全に取り付けるための設備等を設け，かつ，要求性能墜落制止用器具を使用する。

No. 49 高さ5m以上のコンクリート造の工作物の解体作業にともなう危険を防止するために事業者が行うべき事項に関する次の記述のうち，労働安全衛生法上，**誤っているもの**はどれか。

1 　強風，大雨，大雪等の悪天候のため，作業の実施について危険が予想されるときは，当該作業を中止しなければならない。

2 　外壁，柱等の引倒し等の作業を行うときは，引倒し等について一定の合図を定め，関係労働者に周知させなければならない。

3 　器具，工具等を上げ，又は下ろすときは，つり綱，つり袋等を労働者に使用させなければならない。

4 　作業を行う区域内には，関係労働者以外の労働者の立入り許可区域を明示しなければならない。

No. 50 建設工事の品質管理における「工種・品質特性」とその「試験方法」との組合せとして，**適当でないもの**は次のうちどれか。

　　　　　　　　　［工種・品質特性］　　　　　　　　　　　　　　［試験方法］

1 　土工・盛土の締固め度・・・・・・・・・・・・・・・・・・・・・・・・・・・RI計器による乾燥密度測定

2 　アスファルト舗装工・安定度 ・・・・・・・・・・・・・・・・・・平坦性試験

3 　コンクリート工・コンクリート用骨材の粒度・・・・・ふるい分け試験

4 　土工・最適含水比 ・・・・・・・・・・・・・・・・・・・・・・・・・・・突固めによる土の締固め試験

No. 51 レディーミクストコンクリート（JIS A 5308）の品質管理に関する次の記述のうち，**適当でないもの**はどれか。

1 　スランプ12cmのコンクリートの試験結果で許容されるスランプの上限値は，14.5cmである。

2 　空気量5.0％のコンクリートの試験結果で許容される空気量の下限値は，3.5％である。

3 　品質管理項目は，質量，スランプ，空気量，塩化物含有量である。

4 　レディーミクストコンクリートの品質検査は，荷卸し地点で行う。

No. 52 建設工事における環境保全対策に関する次の記述のうち，**適当なもの**はどれか。

1　騒音や振動の防止対策では，騒音や振動の絶対値を下げること及び発生期間の延伸を検討する。
2　造成工事等の土工事にともなう土ぼこりの防止対策には，アスファルトによる被覆養生が一般的である。
3　騒音の防止方法には，発生源での対策，伝搬経路での対策，受音点での対策があるが，建設工事では受音点での対策が広く行われる。
4　運搬車両の騒音や振動の防止のためには，道路及び付近の状況によって，必要に応じ走行速度に制限を加える。

No. 53 「建設工事に係る資材の再資源化等に関する法律」（建設リサイクル法）に定められている特定建設資材に**該当するもの**は，次のうちどれか。

1　建設発生土
2　廃プラスチック
3　コンクリート
4　ガラス類

No. 54 公共工事における施工体制台帳及び施工体系図に関する下記の①～④の４つの記述のうち，建設業法上，**正しいものの数**は次のうちどれか。

①公共工事を受注した建設業者が，下請契約を締結するときは，その金額にかかわらず，施工体制台帳を作成し，その写しを下請負人に提出するものとする。

②施工体系図は，当該建設工事の目的物の引渡しをした時から 20 年間は保存しなければならない。

③作成された施工体系図は，工事関係者及び公衆が見やすい場所に掲げなければならない。

④下請負人は，請け負った工事を再下請に出すときは，発注者に施工体制台帳に記載する再下請負人の名称等を通知しなければならない。

1　1つ
2　2つ
3　3つ
4　4つ

No. 55　ダンプトラックを用いて土砂（粘性土）を運搬する場合に，時間当たり作業量（地山土量）Q（m³/h）を算出する計算式として下記の[　　　]の（イ）〜（ニ）に当てはまる数値の組合せとして，**正しいもの**は次のうちどれか。

・ダンプトラックの時間当たり作業量 Q（m³/h）

$$Q = \frac{\boxed{(イ)} \times \boxed{(ロ)}}{\boxed{(ハ)}} \times E \times 60 = \boxed{(ニ)} \ \text{m}^3/\text{h}$$

q　：1回当たりの積載量（7m³）
f　：土量換算係数＝1/L（土量の変化率 L ＝ 1.25）
E　：作業効率（0.9）
Cm：サイクルタイム（24分）

	（イ）	（ロ）	（ハ）	（ニ）
1	24	1.25	7	231.4
2	7	0.8	24	12.6
3	24	0.8	7	148.1
4	7	1.25	24	19.7

工程管理に用いられる工程表に関する下記の①〜④の４つの記述のうち，**適当なもののみを全てあげている組合せ**は次のうちどれか。

①曲線式工程表には，バーチャート，グラフ式工程表，出来高累計曲線とがある。

②バーチャートは，図1のように縦軸に日数をとり，横軸にその工事に必要な距離を棒線で表す。

③グラフ式工程表は，図2のように出来高又は工事作業量比率を縦軸にとり，日数を横軸にとって工種ごとの工程を斜線で表す。

④出来高累計曲線は，図3のように縦軸に出来高比率をとり横軸に工期をとって，工事全体の出来高比率の累計を曲線で表す。

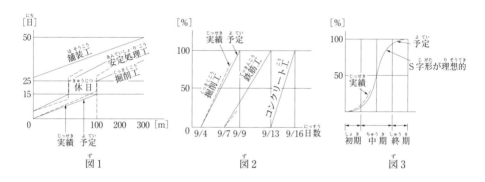

図1　　　　　図2　　　　　図3

1　①②
2　②③
3　③④
4　①④

No. 57

下図のネットワーク式工程表について記載している下記の文章中の ◻ の（イ）～（ニ）に当てはまる語句の組合せとして，**正しいもの**は次のうちどれか。

ただし，図中のイベント間のA～Gは作業内容，数字は作業日数を表す。

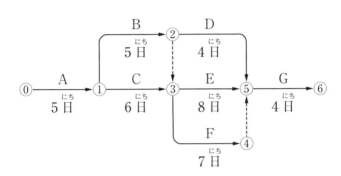

・ ◻(イ)◻ 及び ◻(ロ)◻ は，クリティカルパス上の作業である。
・作業Fが ◻(ハ)◻ 遅延しても，全体の工期に影響はない。
・この工程全体の工期は， ◻(ニ)◻ である。

	（イ）	（ロ）	（ハ）	（ニ）
1	作業C	作業D	1日	23日間
2	作業C	作業E	1日	23日間
3	作業B	作業E	2日	22日間
4	作業B	作業D	2日	22日間

No. 58 型枠支保工に関する下記の①〜④の４つの記述のうち，**適当なものの数**は次のうちどれか。

①型枠支保工を組み立てるときは，組立図を作成し，かつ，この組立図により組み立てなければならない。

②型枠支保工に使用する材料は，著しい損傷，変形又は腐食があるものは，補修して使用しなければならない。

③型枠支保工は，型枠の形状，コンクリートの打設の方法等に応じた堅固な構造のものでなければならない。

④型枠支保工作業は，型枠支保工の組立等作業主任者が，作業を直接指揮しなければならない。

1　1つ
2　2つ
3　3つ
4　4つ

No. 59 車両系建設機械を用いた作業において、事業者が行うべき事項に関する下記の①～④の4つの記述のうち、労働安全衛生法上、**正しいものの数**は次のうちどれか。

①岩石の落下等により労働者に危険が生ずるおそれのある場所で作業を行う場合は、堅固なヘッドガードを装備した機械を使用させなければならない。

②転倒や転落により運転者に危険が生ずるおそれのある場所では、転倒時保護構造を有し、かつ、シートベルトを備えたもの以外の車両系建設機械を使用しないように努めなければならない。

③機械の修理やアタッチメントの装着や取り外しを行う場合は、作業指揮者を定め、作業手順を決めさせるとともに、作業の指揮等を行わせなければならない。

④ブームやアームを上げ、その下で修理等の作業を行う場合は、不意に降下することによる危険を防止するため、作業指揮者に安全支柱や安全ブロック等を使用させなければならない。

1　1つ
2　2つ
3　3つ
4　4つ

正答　別冊 P.54　75

No. 60 $\bar{x}$-R管理図に関する下記の①〜④の４つの記述のうち，**適当なものの数**は次のうちどれか。

①$\bar{x}$-R管理図は，統計的事実に基づき，ばらつきの範囲の目安となる限界の線を決めてつくった図表である。
②$\bar{x}$-R管理図上に記入したデータが管理限界線の外に出た場合は，その工程に異常があることが疑われる。
③$\bar{x}$-R管理図は，通常連続した棒グラフで示される。
④建設工事では，$\bar{x}$-R管理図を用いて，連続量として測定される計数値を扱うことが多い。

1　1つ
2　2つ
3　3つ
4　4つ

No. 61 盛土の締固めにおける品質管理に関する下記の①〜④の４つの記述のうち，**適当なもののみを全てあげている組合せ**は次のうちどれか。

①品質規定方式は，盛土の締固め度等を規定する方法である。
②盛土の締固めの効果や特性は，土の種類や含水比，施工方法によって変化しない。
③盛土が最もよく締まる含水比は，最大乾燥密度が得られる含水比で最大含水比である。
④土の乾燥密度の測定方法には，砂置換法やRI計器による方法がある。

1　①④
2　②③
3　①②④
4　②③④

正答　別冊 P.55

2級土木施工
管理技術検定

令和4年度 後期 問題

● P.197 ～ 199（第一次検定），p.205 ～ 209（第二次検定）の解答用紙をコピーしてお使いください。

実施年		受検者数（人）	合格者数（人）	合格率（％）
令和5年度 後期	第一次*1	27,564	14,477	52.5
	第二次*2	26,178	16,464	62.9
令和5年度 前期	第一次	15,526	6,664	42.9
令和4年度 後期	第一次*1	27,461	17,565	64.0
	第二次*2	32,351	12,246	37.9
令和4年度 前期	第一次	16,041	10,175	63.4
令和3年度 後期	第一次*1	29,636	21,513	72.6
	第二次*2	28,688	11,713	40.8
令和3年度 前期	第一次	14,557	10,229	70.3

*1 第一次検定のみ受検者数または合格者数を含む。
*2 第二次検定の受検者数は，第一次検定及び第二次検定同日受検者のうち第一次検定合格者と第二次検定のみ試験受検者の実際の受検者の合計で記載，合格率も同様の数値を元に算出。

第一次検定

試験時間　130分

※問題番号 No.1 ～ No.11 までの 11 問題のうちから 9 問題を選択し解答してください。

No. 1 土工の作業に使用する建設機械に関する次の記述のうち，**適当なもの**はどれか。

1　バックホゥは，主に機械の位置よりも高い場所の掘削に用いられる。
2　トラクタショベルは，主に狭い場所での深い掘削に用いられる。
3　ブルドーザは，掘削・押土及び短距離の運搬作業に用いられる。
4　スクレーパは，敷均し・締固め作業に用いられる。

No. 2 土質試験における「試験名」とその「試験結果の利用」に関する次の組合せのうち，**適当でないもの**はどれか。

　　　　　　　［試験名］　　　　　　　　　　　　［試験結果の利用］
1　砂置換法による土の密度試験 ・・・・・・・・・ 地盤改良工法の設計
2　ポータブルコーン貫入試験 ・・・・・・・・・・ 建設機械の走行性の判定
3　土の一軸圧縮試験 ・・・・・・・・・・・・・・・・・・・・ 原地盤の支持力の推定
4　コンシステンシー試験 ・・・・・・・・・・・・・・ 盛土材料の適否の判断

No. 3 盛土の施工に関する次の記述のうち，**適当でないもの**はどれか。

1 盛土の基礎地盤は，あらかじめ盛土完成後に不同沈下等を生じるおそれがないか検討する。
2 敷均し厚さは，盛土材料，施工法及び要求される締固め度等の条件に左右される。
3 土の締固めでは，同じ土を同じ方法で締め固めても得られる土の密度は含水比により異なる。
4 盛土工における構造物縁部の締固めは，大型の締固め機械により入念に締め固める。

No. 4 軟弱地盤における次の改良工法のうち，**載荷工法に該当するもの**はどれか。

1 プレローディング工法
2 ディープウェル工法
3 サンドコンパクションパイル工法
4 深層混合処理工法

No. 5 コンクリートに使用するセメントに関する次の記述のうち，**適当でないもの**はどれか。

1 セメントは，高い酸性を持っている。
2 セメントは，風化すると密度が小さくなる。
3 早強ポルトランドセメントは，プレストレストコンクリート工事に適している。
4 中庸熱ポルトランドセメントは，ダム工事等のマスコンクリートに適している。

No. 6 コンクリートを棒状バイブレータで締め固める場合の留意点に関する次の記述のうち，**適当でないもの**はどれか。

1 棒状バイブレータの挿入時間の目安は，一般には5〜15秒程度である。
2 棒状バイブレータの挿入間隔は，一般に50cm以下にする。
3 棒状バイブレータは，コンクリートに穴が残らないようにすばやく引き抜く。
4 棒状バイブレータは，コンクリートを横移動させる目的では用いない。

No. 7 フレッシュコンクリートに関する次の記述のうち，**適当でないもの**はどれか。

1 ブリーディングとは，練混ぜ水の一部が遊離してコンクリート表面に上昇する現象である。
2 ワーカビリティーとは，運搬から仕上げまでの一連の作業のしやすさのことである。
3 レイタンスとは，コンクリートの柔らかさの程度を示す指標である。
4 コンシステンシーとは，変形又は流動に対する抵抗性である。

No. 8 コンクリートの仕上げと養生に関する次の記述のうち，**適当でないもの**はどれか。

1 密実な表面を必要とする場合は，作業が可能な範囲でできるだけ遅い時期に金ごてで仕上げる。
2 仕上げ後，コンクリートが固まり始める前に発生したひび割れは，タンピング等で修復する。
3 養生では，コンクリートを湿潤状態に保つことが重要である。
4 混合セメントの湿潤養生期間は，早強ポルトランドセメントよりも短くする。

No. 9 既製杭工法の杭打ち機の特徴に関する次の記述のうち，**適当でないもの**はどれか。

1　ドロップハンマは，杭の重量以下のハンマを落下させて打ち込む。
2　ディーゼルハンマは，打撃力が大きく，騒音・振動と油の飛散をともなう。
3　バイブロハンマは，振動と振動機・杭の重量によって，杭を地盤に押し込む。
4　油圧ハンマは，ラムの落下高さを任意に調整でき，杭打ち時の騒音を小さくできる。

No. 10 場所打ち杭工法の特徴に関する次の記述のうち，**適当でないもの**はどれか。

1　施工時における騒音と振動は，打撃工法に比べて大きい。
2　大口径の杭を施工することにより，大きな支持力が得られる。
3　杭材料の運搬等の取扱いが容易である。
4　掘削土により，基礎地盤の確認ができる。

No. 11 土留め工に関する次の記述のうち，**適当でないもの**はどれか。

1　アンカー式土留め工法は，引張材を用いる工法である。
2　切梁式土留め工法には，中間杭や火打ち梁を用いるものがある。
3　ボイリングとは，砂質地盤で地下水位以下を掘削した時に，砂が吹き上がる現象である。
4　パイピングとは，砂質土の弱いところを通ってヒービングがパイプ状に生じる現象である。

※問題番号No.12～No.31までの20問題のうちから6問題を選択し解答してください。

No. 12　鋼材の特性，用途に関する次の記述のうち，**適当でないもの**はどれか。

1　低炭素鋼は，延性，展性に富み，橋梁等に広く用いられている。
2　鋼材の疲労が心配される場合には，耐候性鋼材等の防食性の高い鋼材を用いる。
3　鋼材は，応力度が弾性限度に達するまでは弾性を示すが，それを超えると塑性を示す。
4　継続的な荷重の作用による摩耗は，鋼材の耐久性を劣化させる原因になる。

No. 13　鋼道路橋の架設工法に関する次の記述のうち，市街地や平坦地で桁下空間が使用できる現場において一般に用いられる工法として**適当なもの**はどれか。

1　ケーブルクレーンによる直吊り工法
2　全面支柱式支保工架設工法
3　手延べ桁による押出し工法
4　クレーン車によるベント式架設工法

No. 14　コンクリートの劣化機構について説明した次の記述のうち，**適当でないもの**はどれか。

1　中性化は，コンクリートのアルカリ性が空気中の炭酸ガスの浸入等で失われていく現象である。
2　塩害は，硫酸や硫酸塩等の接触により，コンクリート硬化体が分解したり溶解する現象である。
3　疲労は，荷重が繰り返し作用することでコンクリート中にひび割れが発生し，やがて大きな損傷となる現象である。
4　凍害は，コンクリート中に含まれる水分が凍結し，氷の生成による膨張圧でコンクリートが破壊される現象である。

No. 15

河川に関する次の記述のうち，**適当なもの**はどれか。

1　河川において，下流から上流を見て右側を右岸，左側を左岸という。
2　河川には，浅くて流れの速い淵と，深くて流れの緩やかな瀬と呼ばれる部分がある。
3　河川の流水がある側を堤外地，堤防で守られている側を堤内地という。
4　河川堤防の天端の高さは，計画高水位（H. W. L.）と同じ高さにすることを基本とする。

No. 16

河川護岸に関する次の記述のうち，**適当でないもの**はどれか。

1　基礎工は，洗掘に対する保護や裏込め土砂の流出を防ぐために施工する。
2　法覆工は，堤防の法勾配が緩く流速が小さな場所では，間知ブロックで施工する。
3　根固工は，河床の洗掘を防ぎ，基礎工・法覆工を保護するものである。
4　低水護岸の天端保護工は，流水によって護岸の裏側から破壊しないように保護するものである。

No. 17

砂防えん堤に関する次の記述のうち，**適当でないもの**はどれか。

1　前庭保護工は，堤体への土石流の直撃を防ぐために設けられる構造物である。
2　袖は，洪水を越流させないようにし，水通し側から両岸に向かって上り勾配とする。
3　側壁護岸は，越流部からの落下水が左右の法面を侵食することを防止するための構造物である。
4　水通しは，越流する流量に対して十分な大きさとし，一般にその断面は逆台形である。

正答　別冊P.61

No. 18　地すべり防止工に関する次の記述のうち，**適当なもの**はどれか。

1　抑制工は，杭等の構造物により，地すべり運動の一部又は全部を停止させる工法である。
2　地すべり防止工では，一般的に抑止工，抑制工の順序で施工を行う。
3　抑止工は，地形等の自然条件を変化させ，地すべり運動を停止又は緩和させる工法である。
4　集水井工の排水は，原則として，排水ボーリングによって自然排水を行う。

No. 19　道路のアスファルト舗装における路床の施工に関する次の記述のうち，**適当でないもの**はどれか。

1　盛土路床では，1層の敷均し厚さは仕上り厚で40cm以下を目安とする。
2　安定処理工法は，現状路床土とセメントや石灰等の安定材を混合する工法である。
3　切土路床では，表面から30cm程度以内にある木根や転石等を取り除いて仕上げる。
4　置き換え工法は，軟弱な現状路床土の一部又は全部を良質土で置き換える工法である。

No. 20　道路のアスファルト舗装における締固めの施工に関する次の記述のうち，**適当でないもの**はどれか。

1　転圧温度が高過ぎると，ヘアクラックや変形等を起こすことがある。
2　二次転圧は，一般にロードローラで行うが，振動ローラを用いることもある。
3　仕上げ転圧は，不陸整正やローラマークの消去のために行う。
4　締固め作業は，継目転圧，初転圧，二次転圧及び仕上げ転圧の順序で行う。

No. 21 道路のアスファルト舗装の補修工法に関する下記の説明文に**該当するもの**は，次のうちどれか。
「局部的なくぼみ，ポットホール，段差等に舗装材料で応急的に充填する工法」

1 オーバーレイ工法
2 打換え工法
3 切削工法
4 パッチング工法

No. 22 道路の普通コンクリート舗装における施工に関する次の記述のうち，**適当なもの**はどれか。

1 コンクリート版が温度変化に対応するように，車線に直交する横目地を設ける。
2 コンクリートの打込みにあたって，フィニッシャーを用いて敷き均す。
3 敷き広げたコンクリートは，フロートで一様かつ十分に締め固める。
4 表面仕上げの終わった舗装版が所定の強度になるまで乾燥状態を保つ。

No. 23 ダムの施工に関する次の記述のうち，**適当でないもの**はどれか。

1 転流工は，ダム本体工事を確実に，また容易に施工するため，工事期間中の河川の流れを迂回させるものである。

2 コンクリートダムのコンクリート打設に用いるRCD工法は，単位水量が少なく，超硬練りに配合されたコンクリートをタイヤローラで締め固める工法である。

3 グラウチングは，ダムの基礎岩盤の弱部の補強を目的とした最も一般的な基礎処理工法である。

4 ベンチカット工法は，ダム本体の基礎掘削に用いられ，せん孔機械で穴をあけて爆破し順次上方から下方に切り下げていく掘削工法である。

No. 24 トンネルの山岳工法における掘削に関する次の記述のうち，**適当でないもの**はどれか。

1 吹付けコンクリートは，吹付けノズルを吹付け面に対して直角に向けて行う。

2 ロックボルトは，特別な場合を除き，トンネル横断方向に掘削面に対して斜めに設ける。

3 発破掘削は，地質が硬岩質の場合等に用いられる。

4 機械掘削は，全断面掘削方式と自由断面掘削方式に大別できる。

No. 25 下図は傾斜型海岸堤防の構造を示したものである。図の（イ）～（ハ）の構造名称に関する次の組合せのうち，**適当なもの**はどれか。

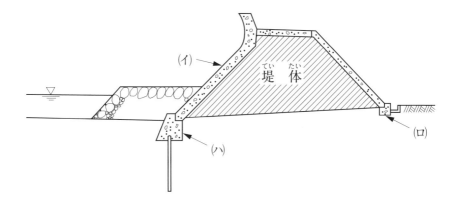

	（イ）	（ロ）	（ハ）
1	裏法被覆工	根留工	基礎工
2	表法被覆工	基礎工	根留工
3	表法被覆工	根留工	基礎工
4	裏法被覆工	基礎工	根留工

No. 26 ケーソン式混成堤の施工に関する次の記述のうち，**適当でないもの**はどれか。

1　ケーソンは，えい航直後の据付けが困難な場合には，波浪のない安定した時期まで沈設して仮置きする。

2　ケーソンは，海面がつねにおだやかで，大型起重機船が使用できるなら，進水したケーソンを据付け場所までえい航して据え付けることができる。

3　ケーソンは，注水開始後，着底するまで中断することなく注水を連続して行い，速やかに据え付ける。

4　ケーソンの中詰め後は，波により中詰め材が洗い流されないように，ケーソンのふたとなるコンクリートを打設する。

No. 27 「鉄道の用語」と「説明」に関する次の組合せのうち，**適当でないもの**はどれか。

　　　　[鉄道の用語]　　　　　　　　　　　　　　　[説明]
1　線路閉鎖工事・・・・・・・・・・線路内で，列車や車両の進入を中断して行う工事のこと
2　軌間・・・・・・・・・・・・・・・・・・レールの車輪走行面より下方の所定距離以内における左右レール頭部間の最短距離のこと
3　緩和曲線・・・・・・・・・・・・鉄道車両の走行を円滑にするために直線と円曲線，又は二つの曲線の間に設けられる特殊な線形のこと
4　路盤・・・・・・・・・・・・・・・・自然地盤や盛土で構築され，路床を支持する部分のこと

No. 28 鉄道の営業線近接工事に関する次の記述のうち，**適当でないもの**はどれか。

1　保安管理者は，工事指揮者と相談し，事故防止責任者を指導し，列車の安全運行を確保する。
2　重機械の運転者は，重機械安全運転の講習会修了証の写しを添えて，監督員等の承認を得る。
3　複線以上の路線での積みおろしの場合は，列車見張員を配置し，車両限界をおかさないように材料を置かなければならない。
4　列車見張員は，信号炎管・合図灯・呼笛・時計・時刻表・緊急連絡表を携帯しなければならない。

No. 29 シールド工法に関する次の記述のうち，**適当でないもの**はどれか。

1 シールド工法は，開削工法が困難な都市の下水道工事や地下鉄工事をはじめ，海底道路トンネルや地下河川の工事等で用いられる。
2 シールド工法に使用される機械は，フード部，ガーダー部，テール部からなる。
3 泥水式シールド工法では，ずりがベルトコンベアによる輸送となるため，坑内の作業環境は悪くなる。
4 土圧式シールド工法は，一般に粘性土地盤に適している。

No. 30 上水道の管布設工に関する次の記述のうち，**適当でないもの**はどれか。

1 管の布設は，原則として低所から高所に向けて行う。
2 ダクタイル鋳鉄管の据付けでは，管体の管径，年号の記号を上に向けて据え付ける。
3 一日の布設作業完了後は，管内に土砂，汚水等が流入しないよう木蓋等で管端部をふさぐ。
4 鋳鉄管の切断は，直管及び異形管ともに切断機で行うことを標準とする。

No. 31 下水道管渠の接合方式に関する次の記述のうち，**適当でないもの**はどれか。

1 水面接合は，管渠の中心を接合部で一致させる方式である。
2 管頂接合は，流水は円滑であるが，下流ほど深い掘削が必要となる。
3 管底接合は，接合部の上流側の水位が高くなり，圧力管となるおそれがある。
4 段差接合は，マンホールの間隔等を考慮しながら，階段状に接続する方式である。

※問題番号No.32～No.42までの11問題のうちから6問題を選択し解答してください。

No. 32 労働時間，休憩，休日，年次有給休暇に関する次の記述のうち，労働基準法上，**誤っているもの**はどれか。

1 使用者は，労働者に対して，労働時間が8時間を超える場合には少なくとも1時間の休憩時間を労働時間の途中に与えなければならない。
2 使用者は，労働者に対して，原則として毎週少なくとも1回の休日を与えなければならない。
3 使用者は，労働組合との協定により，労働時間を延長して労働させる場合でも，延長して労働させた時間は1箇月に150時間未満でなければならない。
4 使用者は，雇入れの日から6箇月間継続勤務し全労働日の8割以上出勤した労働者には，10日の有給休暇を与えなければならない。

No. 33 災害補償に関する次の記述のうち，労働基準法上，**誤っているもの**はどれか。

1 労働者が業務上負傷し，又は疾病にかかった場合においては，使用者は，その費用で必要な療養を行い，又は必要な療養の費用を負担しなければならない。
2 労働者が重大な過失によって業務上負傷し，かつ使用者がその過失について行政官庁へ届出た場合には，使用者は障害補償を行わなくてもよい。
3 労働者が業務上負傷した場合，その補償を受ける権利は，労働者の退職によって変更されることはない。
4 業務上の負傷，疾病又は死亡の認定等に関して異議のある者は，行政官庁に対して，審査又は事件の仲裁を申し立てることができる。

No. 34 作業主任者の**選任を必要としない作業**は，労働安全衛生法上，次のうちどれか。

1 土止め支保工の切りばり又は腹起こしの取付け又は取り外しの作業
2 掘削面の高さが2m以上となる地山の掘削の作業
3 道路のアスファルト舗装の転圧の作業
4 高さが5m以上のコンクリート造の工作物の解体又は破壊の作業

No. 35 建設業法に関する次の記述のうち，**誤っているもの**はどれか。

1　建設業とは，元請，下請その他いかなる名義をもってするかを問わず，建設工事の完成を請け負う営業をいう。

2　建設業者は，当該工事現場の施工の技術上の管理をつかさどる主任技術者を置かなければならない。

3　建設工事の施工に従事する者は，主任技術者がその職務として行う指導に従わなければならない。

4　公共性のある施設に関する重要な工事である場合，請負代金の額にかかわらず，工事現場ごとに専任の主任技術者を置かなければならない。

No. 36 車両の最高限度に関する次の記述のうち，車両制限令上，**誤っているもの**はどれか。
ただし，高速自動車国道を通行するセミトレーラ連結車又はフルトレーラ連結車，及び道路管理者が国際海上コンテナの運搬用のセミトレーラ連結車の通行に支障がないと認めて指定した道路を通行する車両を除くものとする。

1　車両の最小回転半径の最高限度は，車両の最外側のわだちについて12mである。

2　車両の長さの最高限度は，15mである。

3　車両の軸重の最高限度は，10tである。

4　車両の幅の最高限度は，2.5mである。

No. 37 河川法に関する次の記述のうち，**誤っているもの**はどれか。

1　1級及び2級河川以外の準用河川の管理は，市町村長が行う。

2　河川法上の河川に含まれない施設は，ダム，堰，水門等である。

3　河川区域内の民有地での工事材料置場の設置は河川管理者の許可を必要とする。

4　河川管理施設保全のため指定した，河川区域に接する一定区域を河川保全区域という。

No. 38 建築基準法に関する次の記述のうち，**誤っているもの**はどれか。

1 道路とは，原則として，幅員4m以上のものをいう。
2 建築物の延べ面積の敷地面積に対する割合を容積率という。
3 建築物の敷地は，原則として道路に1m以上接しなければならない。
4 建築物の建築面積の敷地面積に対する割合を建ぺい率という。

No. 39 火薬類の取扱いに関する次の記述のうち，火薬類取締法上，**誤っているもの**はどれか。

1 火工所以外の場所において，薬包に雷管を取り付ける作業を行わない。
2 消費場所において火薬類を取り扱う場合，固化したダイナマイト等はもみほぐしてはならない。
3 火工所に火薬類を存置する場合には，見張人を常時配置する。
4 火薬類の取扱いには，盗難予防に留意する。

No. 40 騒音規制法上，建設機械の規格等にかかわらず，特定建設作業の**対象とならない作業**は，次のうちどれか。
ただし，当該作業がその作業を開始した日に終わるものを除く。

1 ロードローラを使用する作業
2 さく岩機を使用する作業
3 バックホゥを使用する作業
4 ブルドーザを使用する作業

No. 41　振動規制法に定められている特定建設作業の**対象となる建設機械**は，次のうちどれか。
ただし，当該作業がその作業を開始した日に終わるものを除き，1日における当該作業に係る2地点間の最大移動距離が50mを超えない作業とする。

1　ジャイアントブレーカ
2　ブルドーザ
3　振動ローラ
4　路面切削機

No. 42　船舶の航路及び航法に関する次の記述のうち，港則法上，**誤っている**ものはどれか。

1　船舶は，航路内においては，他の船舶を追い越してはならない。
2　汽艇等以外の船舶は，特定港を通過するときには港長の定める航路を通らなければならない。
3　船舶は，航路内においては，原則としてえい航している船舶を放してはならない。
4　船舶は，航路内においては，並列して航行してはならない。

正答　別冊 P.71

No. 43

トラバース測量において下表の観測結果を得た。閉合誤差は 0.007m である。**閉合比**は次のうちどれか。
ただし，閉合比は有効数字４桁目を切り捨て，３桁に丸める。

側線	距離 I (m)	方位角			緯距 L (m)	経距 D (m)
AB	37.373	180°	50′	40″	−37.289	−2.506
BC	40.625	103°	56′	12″	−9.785	39.429
CD	39.078	36°	30′	51″	31.407	23.252
DE	38.803	325°	15′	14″	31.884	−22.115
EA	41.378	246°	54′	60″	−16.223	−38.065
計	197.257				−0.005	−0.005

閉合誤差 = 0.007m

1　1／26100
2　1／27200
3　1／28100
4　1／29200

No. 44

公共工事で発注者が示す設計図書に**該当しないもの**は，次のうちどれか。

1　現場説明書
2　特記仕様書
3　設計図面
4　見積書

No. 45 下図は橋の一般的な構造を表したものであるが，（イ）〜（ニ）の橋の長さを表す名称に関する組合せとして，**適当なもの**は次のうちどれか。

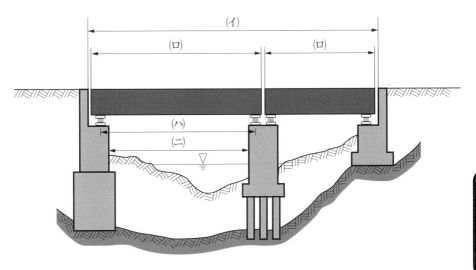

	（イ）	（ロ）	（ハ）	（ニ）
1	橋長	桁長	径間長	支間長
2	桁長	橋長	支間長	径間長
3	橋長	桁長	支間長	径間長
4	支間長	桁長	橋長	径間長

正答　別冊 P.72

No. 46 建設機械に関する次の記述のうち，**適当でないもの**はどれか。

1 ランマは，振動や打撃を与えて，路肩や狭い場所等の締固めに使用される。
2 タイヤローラは，接地圧の調節や自重を加減することができ，路盤等の締固めに使用される。
3 ドラグラインは，機械の位置より高い場所の掘削に適し，水路の掘削等に使用される。
4 クラムシェルは，水中掘削等，狭い場所での深い掘削に使用される。

No. 47 仮設工事に関する次の記述のうち，**適当でないもの**はどれか。

1 直接仮設工事と間接仮設工事のうち，現場事務所や労務宿舎等の設備は，直接仮設工事である。
2 仮設備は，使用目的や期間に応じて構造計算を行い，労働安全衛生規則の基準に合致するかそれ以上の計画とする。
3 指定仮設と任意仮設のうち，任意仮設では施工者独自の技術と工夫や改善の余地が多いので，より合理的な計画を立てることが重要である。
4 材料は，一般の市販品を使用し，可能な限り規格を統一し，他工事にも転用できるような計画にする。

No. 48 地山の掘削作業の安全確保に関する次の記述のうち，労働安全衛生法上，事業者が行うべき事項として**誤っているもの**はどれか。

1　掘削面の高さが規定の高さ以上の場合は，地山の掘削及び土止め支保工作業主任者技能講習を修了した者のうちから，地山の掘削作業主任者を選任する。

2　地山の崩壊等により労働者に危険を及ぼすおそれのあるときは，あらかじめ，土止め支保工を設け，防護網を張り，労働者の立入りを禁止する等の措置を講じる。

3　運搬機械等が労働者の作業箇所に後進して接近するときは，点検者を配置し，その者にこれらの機械を誘導させる。

4　明り掘削の作業を行う場所は，当該作業を安全に行うため必要な照度を保持しなければならない。

No. 49 高さ5m以上のコンクリート造の工作物の解体作業にともなう危険を防止するために事業者が行うべき事項に関する次の記述のうち，労働安全衛生法上，**誤っているもの**はどれか。

1　外壁，柱等の引倒し等の作業を行うときは，引倒し等について一定の合図を定め，関係労働者に周知させなければならない。

2　物体の飛来等により労働者に危険が生ずるおそれのある箇所で解体用機械を用いて作業を行うときは，作業主任者以外の労働者を立ち入らせてはならない。

3　強風，大雨，大雪等の悪天候のため，作業の実施について危険が予想されるときは，当該作業を中止しなければならない。

4　作業計画には，作業の方法及び順序，使用する機械等の種類及び能力等が示されていなければならない。

No. 50 品質管理に関する次の記述のうち，**適当でないもの**はどれか。

1 ロットとは，様々な条件下で生産された品物の集まりである。
2 サンプルをある特性について測定した値をデータ値（測定値）という。
3 ばらつきの状態が安定の状態にあるとき，測定値の分布は正規分布になる。
4 対象の母集団からその特性を調べるため一部取り出したものをサンプル（試料）という。

No. 51 呼び強度24，スランプ12cm，空気量5.0％と指定したJIS A 5308レディーミクストコンクリートの試験結果について，各項目の判定基準を**満足しないもの**は次のうちどれか。

1 1回の圧縮強度試験の結果は，21.0N/mm² であった。
2 3回の圧縮強度試験結果の平均値は，24.0N/mm² であった。
3 スランプ試験の結果は，10.0cmであった。
4 空気量試験の結果は，3.0％であった。

No. 52 建設工事における，騒音・振動対策に関する次の記述のうち，**適当な****もの**はどれか。

1　舗装版の取壊し作業では，大型ブレーカの使用を原則とする。
2　掘削土をバックホゥ等でダンプトラックに積み込む場合，落下高を高くして掘削土の放出をスムーズに行う。
3　車輪式（ホイール式）の建設機械は，履帯式（クローラ式）の建設機械に比べて，一般に騒音振動レベルが小さい。
4　作業待ち時は，建設機械等のエンジンをアイドリング状態にしておく。

No. 53 「建設工事に係る資材の再資源化等に関する法律」（建設リサイクル法）に定められている特定建設資材に**該当するもの**は，次のうちどれか。

1　建設発生土
2　建設汚泥
3　廃プラスチック
4　コンクリート及び鉄からなる建設資材

No. 54 建設機械の走行に必要なコーン指数の値に関する下記の文章中の _____ の（イ）〜（二）に当てはまる語句の組合せとして，**適当なもの**は次のうちどれか。

・ダンプトラックより普通ブルドーザ（15t級）の方がコーン指数は ____(イ)____ 。
・スクレープドーザより ____(ロ)____ の方がコーン指数は小さい。
・超湿地ブルドーザより自走式スクレーパ（小型）の方がコーン指数は ____(ハ)____ 。
・普通ブルドーザ（21t級）より ____(二)____ の方がコーン指数は大きい。

	（イ）	（ロ）	（ハ）	（二）
1	大きい	自走式スクレーパ（小型）	小さい	ダンプトラック
2	小さい	超湿地ブルドーザ	大きい	ダンプトラック
3	大きい	超湿地ブルドーザ	小さい	湿地ブルドーザ
4	小さい	自走式スクレーパ（小型）	大きい	湿地ブルドーザ

No. 55 建設機械の作業内容に関する下記の文章中の ____ の（イ）〜（ニ）に当てはまる語句の組合せとして，**適当なもの**は次のうちどれか。

・ ____(イ)____ とは，建設機械の走行性をいい，一般にコーン指数で判断される。

・リッパビリティーとは， ____(ロ)____ に装着されたリッパによって作業できる程度をいう。

・建設機械の作業効率は，現場の地形， ____(ハ)____ ，工事規模等の各種条件によって変化する。

・建設機械の作業能力は，単独の機械又は組み合わされた機械の ____(ニ)____ の平均作業量で表される。

	（イ）	（ロ）	（ハ）	（ニ）
1	ワーカビリティー	大型ブルドーザ	作業員の人数	日当たり
2	トラフィカビリティー	大型バックホゥ	土質	日当たり
3	ワーカビリティー	大型バックホゥ	作業員の人数	時間当たり
4	トラフィカビリティー	大型ブルドーザ	土質	時間当たり

No. 56 工程表の種類と特徴に関する下記の文章中の ____ の（イ）〜（ニ）に当てはまる語句の組合せとして，**適当なもの**は次のうちどれか。

・ ____(イ)____ は，各工事の必要日数を棒線で表した図表である。

・ ____(ロ)____ は，工事全体の出来高比率の累計を曲線で表した図表である。

・ ____(ハ)____ は，各工事の工程を斜線で表した図表である。

・ ____(ニ)____ は，工事内容を系統だてて作業相互の関連，順序や日数を表した図表である。

	（イ）	（ロ）	（ハ）	（ニ）
1	バーチャート	グラフ式工程表	出来高累計曲線	ネットワーク式工程表
2	ネットワーク式工程表	出来高累計曲線	バーチャート	グラフ式工程表
3	ネットワーク式工程表	グラフ式工程表	バーチャート	出来高累計曲線
4	バーチャート	出来高累計曲線	グラフ式工程表	ネットワーク式工程表

下図のネットワーク式工程表について記載している下記の文章中の
[   ]の（イ）～（ニ）に当てはまる語句の組合せとして，**正しい
もの**は次のうちどれか。
ただし，図中のイベント間のA～Gは作業内容，数字は作業日数を表
す。

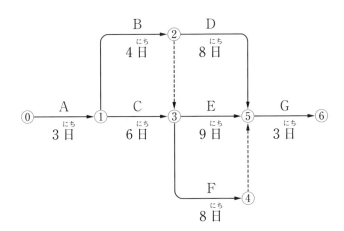

・ [（イ）]及び[（ロ）]は，クリティカルパス上の作業である。
・作業Bが[（ハ）]遅延しても，全体の工期に影響はない。
・この工程全体の工期は，[（ニ）]である。

	（イ）	（ロ）	（ハ）	（ニ）
1	作業B	作業D	3日	20日間
2	作業C	作業E	2日	21日間
3	作業B	作業D	3日	21日間
4	作業C	作業E	2日	20日間

No. 58 作業床の端，開口部における，墜落・落下防止に関する下記の文章中の ［　　　　］ の（イ）〜（ニ）に当てはまる語句の組合せとして，**適当なもの**は次のうちどれか。

・作業床の端，開口部には，必要な強度の囲い， ［　(イ)　］ ， ［　(ロ)　］ を設置する。
・囲い等の設置が困難な場合は，安全確保のため ［　(ハ)　］ を設置し， ［　(ニ)　］ を使用させる等の措置を講ずる。

	（イ）	（ロ）	（ハ）	（ニ）
1	手すり	覆い	安全ネット	要求性能墜落制止用器具
2	足場板	筋かい	作業台	昇降施設
3	手すり	覆い	安全ネット	昇降施設
4	足場板	筋かい	作業台	要求性能墜落制止用器具

No. 59 車両系建設機械の災害防止に関する下記の文章中の ［　　　　］ の（イ）〜（ニ）に当てはまる語句の組合せとして，労働安全衛生規則上，**正しいもの**は次のうちどれか。

・運転者は，運転位置を離れるときは，原動機を止め， ［　(イ)　］ 走行ブレーキをかける。
・転倒や転落のおそれがある場所では，転倒時保護構造を有し，かつ， ［　(ロ)　］ を備えた機種の使用に努める。
・ ［　(ハ)　］ 以外の箇所に労働者を乗せてはならない。
・ ［　(ニ)　］ にブレーキやクラッチの機能について点検する。

	（イ）	（ロ）	（ハ）	（ニ）
1	または	安全ブロック	助手席	作業の前日
2	または	シートベルト	乗車席	作業の前日
3	かつ	シートベルト	乗車席	その日の作業開始前
4	かつ	安全ブロック	助手席	その日の作業開始前

正答　別冊 P.78　　103

No. 60 品質管理に用いられる x̄-R 管理図に関する下記の文章中の □□□□□ の（イ）～（ニ）に当てはまる語句の組合せとして，**適当なものは**次のうちどれか。

・データには，連続量として測定される ☐ (イ) ☐ がある。
・x̄ 管理図は，工程平均を各組ごとのデータの ☐ (ロ) ☐ によって管理する。
・R 管理図は，工程のばらつきを各組ごとのデータの ☐ (ハ) ☐ によって管理する。
・x̄-R 管理図の管理線として， ☐ (ニ) ☐ 及び上方・下方管理限界がある。

	（イ）	（ロ）	（ハ）	（ニ）
1	計数値	平均値	最大・最小の差	バナナカーブ
2	計量値	平均値	最大・最小の差	中心線
3	計数値	最大・最小の差	平均値	中心線
4	計量値	最大・最小の差	平均値	バナナカーブ

No. 61 盛土の締固めにおける品質管理に関する下記の文章中の □□□□□ の（イ）～（ニ）に当てはまる語句の組合せとして，**適当なものは**次のうちどれか。

・盛土の締固めの品質管理の方式のうち ☐ (イ) ☐ 規定方式は，盛土の締固め度等を規定するもので， ☐ (ロ) ☐ 規定方式は，使用する締固め機械の機種や締固め回数等を規定する方法である。
・盛土の締固めの効果や性質は，土の種類や含水比， ☐ (ハ) ☐ 方法によって変化する。
・盛土が最もよく締まる含水比は，最大乾燥密度が得られる含水比で ☐ (ニ) ☐ 含水比である。

	（イ）	（ロ）	（ハ）	（ニ）
1	品質	工法	施工	最適
2	品質	工法	管理	最大
3	工法	品質	施工	最適
4	工法	品質	管理	最大

正答 別冊 P.79

令和4年度
後期

第二次検定

試験時間　120分

※問題1～問題5は必須問題です。必ず解答してください。

問題1で

①設問1の解答が無記載又は記述漏れがある場合,

②設問2の解答が無記載又は設問で求められている内容以外の記述の場合,

どちらの場合にも問題2以降は採点の対象となりません。

必須問題

問題1　あなたが経験した土木工事の現場において, 工夫した品質管理又は工夫した工程管理のうちから1つ選び, 次の〔設問1〕,〔設問2〕に答えなさい。

〔注意〕　あなたが経験した工事でないことが判明した場合は失格となります。

〔設問1〕　あなたが経験した土木工事に関し, 次の事項について解答欄に明確に記述しなさい。

〔注意〕　「経験した土木工事」は, あなたが工事請負者の技術者の場合は, あなたの所属会社が受注した工事内容について記述してください。従って, あなたの所属会社が二次下請業者の場合は, 発注者名は一次下請業者名となります。

なお, あなたの所属が発注機関の場合の発注者名は, 所属機関名となります。

(1)　工　事　名

(2)　工事の内容

①　発注者名

②　工事場所

③　工　期

④　主な工種

⑤　施　工　量

(3)　工事現場における施工管理上のあなたの立場

解答例　別冊 P.81

〔設問2〕 上記工事で実施した「**現場で工夫した品質管理**」又は「**現場で工夫した工程管理**」のいずれかを選び，次の事項について解答欄に具体的に記述しなさい。

(1) 特に留意した**技術的課題**
(2) 技術的課題を解決するために**検討した項目と検討理由及び検討内容**
(3) 上記検討の結果，**現場で実施した対応処置とその評価**

必須問題

問題 2 建設工事に用いる工程表に関する次の文章の ☐ の (イ) ～ (ホ) に当てはまる**適切な語句を，下記の語句から選び解答欄に記入しなさい。**

(1) 横線式工程表には，バーチャートとガントチャートがあり，バーチャートは縦軸に部分工事をとり，横軸に必要な ☐(イ)☐ を棒線で記入した図表で，各工事の工期がわかりやすい。ガントチャートは縦軸に部分工事をとり，横軸に各工事の ☐(ロ)☐ を棒線で記入した図表で，各工事の進捗状況がわかる。

(2) ネットワーク式工程表は，工事内容を系統的に明確にし，作業相互の関連や順序，☐(ハ)☐ を的確に判断でき，☐(ニ)☐ 工事と部分工事の関連が明確に表現できる。また，☐(ホ)☐ を求めることにより重点管理作業や工事完成日の予測ができる。

[語 句]

アクティビティ，	経済性，	機械，	人力，	施工時期，
クリティカルパス，	安全性，	全体，	費用，	掘削，
出来高比率，	降雨日，	休憩，	日数，	アロー

106

必須問題

問題 3　土木工事の施工計画を作成するにあたって実施する，事前の調査について，**下記の項目①～③から2つ選び，その番号，実施内容**について，解答欄の（例）を参考にして，解答欄に記述しなさい。
ただし，解答欄の（例）と同一の内容は不可とする。

①契約書類の確認
②自然条件の調査
③近隣環境の調査

必須問題

問題 4　コンクリート養生の役割及び具体的な方法に関する次の文章の◯◯◯の（イ）～（ホ）に当てはまる**適切な語句を，**下記の語句から選び解答欄に記入しなさい。

令和4年　後期　問題

(1)　養生とは，仕上げを終えたコンクリートを十分に硬化させるために，適当な　(イ)　と湿度を与え，有害な　(ロ)　等から保護する作業のことである。
(2)　養生では，散水，湛水，　(ハ)　で覆う等して，コンクリートを湿潤状態に保つことが重要である。
(3)　日平均気温が　(ニ)　ほど，湿潤養生に必要な期間は長くなる。
(4)　　(ホ)　セメントを使用したコンクリートの湿潤養生期間は，普通ポルトランドセメントの場合よりも長くする必要がある。

[語　句]
早強ポルトランド，　高い，　混合，　合成，　安全，
計画，　沸騰，　温度，　暑い，　低い，
湿布，　養分，　外力，　手順，　配合

問題 5 盛土の安定性や施工性を確保し，良好な品質を保持するため，**盛土材料として望ましい条件を2つ**解答欄に記述しなさい。

問題6～問題9までは選択問題（1），（2）です。
※問題6，問題7の選択問題（1）の2問のうちから1問題を選択し解答してください。
　なお，選択した問題は，解答用紙の選択欄に○印を必ず記入してください。

選択問題（1）

問題 6 土の原位置試験とその結果の利用に関する次の文章の　　　　　の（イ）～（ホ）に当てはまる**適切な語句**を，**下記の語句から選び**解答欄に記入しなさい。

(1) 標準貫入試験は，原位置における地盤の硬軟，締まり具合又は土層の構成を判定するための　（イ）　を求めるために行い，土質柱状図や地質　（ロ）　を作成することにより，支持層の分布状況や各地層の連続性等を総合的に判断できる。

(2) スウェーデン式サウンディング試験は，荷重による貫入と，回転による貫入を併用した原位置試験で，土の静的貫入抵抗を求め，土の硬軟又は締まり具合を判定するとともに　（ハ）　の厚さや分布を把握するのに用いられる。

(3) 地盤の平板載荷試験は，原地盤に剛な載荷板を設置して垂直荷重を与え，この荷重の大きさと載荷板の　（ニ）　との関係から，　（ホ）　係数や極限支持力等の地盤の変形及び支持力特性を調べるための試験である。

[語　句]
含水比，　　盛土，　　水温，　　　地盤反力，　　管理図，
軟弱層，　　N値，　　P値，　　　断面図，　　　経路図，
降水量，　　透水，　　掘削，　　　圧密，　　　　沈下量

選択問題（1）

問題 7　レディーミクストコンクリート（JIS A 5308）の受入れ検査に関する次の文章の ☐ の（イ）～（ホ）に当てはまる**適切な語句又は数値を，下記の語句又は数値から選び**解答欄に記入しなさい。

(1)　スランプの規定値が12cmの場合，許容差は± ☐（イ）☐ cmである。

(2)　普通コンクリートの ☐（ロ）☐ は4.5％であり，許容差は± 1.5％である。

(3)　コンクリート中の ☐（ハ）☐ 含有量は0.30kg/m³以下と規定されている。

(4)　圧縮強度の1回の試験結果は，購入者が指定した ☐（ニ）☐ 強度の強度値の ☐（ホ）☐ ％以上であり，3回の試験結果の平均値は，購入者が指定した ☐（ニ）☐ 強度の強度値以上である。

［語句又は数値］
単位水量，　空気量，　85，　塩化物，　75，
せん断，　95，　引張，　2.5，　不純物，
7.0，　呼び，　5.0，　骨材表面水率，　アルカリ

※問題 8，問題 9 の選択問題（2）の 2 問題のうちから 1 問題を選択し解答して
ください。
なお，選択した問題は，解答用紙の選択欄に○印を必ず記入してください。

選択問題（2）

問題 8　建設工事における高さ 2m 以上の高所作業を行う場合において，労働
安全衛生法で定められている事業者が実施すべき**墜落等による危険の防
止対策**を，2つ解答欄に記述しなさい。

選択問題（2）

問題 9　ブルドーザ又はバックホゥを用いて行う建設工事における**具体的な騒
音防止対策**を，2つ解答欄に記述しなさい。

解答例　別冊 P.85

2級土木施工
管理技術検定

令和4年度 前期 問題

◤ 第一次検定 ・・・・・・・・・・・・・・・・112

● P.197 ～ 199（第一次検定）の解答用紙をコピーしてお使いください。

実施年		受検者数（人）	合格者数（人）	合格率（%）
令和5年度 後期	第一次[*1]	27,564	14,477	52.5
	第二次[*2]	26,178	16,464	62.9
令和5年度 前期	第一次	15,526	6,664	42.9
令和4年度 後期	第一次[*1]	27,461	17,565	64.0
	第二次[*2]	32,351	12,246	37.9
令和4年度 前期	第一次	16,041	10,175	63.4
令和3年度 後期	第一次[*1]	29,636	21,513	72.6
	第二次[*2]	28,688	11,713	40.8
令和3年度 前期	第一次	14,557	10,229	70.3

*1 第一次検定のみ受検者数または合格者数を含む。
*2 第二次検定の受検者数は，第一次検定及び第二次検定同日受検者のうち第一次検定合格者と第二次検定のみ試験受検者の実際の受検者の合計で記載，合格率も同様の数値を元に算出。

試験時間　130分

※問題番号No.1〜No.11までの11問題のうちから9問題を選択し解答してください。

No. 1 土の締固めに使用する機械に関する次の記述のうち，**適当でないもの**はどれか。

1 タイヤローラは，細粒分を適度に含んだ山砂利の締固めに適している。
2 振動ローラは，路床の締固めに適している。
3 タンピングローラは，低含水比の関東ロームの締固めに適している。
4 ランマやタンパは，大規模な締固めに適している。

No. 2 土質試験における「試験名」とその「試験結果の利用」に関する次の組合せのうち，**適当でないもの**はどれか。

　　　　［試験名］　　　　　　　　　　　　　　　　［試験結果の利用］
1 標準貫入試験・・・・・・・・・・・・・・・・・・・・・・・・・・・・・・・・・地盤の透水性の判定
2 砂置換法による土の密度試験・・・・・・・・・・・・・・・・・土の締固め管理
3 ポータブルコーン貫入試験・・・・・・・・・・・・・・・・・建設機械の走行性の判定
4 ボーリング孔を利用した透水試験・・・・・・・・・・・・・地盤改良工法の設計

No. 3 道路土工の盛土材料として望ましい条件に関する次の記述のうち，**適当でないもの**はどれか。

1 盛土完成後の圧縮性が小さいこと。
2 水の吸着による体積増加が小さいこと。
3 盛土完成後のせん断強度が低いこと。
4 敷均しや締固めが容易であること。

No. 4 地盤改良に用いられる固結工法に関する次の記述のうち，**適当でないも**のはどれか。

1　深層混合処理工法は，大きな強度が短期間で得られ沈下防止に効果が大きい工法である。
2　薬液注入工法は，薬液の注入により地盤の透水性を高め，排水を促す工法である。
3　深層混合処理工法には，安定材と軟弱土を混合する機械攪拌方式がある。
4　薬液注入工法では，周辺地盤等の沈下や隆起の監視が必要である。

No. 5 コンクリートの耐凍害性の向上を図る混和剤として**適当なもの**は，次のうちどれか。

1　流動化剤
2　収縮低減剤
3　AE剤
4　鉄筋コンクリート用防錆剤

No. 6 レディーミクストコンクリートの配合に関する次の記述のうち，**適当でないもの**はどれか。

1　単位水量は，所要のワーカビリティーが得られる範囲内で，できるだけ少なくする。
2　水セメント比は，強度や耐久性等を満足する値の中から最も小さい値を選定する。
3　スランプは，施工ができる範囲内で，できるだけ小さくなるようにする。
4　空気量は，凍結融解作用を受けるような場合には，できるだけ少なくするのがよい。

No. 7 フレッシュコンクリートの性質に関する次の記述のうち，**適当でない**ものはどれか。

1　材料分離抵抗性とは，フレッシュコンクリート中の材料が分離することに対する抵抗性である。
2　ブリーディングとは，練混ぜ水の一部が遊離してコンクリート表面に上昇する現象である。
3　ワーカビリティーとは，変形又は流動に対する抵抗性である。
4　レイタンスとは，コンクリート表面に水とともに浮かび上がって沈殿する物質である。

No. 8 コンクリートの現場内での運搬と打込みに関する次の記述のうち，**適当でないもの**はどれか。

1　コンクリートの現場内での運搬に使用するバケットは，材料分離を起こしにくい。
2　コンクリートポンプで圧送する前に送る先送りモルタルの水セメント比は，使用するコンクリートの水セメント比よりも大きくする。
3　型枠内にたまった水は，コンクリートを打ち込む前に取り除く。
4　2層以上に分けて打ち込む場合は，上層と下層が一体となるように下層コンクリート中にも棒状バイブレータを挿入する。

No. 9 既製杭の中掘り杭工法に関する次の記述のうち，**適当でないもの**はどれか。

1　地盤の掘削は，一般に既製杭の内部をアースオーガで掘削する。
2　先端処理方法は，セメントミルク噴出撹拌方式とハンマで打ち込む最終打撃方式等がある。
3　杭の支持力は，一般に打込み工法に比べて，大きな支持力が得られる。
4　掘削中は，先端地盤の緩みを最小限に抑えるため，過大な先掘りを行わない。

No. 10 場所打ち杭の「工法名」と「孔壁保護の主な資機材」に関する次の組合せのうち，**適当なもの**はどれか。

[工法名]　　　　　　　　　　　　　　　　[孔壁保護の主な資機材]
1　深礎工法………………………………………安定液（ベントナイト）
2　オールケーシング工法………………………ケーシングチューブ
3　リバースサーキュレーション工法…………山留め材(ライナープレート)
4　アースドリル工法……………………………スタンドパイプ

No. 11 土留め工に関する次の記述のうち，**適当でないもの**はどれか。

1　自立式土留め工法は，切梁や腹起しを用いる工法である。
2　アンカー式土留め工法は，引張材を用いる工法である。
3　ヒービングとは，軟弱な粘土質地盤を掘削した時に，掘削底面が盛り上がる現象である。
4　ボイリングとは，砂質地盤で地下水位以下を掘削した時に，砂が吹き上がる現象である。

※問題番号No.12～No.31までの20問題のうちから6問題を選択し解答してください。

No. 12 鋼材の溶接継手に関する次の記述のうち，**適当でないもの**はどれか。

1　溶接を行う部分は，溶接に有害な黒皮，さび，塗料，油等があってはならない。
2　溶接を行う場合には，溶接線近傍を十分に乾燥させる。
3　応力を伝える溶接継手には，完全溶込み開先溶接を用いてはならない。
4　開先溶接では，溶接欠陥が生じやすいのでエンドタブを取り付けて溶接する。

No. 13 鋼道路橋に用いる高力ボルトに関する次の記述のうち，**適当でないもの**はどれか。

1 高力ボルトの軸力の導入は，ナットを回して行うことを原則とする。
2 高力ボルトの締付けは，連結板の端部のボルトから順次中央のボルトに向かって行う。
3 高力ボルトの長さは，部材を十分に締め付けられるものとしなければならない。
4 高力ボルトの摩擦接合は，ボルトの締付けで生じる部材相互の摩擦力で応力を伝達する。

No. 14 コンクリートに関する次の用語のうち，劣化機構に**該当しないもの**はどれか。

1 塩害
2 ブリーディング
3 アルカリシリカ反応
4 凍害

No. 15 河川堤防に用いる土質材料に関する次の記述のうち，**適当でないもの**はどれか。

1 堤体の安定に支障を及ぼすような圧縮変形や膨張性がない材料がよい。
2 浸水，乾燥等の環境変化に対して，法すべりやクラック等が生じにくい材料がよい。
3 締固めが十分行われるために単一な粒径の材料がよい。
4 河川水の浸透に対して，できるだけ不透水性の材料がよい。

No. 16 河川護岸に関する次の記述のうち，**適当なもの**はどれか。

1 高水護岸は，高水時に表法面，天端，裏法面の堤防全体を保護するものである。
2 法覆工は，堤防の法面をコンクリートブロック等で被覆し保護するものである。
3 基礎工は，根固工を支える基礎であり，洗掘に対して保護するものである。
4 小口止工は，河川の流水方向の一定区間ごとに設けられ，護岸を保護するものである。

No. 17 砂防えん堤に関する次の記述のうち，**適当でないもの**はどれか。

1 水抜きは，一般に本えん堤施工中の流水の切替えや堆砂後の浸透水を抜いて水圧を軽減するために設けられる。
2 袖は，洪水を越流させないために設けられ，両岸に向かって上り勾配で設けられる。
3 水通しの断面は，一般に逆台形で，越流する流量に対して十分な大きさとする。
4 水叩きは，本えん堤からの落下水による洗掘の防止を目的に，本えん堤上流に設けられるコンクリート構造物である。

No. 18 地すべり防止工に関する次の記述のうち，**適当なもの**はどれか。

1 排土工は，地すべり頭部の不安定な土塊を排除し，土塊の滑動力を減少させる工法である。
2 横ボーリング工は，地下水の排除を目的とし，抑止工に区分される工法である。
3 排水トンネル工は，地すべり規模が小さい場合に用いられる工法である。
4 杭工は，杭の挿入による斜面の安定度の向上を目的とし，抑制工に区分される工法である。

No. 19 道路のアスファルト舗装における下層・上層路盤の施工に関する次の記述のうち，**適当でないもの**はどれか。

1 上層路盤に用いる粒度調整路盤材料は，最大含水比付近の状態で締め固める。
2 下層路盤に用いるセメント安定処理路盤材料は，一般に路上混合方式により製造する。
3 下層路盤材料は，一般に施工現場近くで経済的に入手でき品質規格を満足するものを用いる。
4 上層路盤の瀝青安定処理工法は，平坦性がよく，たわみ性や耐久性に富む特長がある。

No. 20 道路のアスファルト舗装の施工に関する次の記述のうち，**適当でないもの**はどれか。

1 加熱アスファルト混合物を舗設する前は，路盤又は基層表面のごみ，泥，浮き石等を取り除く。
2 現場に到着したアスファルト混合物は，ただちにアスファルトフィニッシャ又は人力により均一に敷き均す。
3 敷均し終了後は，継目転圧，初転圧，二次転圧及び仕上げ転圧の順に締め固める。
4 継目の施工は，継目又は構造物との接触面にプライムコートを施工後，舗設し密着させる。

No. 21 道路のアスファルト舗装の破損に関する次の記述のうち，**適当なもの**はどれか。

1 道路縦断方向の凹凸は，不定形に生じる比較的短いひび割れで主に表層に生じる。
2 ヘアクラックは，長く生じるひび割れで路盤の支持力が不均一な場合や舗装の継目に生じる。
3 わだち掘れは，道路横断方向の凹凸で車両の通過位置が同じところに生じる。
4 線状ひび割れは，道路の延長方向に比較的長い波長でどこにでも生じる。

No. 22 道路のコンクリート舗装における施工に関する次の記述のうち，**適当でないもの**はどれか。

1 極めて軟弱な路床は，置換工法や安定処理工法等で改良する。
2 路盤厚が30cm以上のときは，上層路盤と下層路盤に分けて施工する。
3 コンクリート版に鉄網を用いる場合は，表面から版の厚さの1/3程度のところに配置する。
4 最終仕上げは，舗装版表面の水光りが消えてから，滑り防止のため膜養生を行う。

No. 23 ダムの施工に関する次の記述のうち，**適当でないもの**はどれか。

1 ダム工事は，一般に大規模で長期間にわたるため，工事に必要な設備，機械を十分に把握し，施工設備を適切に配置することが安全で合理的な工事を行ううえで必要である。
2 転流工は，ダム本体工事を確実に，また容易に施工するため，工事期間中河川の流れを迂回させるもので，仮排水トンネル方式が多く用いられる。
3 ダムの基礎掘削工法の1つであるベンチカット工法は，長孔ボーリングで穴をあけて爆破し，順次上方から下方に切り下げ掘削する工法である。
4 重力式コンクリートダムの基礎岩盤の補強・改良を行うグラウチングは，コンソリデーショングラウチングとカーテングラウチングがある。

No. 24 トンネルの山岳工法における覆工コンクリートの施工の留意点に関する次の記述のうち，**適当でないもの**はどれか。

1 覆工コンクリートのつま型枠は，打込み時のコンクリートの圧力に耐えられる構造とする。
2 覆工コンクリートの打込みは，一般に地山の変位が収束する前に行う。
3 覆工コンクリートの型枠の取外しは，コンクリートが必要な強度に達した後に行う。
4 覆工コンクリートの養生は，打込み後，硬化に必要な温度及び湿度を保ち，適切な期間行う。

No. 25　海岸における異形コンクリートブロック（消波ブロック）による消波工に関する次の記述のうち，**適当なもの**はどれか。

1　乱積みは，層積みに比べて据付けが容易であり，据付け時は安定性がよい。
2　層積みは，規則正しく配列する積み方で外観が美しいが，安定性が劣っている。
3　乱積みは，高波を受けるたびに沈下し，徐々にブロックのかみ合わせがよくなり安定する。
4　層積みは，乱積みに比べて据付けに手間がかかるが，海岸線の曲線部等の施工性がよい。

No. 26　グラブ浚渫船による施工に関する次の記述のうち，**適当なもの**はどれか。

1　グラブ浚渫船は，ポンプ浚渫船に比べ，底面を平坦に仕上げるのが容易である。
2　グラブ浚渫船は，岸壁等の構造物前面の浚渫や狭い場所での浚渫には使用できない。
3　非航式グラブ浚渫船の標準的な船団は，グラブ浚渫船と土運船のみで構成される。
4　出来形確認測量は，音響測深機等により，グラブ浚渫船が工事現場にいる間に行う。

No. 27　鉄道工事における砕石路盤に関する次の記述のうち，**適当でないもの**はどれか。

1　砕石路盤は軌道を安全に支持し，路床へ荷重を分散伝達し，有害な沈下や変形を生じない等の機能を有するものとする。
2　砕石路盤では，締固めの施工がしやすく，外力に対して安定を保ち，かつ，有害な変形が生じないよう，圧縮性が大きい材料を用いるものとする。
3　砕石路盤の施工は，材料の均質性や気象条件等を考慮して，所定の仕上り厚さ，締固めの程度が得られるように入念に行うものとする。
4　砕石路盤の施工管理においては，路盤の層厚，平坦性，締固めの程度等が確保できるよう留意するものとする。

No. 28 鉄道の営業線近接工事における工事従事者の任務に関する下記の説明文に**該当する工事従事者の名称**は，次のうちどれか。

「工事又は作業終了時における列車又は車両の運転に対する支障の有無の工事管理者等への確認を行う。」

1 線閉責任者
2 停電作業者
3 列車見張員
4 踏切警備員

No. 29 シールド工法の施工に関する次の記述のうち，**適当でないもの**はどれか。

1 セグメントの外径は，シールドの掘削外径よりも小さくなる。
2 覆工に用いるセグメントの種類は，コンクリート製や鋼製のものがある。
3 シールドのテール部には，シールドを推進させるジャッキを備えている。
4 シールド推進後に，セグメント外周に生じる空隙にはモルタル等を注入する。

No. 30 上水道の管布設工に関する次の記述のうち，**適当でないもの**はどれか。

1 塩化ビニル管の保管場所は，なるべく風通しのよい直射日光の当たらない場所を選ぶ。
2 管のつり下ろしで，土留め用切梁を一時取り外す場合は，必ず適切な補強を施す。
3 鋼管の据付けは，管体保護のため基礎に砕石を敷き均して行う。
4 埋戻しは片埋めにならないように注意し，現地盤と同程度以上の密度になるよう締め固める。

正答　別冊 P.94　　121

No. 31 下水道管渠の剛性管の施工における「地盤区分（代表的な土質）」と「基礎工の種類」に関する次の組合せのうち，**適当でないもの**はどれか。

[地盤区分（代表的な土質）]　　　　　　　　　[基礎工の種類]

1　硬質土（硬質粘土，礫混じり土及び礫混じり砂）・・・・・砂基礎
2　普通土（砂，ローム及び砂質粘土）・・・・・・・・・・・・・・鳥居基礎
3　軟弱土（シルト及び有機質土）・・・・・・・・・・・・・・・・・・はしご胴木基礎
4　極軟弱土（非常に緩いシルト及び有機質土）・・・・・・・・鉄筋コンクリート基礎

※問題番号 No.32 〜 No.42 までの 11 問題のうちから 6 問題を選択し解答してください。

No. 32 就業規則に関する記述のうち，労働基準法上，**誤っているもの**はどれか。

1　使用者は，常時使用する労働者の人数にかかわらず，就業規則を作成しなければならない。
2　就業規則は，法令又は当該事業場について適用される労働協約に反してはならない。
3　使用者は，就業規則の作成又は変更について，労働者の過半数で組織する労働組合がある場合にはその労働組合の意見を聴かなければならない。
4　就業規則には，賃金（臨時の賃金等を除く）の決定，計算及び支払の方法等に関する事項について，必ず記載しなければならない。

No. 33 年少者の就業に関する次の記述のうち，労働基準法上，**正しいもの**はどれか。

1　使用者は，児童が満15歳に達する日まで，児童を使用することはできない。
2　親権者は，労働契約が未成年者に不利であると認められる場合においても，労働契約を解除することはできない。
3　後見人は，未成年者の賃金を未成年者に代って請求し受け取らなければならない。
4　使用者は，満18才に満たない者に，運転中の機械や動力伝導装置の危険な部分の掃除，注油をさせてはならない。

No. 34　事業者が，技能講習を修了した作業主任者でなければ就業させてはならない作業に関する次の記述のうち労働安全衛生法上，**該当しないもの**はどれか。

1　高さが 3m 以上のコンクリート造の工作物の解体又は破壊の作業
2　掘削面の高さが 2m 以上となる地山の掘削の作業
3　土止め支保工の切りばり又は腹起こしの取付け又は取り外しの作業
4　型枠支保工の組立て又は解体の作業

No. 35　建設業法に定められている主任技術者及び監理技術者の職務に関する次の記述のうち，**誤っているもの**はどれか。

1　当該建設工事の施工計画の作成を行わなければならない。
2　当該建設工事の施工に従事する者の技術上の指導監督を行わなければならない。
3　当該建設工事の工程管理を行わなければならない。
4　当該建設工事の下請代金の見積書の作成を行わなければならない。

No. 36　道路に工作物又は施設を設け，継続して道路を使用する行為に関する次の記述のうち，道路法令上，占用の許可を**必要としないもの**はどれか。

1　道路の維持又は修繕に用いる機械，器具又は材料の常置場を道路に接して設置する場合
2　水管，下水道管，ガス管を設置する場合
3　電柱，電線，広告塔を設置する場合
4　高架の道路の路面下に事務所，店舗，倉庫，広場，公園，運動場を設置する場合

No. 37 河川法に関する河川管理者の許可について，次の記述のうち**誤っている**ものはどれか。

1　河川区域内の土地において民有地に堆積した土砂などを採取する時は，許可が必要である。
2　河川区域内の土地において農業用水の取水機能維持のため，取水口付近に堆積した土砂を排除する時は，許可は必要ない。
3　河川区域内の土地において推進工法で地中に水道管を設置する時は，許可は必要ない。
4　河川区域内の土地において道路橋工事のための現場事務所や工事資材置場等を設置する時は，許可が必要である。

No. 38 建築基準法の用語に関して，次の記述のうち**誤っているもの**はどれか。

1　特殊建築物とは，学校，体育館，病院，劇場，集会場，百貨店などをいう。
2　建築物の主要構造部とは，壁，柱，床，はり，屋根又は階段をいい，局部的な小階段，屋外階段は含まない。
3　建築とは，建築物を新築し，増築し，改築し，又は移転することをいう。
4　建築主とは，建築物に関する工事の請負契約の注文者であり，請負契約によらないで自らその工事をする者は含まない。

No. 39 火薬類の取扱いに関する次の記述のうち，火薬類取締法上，**誤っている**ものはどれか。

1　火薬庫の境界内には，必要がある者のほかは立ち入らない。
2　火薬庫の境界内には，爆発，発火，又は燃焼しやすい物をたい積しない。
3　火工所に火薬類を保存する場合には，必要に応じて見張人を配置する。
4　消費場所において火薬類を取り扱う場合，固化したダイナマイト等は，もみほぐす。

No. 40 騒音規制法上，建設機械の規格などにかかわらず特定建設作業の**対象とならない作業**は，次のうちどれか。
ただし，当該作業がその作業を開始した日に終わるものを除く。

1 ブルドーザを使用する作業
2 バックホゥを使用する作業
3 空気圧縮機を使用する作業
4 舗装版破砕機を使用する作業

No. 41 振動規制法上，特定建設作業の規制基準に関する「測定位置」と「振動の大きさ」との組合せとして，次のうち**正しいもの**はどれか。

　　　　[測定位置]　　　　　　　　　　　　　　　　　[振動の大きさ]
1 特定建設作業の場所の敷地の境界線 ············· 85dBを超えないこと
2 特定建設作業の場所の敷地の中心部 ············· 75dBを超えないこと
3 特定建設作業の場所の敷地の中心部 ············· 85dBを超えないこと
4 特定建設作業の場所の敷地の境界線 ············· 75dBを超えないこと

No. 42 特定港における港長の許可又は届け出に関する次の記述のうち，港則法上，**正しいもの**はどれか。

1 特定港内又は特定港の境界付近で工事又は作業をしようとする者は，港長の許可を受けなければならない。
2 船舶は，特定港内において危険物を運搬しようとするときは，港長に届け出なければならない。
3 船舶は，特定港を入港したとき又は出港したときは，港長の許可を受けなければならない。
4 特定港内で，汽艇等を含めた船舶を修繕し，又は係船しようとする者は，港長の許可を受けなければならない。

No. 43　トラバース測量を行い下表の観測結果を得た。
測線 AB の方位角は 183°50′40″ である。**測線 BC の方位角**は次のうちどれか。

測点	観測角		
A	116°	55′	40″
B	100°	5′	32″
C	112°	34′	39″
D	108°	44′	23″
E	101°	39′	46″

1　103°52′10″
2　103°54′11″
3　103°56′12″
4　103°58′13″

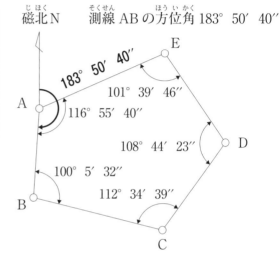

磁北 N　　測線 AB の方位角 183°50′40″

183°50′40″
101°39′46″
116°55′40″
108°44′23″
100°5′32″
112°34′39″

No. 44　公共工事標準請負契約約款に関する次の記述のうち，**誤っているもの**はどれか。

1　設計図書とは，図面，仕様書，現場説明書及び現場説明に対する質問回答書をいう。
2　工事材料の品質については，設計図書にその品質が明示されていない場合は，上等の品質を有するものでなければならない。
3　発注者は，工事完成検査において，必要があると認められるときは，その理由を受注者に通知して，工事目的物を最小限度破壊して検査することができる。
4　現場代理人と主任技術者及び専門技術者は，これを兼ねることができる。

No. 45 下図は標準的なブロック積擁壁の断面図であるが，ブロック積擁壁各部の名称と寸法記号の表記として2つとも**適当なもの**は，次のうちどれか。

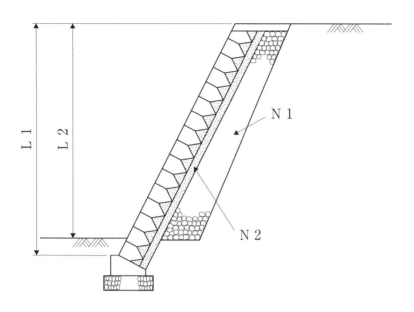

1 擁壁の直高 L 1，裏込め材 N 2
2 擁壁の直高 L 2，裏込めコンクリート N 1
3 擁壁の直高 L 1，裏込めコンクリート N 2
4 擁壁の直高 L 2，裏込め材 N 1

No. 46　建設機械に関する次の記述のうち，**適当でないもの**はどれか。

1　トラクターショベルは，土の積込み，運搬に使用される。
2　ドラグラインは，機械の位置より低い場所の掘削に適し，砂利の採取等に使用される。
3　クラムシェルは，水中掘削など広い場所での浅い掘削に使用される。
4　バックホゥは，固い地盤の掘削ができ，機械の位置よりも低い場所の掘削に使用される。

No. 47　仮設工事に関する次の記述のうち，**適当でないもの**はどれか。

1　材料は，一般の市販品を使用し，可能な限り規格を統一し，他工事にも転用できるような計画にする。
2　直接仮設工事と間接仮設工事のうち，安全施設や材料置場等の設備は，間接仮設工事である。
3　仮設は，使用目的や期間に応じて構造計算を行い，労働安全衛生規則の基準に合致するかそれ以上の計画とする。
4　指定仮設と任意仮設のうち，任意仮設では施工者独自の技術と工夫や改善の余地が多いので，より合理的な計画を立てることが重要である。

No. 48 地山の掘削作業の安全確保に関する次の記述のうち，労働安全衛生法上，事業者が行うべき事項として**誤っているもの**はどれか。

1　地山の崩壊，埋設物等の損壊等により労働者に危険を及ぼすおそれのあるときは，あらかじめ，作業箇所及びその周辺の地山について調査を行う。

2　地山の崩壊又は土石の落下による労働者の危険を防止するため，点検者を指名し，作業箇所等について，前日までに点検させる。

3　掘削面の高さが規定の高さ以上の場合は，地山の掘削作業主任者に地山の作業方法を決定させ，作業を直接指揮させる。

4　明り掘削作業では，あらかじめ運搬機械等の運行の経路や土石の積卸し場所への出入りの方法を定めて，関係労働者に周知させる。

No. 49 高さ5m以上のコンクリート造の工作物の解体作業における危険を防止するため事業者が行うべき事項に関する次の記述のうち，労働安全衛生法上，**誤っているもの**はどれか。

1　強風，大雨，大雪等の悪天候のため，作業の実施について危険が予想されるときは，当該作業を慎重に行わなければならない。

2　外壁，柱等の引倒し等の作業を行うときは，引倒し等について一定の合図を定め，関係労働者に周知させなければならない。

3　器具，工具等を上げ，又は下ろすときは，つり綱，つり袋等を労働者に使用させなければならない。

4　作業を行う区域内には，関係労働者以外の労働者の立入りを禁止しなければならない。

令和4年　前期　問題

正答 別冊 P.102　　129

No. 50 アスファルト舗装の品質特性と試験方法に関する次の記述のうち，**適当でないもの**はどれか。

1 路床の強さを判定するためには，CBR試験を行う。
2 加熱アスファルト混合物の安定度を確認するためには，マーシャル安定度試験を行う。
3 アスファルト舗装の厚さを確認するためには，コア採取による測定を行う。
4 アスファルト舗装の平坦性を確認するためには，プルーフローリング試験を行う。

No. 51 レディーミクストコンクリート（JIS A 5308）の品質管理に関する次の記述のうち，**適当でないもの**はどれか。

1 1回の圧縮強度試験結果は，購入者の指定した呼び強度の強度値の75％以上である。
2 3回の圧縮強度試験結果の平均値は，購入者の指定した呼び強度の強度値以上である。
3 品質管理の項目は，強度，スランプ又はスランプフロー，塩化物含有量，空気量の4つである。
4 圧縮強度試験は，一般に材齢28日で行う。

No. 52　建設工事における環境保全対策に関する次の記述のうち，**適当なもの**はどれか。

1　建設工事の騒音では，土砂，残土等を多量に運搬する場合，運搬経路は問題とならない。

2　騒音振動の防止対策として，騒音振動の絶対値を下げるとともに，発生期間の延伸を検討する。

3　広い土地の掘削や整地での粉塵対策では，散水やシートで覆うことは効果が低い。

4　土運搬による土砂の飛散を防止するには，過積載の防止，荷台のシート掛けを行う。

No. 53　「建設工事に係る資材の再資源化等に関する法律」（建設リサイクル法）に定められている特定建設資材に**該当するもの**は，次のうちどれか。

1　土砂

2　廃プラスチック

3　木材

4　建設汚泥

No. 54

仮設備工事の直接仮設工事と間接仮設工事に関する下記の文章中の ☐ の（イ）〜（ニ）に当てはまる語句の組合せとして，**適当なもの**は次のうちどれか。

・ ☐（イ）☐ は直接仮設工事である。
・労務宿舎は ☐（ロ）☐ である。
・ ☐（ハ）☐ は間接仮設工事である。
・安全施設は ☐（ニ）☐ である。

	（イ）	（ロ）	（ハ）	（ニ）
1	支保工足場	間接仮設工事	現場事務所	直接仮設工事
2	監督員詰所	直接仮設工事	現場事務所	間接仮設工事
3	支保工足場	直接仮設工事	工事用道路	直接仮設工事
4	監督員詰所	間接仮設工事	工事用道路	間接仮設工事

No. 55 平坦な砂質地盤でブルドーザを用いて掘削押土する場合，時間当たり作業量 Q（m³/h）を算出する計算式として下記の □□□□ の（イ）～（ニ）に当てはまる数値の組合せとして，**適当なもの**は次のうちどれか。

・ブルドーザの時間当たり作業量 Q（m³/h）

$$Q = \frac{\boxed{（イ）} \times \boxed{（ロ）} \times E}{\boxed{（ハ）}} \times 60 = \boxed{（ニ）} \ \text{m}^3/\text{h}$$

q ：1回当たりの掘削押土量（3m³）
f ：土量換算係数＝1/L（土量の変化率　ほぐし土量 L＝1.25）
E ：作業効率（0.7）
Cm：サイクルタイム（2分）

	（イ）	（ロ）	（ハ）	（ニ）
1	2	0.8	3	22.4
2	2	1.25	3	35.0
3	3	0.8	2	50.4
4	3	1.25	2	78.8

No. 56 工程管理に関する下記の文章中の □□□□ の（イ）～（ニ）に当てはまる語句の組合せとして，**適当なもの**は次のうちどれか。

・工程表は，工事の施工順序と □（イ）□ をわかりやすく図表化したものである。
・工程計画と実施工程の間に差が生じた場合は，その □（ロ）□ して改善する。
・工程管理では，□（ハ）□ を高めるため，常に工程の進行状況を全作業員に周知徹底する。
・工程管理では，実施工程が工程計画よりも □（ニ）□ 程度に管理する。

	（イ）	（ロ）	（ハ）	（ニ）
1	所要日数	原因を追及	経済効果	やや下回る
2	所要日数	原因を追及	作業能率	やや上回る
3	実行予算	材料を変更	経済効果	やや下回る
4	実行予算	材料を変更	作業能率	やや上回る

正答　別冊 P.105

下図のネットワーク式工程表について記載している下記の文章中の ☐ の（イ）～（ニ）に当てはまる語句の組合せとして，**適当なものは**次のうちどれか。

ただし，図中のイベント間のA～Gは作業内容，数字は作業日数を表す。

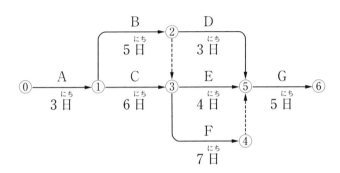

・ ☐（イ）☐ 及び ☐（ロ）☐ は，クリティカルパス上の作業である。
・作業Dが ☐（ハ）☐ 遅延しても，全体の工期に影響はない。
・この工程全体の工期は， ☐（ニ）☐ である。

	（イ）	（ロ）	（ハ）	（ニ）
1	作業C	作業F	5日	21日間
2	作業B	作業D	5日	16日間
3	作業B	作業D	6日	16日間
4	作業C	作業F	6日	21日間

No. 58　高さ 2m 以上の足場（つり足場を除く）の安全に関する下記の文章中の ［　　　　］ の（イ）～（ニ）に当てはまる数値の組合せとして，労働安全衛生法上，**正しいもの**は次のうちどれか。

・足場の作業床の手すりの高さは，［　（イ）　］cm 以上とする。
・足場の作業床の幅は，［　（ロ）　］cm 以上とする。
・足場の床材間の隙間は，［　（ハ）　］cm 以下とする。
・足場の作業床より物体の落下を防ぐ幅木の高さは，［　（ニ）　］cm 以上とする。

	（イ）	（ロ）	（ハ）	（ニ）
1	75	30	5	10
2	75	40	5	5
3	85	30	3	5
4	85	40	3	10

No. 59　移動式クレーンを用いた作業に関する下記の文章中の ［　　　　］ の（イ）～（ニ）に当てはまる語句の組合せとして，クレーン等安全規則上，**正しいもの**は次のうちどれか。

・クレーンの定格荷重とは，フック等のつり具の重量を ［　（イ）　］ 最大つり上げ荷重である。
・事業者は，クレーンの運転者及び ［　（ロ）　］ 者が定格荷重を常時知ることができるよう，表示等の措置を講じなければならない。
・事業者は，原則として ［　（ハ）　］ を行う者を指名しなければならない。
・クレーンの運転者は，荷をつったままで，運転位置を ［　（ニ）　］ 。

	（イ）	（ロ）	（ハ）	（ニ）
1	含まない	玉掛け	合図	離れてはならない
2	含む	合図	監視	離れて荷姿や人払いを確認するのがよい
3	含まない	玉掛け	合図	離れて荷姿や人払いを確認するのがよい
4	含む	合図	監視	離れてはならない

No. 60 品質管理に用いられるヒストグラムに関する下記の文章中の ▢ の（イ）～（ニ）に当てはまる語句の組合せとして，**適当なもの**は次のうちどれか。

・ヒストグラムは，測定値の ▢（イ）▢ を知るのに最も簡単で効率的な統計手法である。
・ヒストグラムは，データがどのような分布をしているかを見やすく表した ▢（ロ）▢ である。
・ヒストグラムでは，横軸に測定値，縦軸に ▢（ハ）▢ を示している。
・平均値が規格値の中央に見られ，左右対称なヒストグラムは ▢（ニ）▢ いる。

	（イ）	（ロ）	（ハ）	（ニ）
1	ばらつき	折れ線グラフ	平均値	作業に異常が起こって
2	異常値	柱状図	平均値	良好な品質管理が行われて
3	ばらつき	柱状図	度数	良好な品質管理が行われて
4	異常値	折れ線グラフ	度数	作業に異常が起こって

No. 61 盛土の締固めにおける品質管理に関する下記の文章中の ▢ の（イ）～（ニ）に当てはまる語句の組合せとして，**適当なもの**は次のうちどれか。

・盛土の締固めの品質管理の方式のうち ▢（イ）▢ 規定方式は，使用する締固め機械の機種や締固め回数等を規定するもので，▢（ロ）▢ 規定方式は，盛土の締固め度等を規定する方法である。
・盛土の締固めの効果や性質は，土の種類や含水比，施工方法によって ▢（ハ）▢ 。
・盛土が最もよく締まる含水比は，▢（ニ）▢ 乾燥密度が得られる含水比で最適含水比である。

	（イ）	（ロ）	（ハ）	（ニ）
1	工法	品質	変化しない	最適
2	工法	品質	変化する	最大
3	品質	工法	変化しない	最大
4	品質	工法	変化する	最適

正答 別冊 P.107

2級土木施工
管理技術検定

令和3年度 後期 問題

● P.197～199（第一次検定），p.210～214（第二次検定）の解答用紙をコピーしてお使いください。

実施年		受検者数（人）	合格者数（人）	合格率（%）
令和5年度 後期	第一次[*1]	27,564	14,477	52.5
	第二次[*2]	26,178	16,464	62.9
令和5年度 前期	第一次	15,526	6,664	42.9
令和4年度 後期	第一次[*1]	27,461	17,565	64.0
	第二次[*2]	32,351	12,246	37.9
令和4年度 前期	第一次	16,041	10,175	63.4
令和3年度 後期	第一次[*1]	29,636	21,513	72.6
	第二次[*2]	28,688	11,713	40.8
令和3年度 前期	第一次	14,557	10,229	70.3

＊1 第一次検定のみ受検者数または合格者数を含む。
＊2 第二次検定の受検者数は，第一次検定及び第二次検定同日受検者のうち第一次検定合格者と第二次検定のみ試験受検者の実際の受検者の合計で記載，合格率も同様の数値を元に算出。

※問題番号 No.1 ～ No.11 までの 11 問題のうちから 9 問題を選択し解答してください。

No. 1　「土工作業の種類」と「使用機械」に関する次の組合せのうち，**適当でないもの**はどれか。

　　　　[土工作業の種類]　　　　　[使用機械]
1　伐開・除根‥‥‥‥‥‥‥ タンピングローラ
2　掘削・積込み‥‥‥‥‥‥ トラクターショベル
3　掘削・運搬‥‥‥‥‥‥‥ スクレーパ
4　法面仕上げ‥‥‥‥‥‥‥ バックホウ

No. 2　土質試験における「試験名」とその「試験結果の利用」に関する次の組合せのうち，**適当でないもの**はどれか。

　　　　[試験名]　　　　　　　　　　　[試験結果の利用]
1　土の圧密試験‥‥‥‥‥‥‥‥‥‥‥ 粘性土地盤の沈下量の推定
2　ボーリング孔を利用した透水試験 ‥‥‥ 土工機械の選定
3　土の一軸圧縮試験‥‥‥‥‥‥‥‥‥ 支持力の推定
4　コンシステンシー試験 ‥‥‥‥‥‥‥ 盛土材料の選定

No. 3 盛土工に関する次の記述のうち，**適当でないもの**はどれか。

1　盛土の基礎地盤は，盛土の完成後に不同沈下や破壊を生じるおそれがないか，あらかじめ検討する。
2　建設機械のトラフィカビリティーが得られない地盤では，あらかじめ適切な対策を講じる。
3　盛土の敷均し厚さは，締固め機械と施工法及び要求される締固め度などの条件によって左右される。
4　盛土工における構造物縁部の締固めは，できるだけ大型の締固め機械により入念に締め固める。

No. 4 地盤改良工法に関する次の記述のうち，**適当でないもの**はどれか。

1　プレローディング工法は，地盤上にあらかじめ盛土等によって載荷を行う工法である。
2　薬液注入工法は，地盤に薬液を注入して，地盤の強度を増加させる工法である。
3　ウェルポイント工法は，地下水位を低下させ，地盤の強度の増加を図る工法である。
4　サンドマット工法は，地盤を掘削して，良質土に置き換える工法である。

No. 5 コンクリートに用いられる次の混和材料のうち，コンクリートの耐凍害性を向上させるために使用される混和材料に**該当するもの**はどれか。

1　流動化剤
2　フライアッシュ
3　AE剤
4　膨張材

No. 6 コンクリートの配合設計に関する次の記述のうち，**適当でないもの**はどれか。

1 所要の強度や耐久性を持つ範囲で，単位水量をできるだけ大きく設定する。
2 細骨材率は，施工が可能な範囲内で，単位水量ができるだけ小さくなるように設定する。
3 締固め作業高さが高い場合は，最小スランプの目安を大きくする。
4 一般に鉄筋量が少ない場合は，最小スランプの目安を小さくする。

No. 7 フレッシュコンクリートに関する次の記述のうち，**適当でないもの**はどれか。

1 スランプとは，コンクリートの軟らかさの程度を示す指標である。
2 材料分離抵抗性とは，コンクリートの材料が分離することに対する抵抗性である。
3 ブリーディングとは，練混ぜ水の一部の表面水が内部に浸透する現象である。
4 ワーカビリティーとは，運搬から仕上げまでの一連の作業のしやすさのことである。

No. 8 鉄筋の加工及び組立に関する次の記述のうち，**適当なもの**はどれか。

1 型枠に接するスペーサは，原則としてモルタル製あるいはコンクリート製を使用する。
2 鉄筋の継手箇所は，施工しやすいように同一の断面に集中させる。
3 鉄筋表面の浮きさびは，付着性向上のため，除去しない。
4 鉄筋は，曲げやすいように，原則として加熱して加工する。

No. 9 既製杭の施工に関する次の記述のうち，**適当でないもの**はどれか。

1　プレボーリング杭工法は，孔内の泥土化を防止し孔壁の崩壊を防ぎながら掘削する。
2　中掘り杭工法は，ハンマで打ち込む最終打撃方式により先端処理を行うことがある。
3　中掘り杭工法は，一般に先端開放の既製杭の内部にスパイラルオーガ等を通して掘削する。
4　プレボーリング杭工法は，ソイルセメント状の掘削孔を築造して杭を沈設する。

No. 10 場所打ち杭の各種工法に関する次の記述のうち，**適当なもの**はどれか。

1　深礎工法は，地表部にケーシングを建て込み，以深は安定液により孔壁を安定させる。
2　オールケーシング工法は，掘削孔全長にわたりケーシングチューブを用いて孔壁を保護する。
3　アースドリル工法は，スタンドパイプ以深の地下水位を高く保ち孔壁を保護・安定させる。
4　リバース工法は，湧水が多い場所では作業が困難で，酸欠や有毒ガスに十分に注意する。

No. 11 下図に示す土留め工の（イ），（ロ）の部材名称に関する次の組合せの
うち，**適当なもの**はどれか。

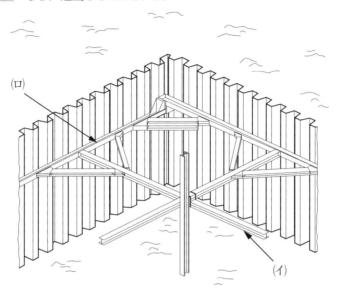

	（イ）	（ロ）
1	腹起し……………………	中間杭
2	腹起し……………………	火打ちばり
3	切ばり……………………	腹起し
4	切ばり……………………	火打ちばり

※問題番号No.12～No.31までの20問題のうちから6問題を選択し解答してください。

No. 12 鋼材に関する次の記述のうち，**適当でないもの**はどれか。

1 硬鋼線材を束ねたワイヤーケーブルは，吊橋や斜張橋等のケーブルとして用いられる。
2 低炭素鋼は，表面硬さが必要なキー，ピン，工具等に用いられる。
3 棒鋼は，主に鉄筋コンクリート中の鉄筋として用いられる。
4 鋳鋼や鍛鋼は，橋梁の支承や伸縮継手等に用いられる。

No. 13 鋼道路橋の架設工法に関する次の記述のうち，主に深い谷等，桁下の空間が使用できない現場において，トラス橋などの架設によく用いられる工法として**適当なもの**はどれか。

1 トラベラークレーンによる片持式工法
2 フォルバウワーゲンによる張出し架設工法
3 フローティングクレーンによる一括架設工法
4 自走クレーン車による押出し工法

No. 14 コンクリートの劣化機構に関する次の記述のうち，**適当でないもの**はどれか。

1 中性化は，空気中の二酸化炭素が侵入することによりコンクリートのアルカリ性が失われる現象である。
2 塩害は，コンクリート中に侵入した塩化物イオンが鉄筋の腐食を引き起こす現象である。
3 疲労は，繰返し荷重が作用することで，コンクリート中の微細なひび割れがやがて大きな損傷になる現象である。
4 化学的侵食は，凍結や融解の繰返しによってコンクリートが溶解する現象である。

正答 別冊P.112　143

No. 15 河川堤防の施工に関する次の記述のうち，**適当でないもの**はどれか。

1　堤防の腹付け工事では，旧堤防との接合を高めるため階段状に段切りを行う。
2　堤防の腹付け工事では，旧堤防の表法面に腹付けを行うのが一般的である。
3　河川堤防を施工した際の法面は，一般に総芝や筋芝等の芝付けを行って保護する。
4　旧堤防を撤去する際は，新堤防の地盤が十分安定した後に実施する。

No. 16 河川護岸に関する次の記述のうち，**適当なもの**はどれか。

1　コンクリート法枠工は，一般的に法勾配が緩い場所で用いられる。
2　間知ブロック積工は，一般的に法勾配が緩い場所で用いられる。
3　石張工は，一般的に法勾配が急な場所で用いられる。
4　連結（連節）ブロック張工は，一般的に法勾配が急な場所で用いられる。

No. 17 砂防えん堤に関する次の記述のうち，**適当なもの**はどれか。

1　袖は，洪水を越流させないため，両岸に向かって水平な構造とする。
2　本えん堤の堤体下流の法勾配は，一般に1：1程度としている。
3　水通しは，流量を越流させるのに十分な大きさとし，形状は一般に矩形断面とする。
4　堤体の基礎地盤が岩盤の場合は，堤体基礎の根入れは1m以上行うのが通常である。

No. 18　地すべり防止工に関する次の記述のうち，**適当でないもの**はどれか。

1　横ボーリング工は，地下水の排除のため，帯水層に向けてボーリングを行う工法である。
2　地すべり防止工では，抑止工，抑制工の順に施工するのが一般的である。
3　杭工は，鋼管等の杭を地すべり斜面等に挿入して，斜面の安定を高める工法である。
4　地すべり防止工では，抑止工だけの施工は避けるのが一般的である。

No. 19　道路のアスファルト舗装における上層路盤の施工に関する次の記述のうち，**適当でないもの**はどれか。

1　粒度調整路盤は，材料の分離に留意し，均一に敷き均し，締め固めて仕上げる。
2　加熱アスファルト安定処理路盤は，下層の路盤面にプライムコートを施す必要がある。
3　石灰安定処理路盤材料の締固めは，最適含水比よりやや乾燥状態で行うとよい。
4　セメント安定処理路盤材料の締固めは，硬化が始まる前までに完了することが重要である。

No. 20　道路のアスファルト舗装における締固めに関する次の記述のうち，**適当でないもの**はどれか。

1　締固め作業は，継目転圧・初転圧・二次転圧・仕上げ転圧の順序で行う。
2　初転圧時のローラへの混合物の付着防止には，少量の水，又は軽油等を薄く塗布する。
3　転圧温度が高すぎたり過転圧等の場合，ヘアクラックが多く見られることがある。
4　継目は，既設舗装の補修の場合を除いて，下層の継目と上層の継目を重ねるようにする。

No. 21 道路のアスファルト舗装の補修工法に関する次の記述のうち，**適当でないもの**はどれか。

1 オーバーレイ工法は，不良な舗装の全部を取り除き，新しい舗装を行う工法である。

2 パッチング工法は，ポットホール，くぼみを応急的に舗装材料で充填する工法である。

3 切削工法は，路面の凸部などを切削除去し，不陸や段差を解消する工法である。

4 シール材注入工法は，比較的幅の広いひび割れに注入目地材等を充填する工法である。

No. 22 道路のコンクリート舗装に関する次の記述のうち，**適当でないもの**はどれか。

1 コンクリート版に温度変化に対応した目地を設ける場合，車線方向に設ける横目地と車線に直交して設ける縦目地がある。

2 コンクリートの打込みは，一般的には施工機械を用い，コンクリートの材料分離を起こさないように，均一に隅々まで敷き広げる。

3 コンクリートの最終仕上げとして，コンクリート舗装版表面の水光りが消えてから，ほうきやブラシ等で粗仕上げを行う。

4 コンクリートの養生は，一般的に初期養生として膜養生や屋根養生，後期養生として被覆養生及び散水養生等を行う。

No. 23 ダムに関する次の記述のうち，**適当でないもの**はどれか。

1 転流工は，比較的川幅が狭く，流量が少ない日本の河川では仮排水トンネル方式が多く用いられる。

2 ダム本体の基礎掘削工は，基礎岩盤に損傷を与えることが少なく，大量掘削に対応できるベンチカット工法が一般的である。

3 重力式コンクリートダムの基礎処理は，カーテングラウチングとブランケットグラウチングによりグラウチングする。

4 重力式コンクリートダムの堤体工は，ブロック割してコンクリートを打ち込むブロック工法と堤体全面に水平に連続して打ち込むRCD工法がある。

No. 24 トンネルの山岳工法における掘削に関する次の記述のうち，**適当でない**ものはどれか。

1　ベンチカット工法は，トンネル全断面を一度に掘削する方法である。
2　導坑先進工法は，トンネル断面を数個の小さな断面に分け，徐々に切り広げていく工法である。
3　発破掘削は，爆破のためにダイナマイトやANFO等の爆薬が用いられる。
4　機械掘削は，騒音や振動が比較的少ないため，都市部のトンネルにおいて多く用いられる。

No. 25 海岸堤防の形式に関する次の記述のうち，**適当でないもの**はどれか。

1　緩傾斜型は，堤防用地が広く得られる場合や，海水浴場等に利用する場合に適している。
2　混成型は，水深が割合に深く，比較的軟弱な基礎地盤に適している。
3　直立型は，比較的良好な地盤で，堤防用地が容易に得られない場合に適している。
4　傾斜型は，比較的軟弱な地盤で，堤体土砂が容易に得られない場合に適している。

No. 26 ケーソン式混成堤の施工に関する次の記述のうち，**適当でないもの**はどれか。

1　据え付けたケーソンは，すぐに内部に中詰めを行って，ケーソンの質量を増し，安定性を高める。
2　ケーソンのそれぞれの隔壁には，えい航，浮上，沈設を行うため，水位を調整しやすいように，通水孔を設ける。
3　中詰め後は，波によって中詰め材が洗い出されないように，ケーソンの蓋となるコンクリートを打設する。
4　ケーソンの据付けにおいては，注水を開始した後は，中断することなく注水を連続して行い，速やかに据え付ける。

令和３年　後期　問題

正答　別冊P.116　147

No. 27 鉄道工事における道床バラストに関する次の記述のうち，**適当でないも**のはどれか。

1 道床の役割は，マクラギから受ける圧力を均等に広く路盤に伝えることや，排水を良好にすることである。
2 道床に用いるバラストは，単位容積重量や安息角が小さく，吸水率が大きい，適当な粒径，粒度を持つ材料を使用する。
3 道床バラストに砕石が用いられる理由は，荷重の分布効果に優れ，マクラギの移動を抑える抵抗力が大きいためである。
4 道床バラストを貯蔵する場合は，大小粒が分離ならびに異物が混入しないようにしなければならない。

No. 28 鉄道営業線における建築限界と車両限界に関する次の記述のうち，**適当でないもの**はどれか。

1 建築限界とは，建造物等が入ってはならない空間を示すものである。
2 曲線区間における建築限界は，車両の偏いに応じて縮小しなければならない。
3 車両限界とは，車両が超えてはならない空間を示すものである。
4 建築限界は，車両限界の外側に最小限必要な余裕空間を確保したものである。

No. 29 シールド工法に関する次の記述のうち，**適当でないもの**はどれか。

1 シールドのフード部には，切削機構を備えている。
2 シールドのガーダー部には，シールドを推進させるジャッキを備えている。
3 シールドのテール部には，覆工作業ができる機構を備えている。
4 フード部とガーダー部がスキンプレートで仕切られたシールドを密閉型シールドという。

No. 30　上水道の導水管や配水管の特徴に関する次の記述のうち，**適当でないも**のはどれか。

1　ステンレス鋼管は，強度が大きく，耐久性があり，ライニングや塗装が必要である。
2　ダクタイル鋳鉄管は，強度が大きく，耐腐食性があり，衝撃に強く，施工性がよい。
3　硬質塩化ビニル管は，耐腐食性や耐電食性にすぐれ，質量が小さく加工性がよい。
4　鋼管は，強度が大きく，強靱性があり，衝撃に強く，加工性がよい。

No. 31　下水道管渠の剛性管における基礎工の施工に関する次の記述のうち，**適当でないもの**はどれか。

1　礫混じり土及び礫混じり砂の硬質土の地盤では，砂基礎が用いられる。
2　シルト及び有機質土の軟弱土の地盤では，コンクリート基礎が用いられる。
3　地盤が軟弱な場合や土質が不均質な場合には，はしご胴木基礎が用いられる。
4　非常に緩いシルト及び有機質土の極軟弱土の地盤では，砕石基礎が用いられる。

※問題番号 No.32 ～ No.42 までの 11 問題のうちから 6 問題を選択し解答してください。

No. 32　労働時間及び休日に関する次の記述のうち，労働基準法上，**正しいもの**はどれか。

1　使用者は，労働者に対して，毎週少なくとも1回の休日を与えるものとし，これは4週間を通じ4日以上の休日を与える使用者についても適用する。
2　使用者は，坑内労働においては，労働者が坑口に入った時刻から坑口を出た時刻までの時間を，休憩時間を除き労働時間とみなす。
3　使用者は，労働者に休憩時間を与える場合には，原則として，休憩時間を一斉に与え，自由に利用させなければならない。
4　使用者は，労働者を代表する者との書面又は口頭による定めがある場合は，1週間に40時間を超えて，労働者を労働させることができる。

No. 33 年少者の就業に関する次の記述のうち，労働基準法上，**誤っているもの**はどれか。

1 使用者は，満18才に満たない者について，その年齢を証明する戸籍証明書を事業場に備え付けなければならない。
2 親権者又は後見人は，未成年者に代って使用者との間において労働契約を締結しなければならない。
3 満18才に満たない者が解雇の日から14日以内に帰郷する場合は，使用者は，必要な旅費を負担しなければならない。
4 未成年者は，独立して賃金を請求することができ，親権者又は後見人は，未成年者の賃金を代って受け取ってはならない。

No. 34 労働安全衛生法上，作業主任者の選任を**必要としない作業**は，次のうちどれか。

1 高さが2m以上の構造の足場の組立て，解体又は変更の作業
2 土止め支保工の切りばり又は腹起しの取付け又は取り外しの作業
3 型枠支保工の組立て又は解体の作業
4 掘削面の高さが2m以上となる地山の掘削作業

No. 35 建設業法に関する次の記述のうち，**誤っているもの**はどれか。

1 建設工事の請負契約が成立した場合，必ず書面をもって請負契約書を作成する。
2 建設業者は，請け負った建設工事を，一括して他人に請け負わせてはならない。
3 主任技術者は，工事現場における工事施工の労務管理をつかさどる。
4 建設業者は，施工技術の確保に努めなければならない。

No. 36 道路法令上，道路占用者が道路を掘削する場合に**用いてはならない方法**は，次のうちどれか。

1 えぐり掘
2 溝掘
3 つぼ掘
4 推進工法

No. 37 河川法上，河川区域内において，**河川管理者の許可を必要としないもの**は，次のうちどれか。

1　道路橋の橋梁架設工事に伴う河川区域内の工事資材置き場の設置
2　河川区域内における下水処理場の排水口付近に積もった土砂の排除
3　河川区域内の土地における竹林の伐採
4　河川区域内上空の送電線の架設

No. 38 建築基準法上，主要構造部に**該当しないもの**は，次のうちどれか。

1　床
2　階段
3　付け柱
4　屋根

No. 39 火薬類取締法上，火薬類の取扱いに関する次の記述のうち，**誤っているもの**はどれか。

1　消費場所においては，薬包に雷管を取り付ける等の作業を行うために，火工所を設けなければならない。
2　火工所に火薬類を存置する場合には，見張り人を必要に応じて配置しなければならない。
3　火工所以外の場所においては，薬包に雷管を取り付ける作業を行ってはならない。
4　火工所には，原則として薬包に雷管を取り付けるために必要な火薬類以外の火薬類を持ち込んではならない。

No. 40 騒音規制法上，指定地域内において特定建設作業を伴う建設工事を施工する者が，作業開始前に市町村長に実施の届出をしなければならない期限として，**正しいもの**は次のうちどれか。

1　3日前まで
2　5日前まで
3　7日前まで
4　10日前まで

正答　別冊 P.120　151

振動規制法上，指定地域内において行う特定建設作業に**該当するもの**は，次のうちどれか。

1 もんけん式くい打機を使用する作業
2 圧入式くい打くい抜機を使用する作業
3 油圧式くい抜機を使用する作業
4 ディーゼルハンマのくい打機を使用する作業

港則法上，特定港内での航路，及び航法に関する次の記述のうち，**誤っているもの**はどれか。

1 航路から航路外に出ようとする船舶は，航路を航行する他の船舶の進路を避けなければならない。
2 船舶は，港内において防波堤，埠頭，又は停泊船舶などを右げんに見て航行するときは，できるだけこれに遠ざかって航行しなければならない。
3 船舶は，航路内においては，原則として投びょうし，またはえい航している船舶を放してはならない。
4 船舶は，航路内において他の船舶と行き会うときは，右側を航行しなければならない。

※問題番号 No.43 〜 No.53 までの 11 問題は，必須問題ですから全問題を解答してください。

No. 43
下図のように No.0 から No.3 までの水準測量を行い，図中の結果を得た。**No.3 の地盤高**は次のうちどれか。なお，No.0 の地盤高は 12.0m とする。

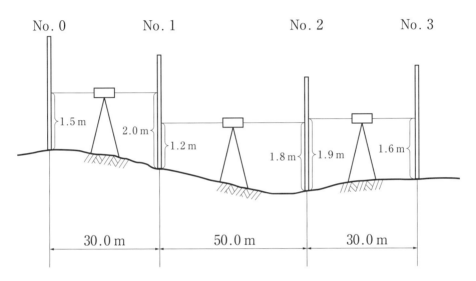

1　10.6m
2　10.9m
3　11.2m
4　11.8m

No. 44 公共工事標準請負契約約款に関する次の記述のうち，**誤っているもの**はどれか。

1 受注者は，不用となった支給材料又は貸与品を発注者に返還しなければならない。
2 発注者は，工事の完成検査において，工事目的物を最小限度破壊して検査することができる。
3 現場代理人，主任技術者（監理技術者）及び専門技術者は，これを兼ねることができない。
4 発注者は，必要があるときは，設計図書の変更内容を受注者に通知して，設計図書を変更することができる。

No. 45 下図は道路橋の断面図を示したものであるが，（イ）〜（ニ）の構造名称に関する組合せとして，**適当なもの**は次のうちどれか。

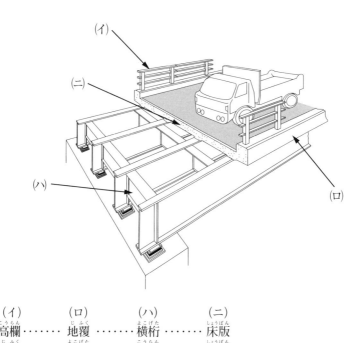

	（イ）	（ロ）	（ハ）	（ニ）
1	高欄	地覆	横桁	床版
2	地覆	横桁	高欄	床版
3	高欄	地覆	床版	横桁
4	横桁	床版	地覆	高欄

No. 46 建設機械の用途に関する次の記述のうち，**適当でないもの**はどれか。

1 バックホゥは，機械の位置よりも低い位置の掘削に適し，かたい地盤の掘削ができる。
2 トレーラーは，鋼材や建設機械等の質量の大きな荷物を運ぶのに使用される。
3 クラムシェルは，オープンケーソンの掘削等，広い場所での浅い掘削に適している。
4 モーターグレーダは，砂利道の補修に用いられ，路面の精密仕上げに適している。

No. 47 仮設工事に関する次の記述のうち，**適当でないもの**はどれか。

1 直接仮設工事と間接仮設工事のうち，現場事務所や労務宿舎等の設備は，間接仮設工事である。
2 仮設備は，使用目的や期間に応じて構造計算を行うので，労働安全衛生規則の基準に合致しなくてよい。
3 指定仮設と任意仮設のうち，任意仮設では施工者独自の技術と工夫や改善の余地が多いので，より合理的な計画を立てることが重要である。
4 材料は，一般の市販品を使用し，可能な限り規格を統一し，他工事にも転用できるような計画にする。

No. 48 地山の掘削作業の安全確保のため，事業者が行うべき事項に関する次の記述のうち，労働安全衛生法上，**誤っているもの**はどれか。

1 地山の崩壊，埋設物等の損壊等により労働者に危険を及ぼすおそれのあるときは，作業と並行して作業箇所等の調査を行う。
2 掘削面の高さが規定の高さ以上の場合は，地山の掘削及び土止め支保工作業主任者技能講習を修了した者のうちから，地山の掘削作業主任者を選任する。
3 地山の崩壊等により労働者に危険を及ぼすおそれのあるときは，あらかじめ，土止め支保工を設け，防護網を張り，労働者の立入りを禁止するなどの措置を講じる。
4 運搬機械等が労働者の作業箇所に後進して接近するときは，誘導者を配置し，その者にこれらの機械を誘導させる。

令和３年　後期　問題

No. 49 コンクリート造の工作物（その高さが５メートル以上であるものに限る。）の解体又は破壊の作業における危険を防止するため事業者が行うべき事項に関する次の記述のうち，労働安全衛生法上，**誤っているもの**はどれか。

1 解体用機械を用いた作業で物体の飛来等により労働者に危険が生ずるおそれのある箇所に，運転者以外の労働者を立ち入らせないこと。
2 外壁，柱等の引倒し等の作業を行うときは，引倒し等について一定の合図を定め，関係労働者に周知させること。
3 強風，大雨，大雪等の悪天候のため，作業の実施について危険が予想されるときは，当該作業を注意しながら行うこと。
4 作業主任者を選任するときは，コンクリート造の工作物の解体等作業主任者技能講習を修了した者のうちから選任する。

No. 50 建設工事の品質管理における「工種」・「品質特性」とその「試験方法」との組合せとして，**適当でないもの**は次のうちどれか。

［工種］・［品質特性］　　　　　　　　　［試験方法］
1 土工・最適含水比 ･･････････････････ 突固めによる土の締固め試験
2 路盤工・材料の粒度 ･･･････････････ ふるい分け試験
3 コンクリート工・スランプ ･･･････ スランプ試験
4 アスファルト舗装工・安定度 ･･････ 平板載荷試験

No. 51 レディーミクストコンクリート（JIS A 5308）の受入れ検査と合格判定に関する次の記述のうち，**適当でないもの**はどれか。

1 圧縮強度試験は，スランプ，空気量が許容値以内に収まっている場合にも実施する。
2 圧縮強度の３回の試験結果の平均値は，購入者の指定した呼び強度の強度値以上である。
3 塩化物含有量は，塩化物イオン量として原則 3.0kg/m³ 以下である。
4 空気量 4.5% のコンクリートの許容差は，±1.5% である。

No. 52 建設工事における環境保全対策に関する次の記述のうち，**適当でないも**のはどれか。

1 土工機械の騒音は，エンジンの回転速度に比例するので，高負荷となる運転は避ける。
2 ブルドーザの騒音振動の発生状況は，前進押土より後進が，車速が速くなる分小さい。
3 覆工板を用いる場合，据付け精度が悪いとガタつきに起因する騒音・振動が発生する。
4 コンクリートの打込み時には，トラックミキサの不必要な空ぶかしをしないよう留意する。

No. 53 「建設工事に係る資材の再資源化等に関する法律」（建設リサイクル法）に定められている特定建設資材に**該当しないもの**は，次のうちどれか。

1 コンクリート及び鉄からなる建設資材
2 木材
3 アスファルト・コンクリート
4 土砂

※問題番号 No.54 ～ No.61 までの8問題は，施工管理法（基礎的な能力）の必須問題ですから全問題を解答してください。

No. 54 施工計画の作成に関する下記の文章中の _____ の（イ）～（ニ）に当てはまる語句の組合せとして，**適当なもの**は次のうちどれか。

・事前調査は，契約条件・設計図書の検討，　(イ)　が主な内容であり，また調達計画は，労務計画，機械計画，　(ロ)　が主な内容である。
・管理計画は，品質管理計画，環境保全計画，　(ハ)　が主な内容であり，また施工技術計画は，作業計画，　(ニ)　が主な内容である。

（選択肢は次ページに掲載）

令和3年 後期 問題

	(イ)	(ロ)	(ハ)	(ニ)
1	工程計画	安全衛生計画	資材計画	仮設備計画
2	現地調査	安全衛生計画	資材計画	工程計画
3	工程計画	資材計画	安全衛生計画	仮設備計画
4	現地調査	資材計画	安全衛生計画	工程計画

No. 55 建設機械の走行に必要なコーン指数に関する下記の文章中の
☐☐☐☐☐の（イ）～（ニ）に当てはまる語句の組合せとして，**適当なもの**は次のうちどれか。

・建設機械の走行に必要なコーン指数は，　(イ)　　より　　(ロ)　　の方が小さく，
　(イ)　より　(ハ)　の方が大きい。
・走行頻度の多い現場では，より　(ニ)　コーン指数を確保する必要がある。

	(イ)	(ロ)	(ハ)	(ニ)
1	ダンプトラック	自走式スクレーパ	超湿地ブルドーザ	大きな
2	普通ブルドーザ(21t級)	自走式スクレーパ	ダンプトラック	小さな
3	普通ブルドーザ(21t級)	湿地ブルドーザ	ダンプトラック	大きな
4	ダンプトラック	湿地ブルドーザ	超湿地ブルドーザ	小さな

No. 56 工程管理の基本事項に関する下記の文章中の☐☐☐☐☐の(イ)～(ニ)
に当てはまる語句の組合せとして，**適当なもの**は次のうちどれか。

・工程管理にあたっては，　(イ)　が，　(ロ)　よりも，やや上回る程度に管理
をすることが最も望ましい。
・工程管理においては，常に工程の　(ハ)　を全作業員に周知徹底させて，全作業
員に　(ニ)　を高めるように努力させることが大切である。

	(イ)	(ロ)	(ハ)	(ニ)
1	実施工程	工程計画	進行状況	作業能率
2	実施工程	工程計画	作業能率	進行状況
3	工程計画	実施工程	進行状況	作業能率
4	作業能率	進行状況	実施工程	工程計画

No. 57

下図のネットワーク式工程表について記載している下記の文章中の
□□□の（イ）〜（ニ）に当てはまる語句の組合せとして，**正しい
もの**は次のうちどれか。
ただし，図中のイベント間のＡ〜Ｇは作業内容，数字は作業日数を表
す。

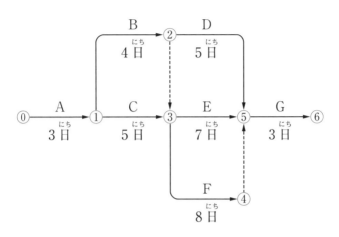

・ □（イ）□ 及び □（ロ）□ は，クリティカルパス上の作業である。
・作業Ｂが □（ハ）□ 遅延しても，全体の工期に影響はない。
・この工程全体の工期は， □（ニ）□ である。

	（イ）	（ロ）	（ハ）	（ニ）
1	作業Ｃ	作業Ｄ	1日	18日
2	作業Ｂ	作業Ｄ	2日	19日
3	作業Ｃ	作業Ｆ	1日	19日
4	作業Ｂ	作業Ｆ	2日	18日

令和３年　後期　問題

No. 58 足場の安全管理に関する下記の文章中の ____ の（イ）～（ニ）に当てはまる語句の組合せとして，労働安全衛生法上，**適当なもの**は次のうちどれか。

・足場の作業床より物体の落下を防ぐ， (イ) を設置する。
・足場の作業床の (ロ) には， (ハ) を設置する。
・足場の作業床の (ニ) は，3cm以下とする。

	（イ）	（ロ）	（ハ）	（ニ）
1	幅木 ……… 手すり …… 筋かい …… すき間
2	幅木 ……… 手すり …… 中さん …… すき間
3	中さん …… 筋かい …… 幅木 ……… 段差
4	中さん …… 筋かい …… 手すり …… 段差

No. 59 車両系建設機械を用いた作業において，事業者が行うべき事項に関する下記の文章中の ____ の（イ）～（ニ）に当てはまる語句の組合せとして，労働安全衛生法上，**正しいもの**は次のうちどれか。

・車両系建設機械には，原則として (イ) を備えなければならず，また転倒又は転落の危険が予想される作業では運転者に (ロ) を使用させるよう努めなければならない。
・岩石の落下等の危険が予想される場合，堅固な (ハ) を装備しなければならない。
・運転者が運転席を離れる際は，原動機を止め， (ニ) ，走行ブレーキをかける等の措置を講じさせなければならない。

	（イ）	（ロ）	（ハ）	（ニ）
1	前照燈 ……… 要求性能墜落制止用器具 …… バックレスト …… または
2	回転燈 …… 要求性能墜落制止用器具 …… バックレスト …… かつ
3	回転燈 …… シートベルト …………… ヘッドガード …… または
4	前照燈 …… シートベルト …………… ヘッドガード …… かつ

No. 60 下図のＡ工区，Ｂ工区の管理図について記載している下記の文章中の □□□ の（イ）～（ニ）に当てはまる語句の組合せとして，**適当なもの**は次のうちどれか。

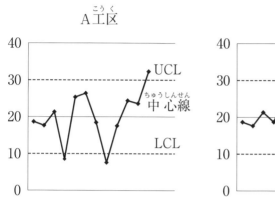

Ａ工区

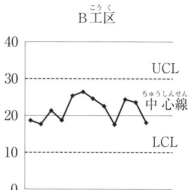

Ｂ工区

・管理図は，上下の □(イ)□ を定めた図に必要なデータをプロットして作業工程の管理を行うものであり，Ａ工区の上方 □(イ)□ は，□(ロ)□ である。
・Ｂ工区では中心線より上方に記入されたデータの数が中心線より下方に記入されたデータの数よりも □(ハ)□ 。
・品質管理について異常があると疑われるのは，□(ニ)□ の方である。

	（イ）	（ロ）	（ハ）	（ニ）
1	管理限界	30	多い	Ａ工区
2	測定限界	10	多い	Ｂ工区
3	管理限界	30	少ない	Ｂ工区
4	測定限界	10	少ない	Ａ工区

No. 61 盛土の締固めにおける品質管理に関する下記の文章中の ☐ の（イ）～（ニ）に当てはまる語句の組合せとして，**適当なもの**は次のうちどれか。

・盛土の締固めの品質管理の方式のうち工法規定方式は，使用する締固め機械の ☐(イ)☐ や締固め回数等を規定するもので，品質規定方式は，盛土の ☐(ロ)☐ 等を規定する方法である。
・盛土の締固めの効果や性質は，土の種類や含水比，施工方法によって ☐(ハ)☐ 。
・盛土が最もよく締まる含水比は， ☐(ニ)☐ 乾燥密度が得られる含水比で最適含水比である。

	（イ）	（ロ）	（ハ）	（ニ）
1	台数	材料	変化する	最適
2	台数	締固め度	変化しない	最大
3	機種	締固め度	変化する	最大
4	機種	材料	変化しない	最適

正答 別冊 P.130

令和３年度
後期

第二次検定

試験時間　120分

※問題１〜問題５は必須問題です。必ず解答してください。

問題１で
①設問１の解答が無記載又は記入漏れがある場合，
②設問２の解答が無記載又は設問で求められている内容以外の記述の場合，
どちらの場合にも問題２以降は採点の対象となりません。

必須問題

問題 1　あなたが経験した土木工事の現場において，工夫した安全管理又は工夫した品質管理のうちから１つ選び，次の〔設問１〕，〔設問２〕に答えなさい。

〔注意〕　あなたが経験した工事でないことが判明した場合は失格となります。

〔設問１〕　あなたが経験した土木工事に関し，次の事項について解答欄に明確に記述しなさい。

〔注意〕　「経験した土木工事」は，あなたが工事請負者の技術者の場合は，あなたの所属会社が受注した工事内容について記述してください。従って，あなたの所属会社が二次下請業者の場合は，発注者名は一次下請業者名となります。
　　　なお，あなたの所属が発注機関の場合の発注者名は，所属機関名となります。

(1)　工　事　名
(2)　工事の内容
　①　発注者名
　②　工事場所
　③　工　　期
　④　主な工種
　⑤　施工量
(3)　工事現場における施工管理上のあなたの立場

令和３年 後期 問題

解答例　別冊 P.131　163

〔設問 2〕 上記工事で実施した「**現場で工夫した安全管理**」又は「**現場で工夫した品質管理**」のいずれかを選び，次の事項について解答欄に具体的に記述しなさい。

ただし，安全管理については，交通誘導員の配置に関する記述は除く。

(1) 特に留意した**技術的課題**
(2) 技術的課題を解決するために**検討した項目**と**検討理由及び検討内容**
(3) 上記検討の結果，**現場で実施した対応処置とその評価**

必須問題

| 問題 2 | フレッシュコンクリートの仕上げ，養生，打継目に関する次の文章の ☐☐☐☐ の（イ）～（ホ）に当てはまる**適切な語句又は数値**を，次の語句又は数値から選び解答欄に記入しなさい。 |

(1) 仕上げ後，コンクリートが固まり始めるまでに，☐ (イ) ☐ ひび割れが発生することがあるので，タンピング再仕上げを行い修復する。
(2) 養生では，散水，湛水，湿布で覆う等して，コンクリートを☐ (ロ) ☐状態に保つことが必要である。
(3) 養生期間の標準は，使用するセメントの種類や養生期間中の環境温度等に応じて適切に定めなければならない。そのため，普通ポルトランドセメントでは日平均気温15℃以上で，☐ (ハ) ☐日以上必要である。
(4) 打継目は，構造上の弱点になりやすく，☐ (ニ) ☐やひび割れの原因にもなりやすいため，その配置や処理に注意しなければならない。
(5) 旧コンクリートを打ち継ぐ際には，打継面の☐ (ホ) ☐や緩んだ骨材粒を完全に取り除き，十分に吸水させなければならない。

［語句又は数値］

漏水，	1，	出来形不足，	絶乾，	疲労，
飽和，	2，	ブリーディング，	沈下，	色むら，
湿潤，	5，	エントラップトエアー，	膨張，	レイタンス

必須問題

問題 3　移動式クレーンを使用する荷下ろし作業において，労働安全衛生規則及びクレーン等安全規則に定められている**安全管理上必要な労働災害防止対策**に関し，次の（1），（2）の作業段階について，**具体的な措置**を解答欄に記述しなさい。
ただし，同一内容の解答は不可とする。

(1)　作業着手前
(2)　作業中

必須問題

問題 4　盛土の締固め作業及び締固め機械に関する次の文章の [　　] の（イ）〜（ホ）に当てはまる**適切な語句を，次の語句から選び**解答欄に記入しなさい。

(1)　盛土全体を [(イ)] に締め固めることが原則であるが，盛土 [(ロ)] や隅部（特に法面近く）等は締固めが不十分になりがちであるから注意する。
(2)　締固め機械の選定においては，土質条件が重要なポイントである。すなわち，盛土材料は，破砕された岩から高 [(ハ)] の粘性土にいたるまで多種にわたり，同じ土質であっても [(ハ)] の状態等で締固めに対する適応性が著しく異なることが多い。
(3)　締固め機械としての [(ニ)] は，機動性に優れ，比較的種々の土質に適用できる等の点から締固め機械として最も多く使用されている。
(4)　振動ローラは，振動によって土の粒子を密な配列に移行させ，小さな重量で大きな効果を得ようとするもので，一般に [(ホ)] に乏しい砂利や砂質土の締固めに効果がある。

[語 句]
水セメント比，　　改良，　　粘性，　　端部，　　生物的，
トラクタショベル，　耐圧，　　均等，　　仮設的，　　塩分濃度，
ディーゼルハンマ，　含水比，　伸縮部，　中央部，　　タイヤローラ

令和3年 後期 問題

解答例　別冊 P.132　165

必須問題

問題 5	コンクリート構造物の施工において，**コンクリートの打込み時，又は締固め時に留意すべき事項を2つ**，解答欄に記述しなさい。

問題6～問題9までは**選択問題（1），（2）です。**

※問題6，問題7の選択問題（1）の2問題のうちから1問題を選択し解答してください。

なお，選択した問題は，解答用紙の選択欄に○印を必ず記入してください。

選択問題（1）

問題 6	盛土の施工に関する次の文章の ［　　　］の（イ）～（ホ）に当てはまる**適切な語句を**，次の語句から選び解答欄に記入しなさい。

(1) 敷均しは，盛土を均一に締め固めるために最も重要な作業であり ［ (イ) ］でていねいに敷均しを行えば均一でよく締まった盛土を築造することができる。

(2) 盛土材料の含水量の調節は，材料の ［ (ロ) ］含水比が締固め時に規定される施工含水比の範囲内にない場合にその範囲に入るよう調節するもので，曝気乾燥，トレンチ掘削による含水比の低下，散水等の方法がとられる。

(3) 締固めの目的として，盛土法面の安定や土の ［ (ハ) ］の増加等，土の構造物として必要な ［ (ニ) ］が得られるようにすることがあげられる。

(4) 最適含水比，最大 ［ (ホ) ］に締め固められた土は，その締固めの条件のもとでは土の間隙が最小である。

［語句］
塑性限界，　収縮性，　　乾燥密度，　　薄層，　　　最小，
湿潤密度，　支持力，　　高まき出し，　最大，　　砕石，
強度特性，　飽和度，　　流動性，　　　透水性，　　自然

選択問題（1）

問題 7 鉄筋の組立・型枠及び型枠支保工の品質管理に関する次の文章の
[　　　] の（イ）～（ホ）に当てはまる**適切な語句を**，次の語句から
選び解答欄に記入しなさい。

(1)　鉄筋の継手箇所は，構造上弱点になりやすいため，できるだけ，大きな荷重がかかる位置を避け，[　(イ)　] の断面に集めないようにする。

(2)　鉄筋の [　(ロ)　] を確保するためのスペーサは，版（スラブ）及び梁部ではコンクリート製やモルタル製を用いる。

(3)　型枠は，外部からかかる荷重やコンクリートの [　(ハ)　] に対し，十分な強度と剛性を有しなければならない。

(4)　版（スラブ）の型枠支保工は，施工時及び完成後のコンクリートの自重による沈下や変形を想定して，適切な [　(二)　] をしておかなければならない。

(5)　型枠及び型枠支保工を取り外す順序は，比較的荷重を受けにくい部分をまず取り外し，その後残りの重要な部分を取り外すので，梁部では [　(ホ)　] が最後となる。

[語　句]

負圧,	相互,	妻面,	千鳥,	側面,
底面,	側圧,	同一,	水圧,	上げ越し,
口径,	下げ止め,	応力,	下げ越し,	かぶり

※問題 8，問題 9 の選択問題（2）の 2 問題のうちから 1 問題を選択し解答してください。
なお，選択した問題は，解答用紙の選択欄に○印を必ず記入してください。

選択問題（2）

問題 8　　下図のような道路上で工事用掘削機械を使用してガス管更新工事を行う場合，架空線損傷事故を防止するために**配慮すべき具体的な安全対策について 2 つ**，解答欄に記述しなさい。

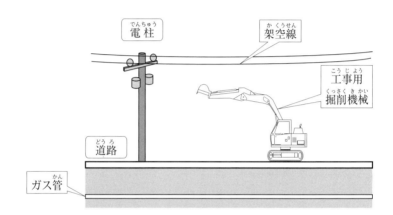

選択問題（2）

問題 9　　建設工事において用いる次の**工程表の特徴について**，それぞれ 1 つずつ解答欄に記述しなさい。
ただし，解答欄の（例）と同一内容は不可とする。

(1)　ネットワーク式工程表
(2)　横線式工程表

解答例　別冊 P.136

2級土木施工
管理技術検定

令和3年度 前期 問題

● P.197～199（第一次検定）の解答用紙をコピーしてお使いください。

実施年		受検者数（人）	合格者数（人）	合格率（%）
令和5年度 後期	第一次*1	27,564	14,477	52.5
	第二次*2	26,178	16,464	62.9
令和5年度 前期	第一次	15,526	6,664	42.9
令和4年度 後期	第一次*1	27,461	17,565	64.0
	第二次*2	32,351	12,246	37.9
令和4年度 前期	第一次	16,041	10,175	63.4
令和3年度 後期	第一次*1	29,636	21,513	72.6
	第二次*2	28,688	11,713	40.8
令和3年度 前期	第一次	14,557	10,229	70.3

＊1 第一次検定のみ受検者数または合格者数を含む。
＊2 第二次検定の受検者数は，第一次検定及び第二次検定同日受検者のうち第一次検定合格者と第二次検定のみ試験受検者の実際の受検者の合計で記載，合格率も同様の数値を元に算出。

第一次検定

試験時間　130分

※問題番号 No.1 ～ No.11 までの 11 問題のうちから 9 問題を選択し解答してください。

No. 1　「土工作業の種類」と「使用機械」に関する次の組合せのうち，**適当でないもの**はどれか。

　　　　　[土工作業の種類]　　　　[使用機械]
1　掘削・積込み‥‥‥‥‥‥‥バックホウ
2　溝堀り‥‥‥‥‥‥‥‥‥ランマ
3　敷均し・整地‥‥‥‥‥‥ブルドーザ
4　締固め‥‥‥‥‥‥‥‥‥ロードローラ

No. 2　土質試験における「試験名」とその「試験結果の利用」に関する次の組合せのうち，**適当でないもの**はどれか。

　　　　　　　[試験名]　　　　　　　　　　　　　[試験結果の利用]
1　砂置換法による土の密度試験‥‥‥‥‥‥‥‥‥‥ 土の締固め管理
2　土の一軸圧縮試験‥‥‥‥‥‥‥‥‥‥‥‥‥‥ 支持力の推定
3　ボーリング孔を利用した透水試験‥‥‥‥‥‥ 地盤改良工法の設計
4　ポータブルコーン貫入試験‥‥‥‥‥‥‥‥‥ 土の粗粒度の判定

No. 3 盛土工に関する次の記述のうち，**適当でないもの**はどれか。

1　盛土の締固めの目的は，土の空気間隙を少なくすることにより，土を安定した状態にすることである。
2　盛土材料の敷均し厚さは，盛土材料の粒度，土質，要求される締固め度等の条件に左右される。
3　盛土材料の含水比が施工含水比の範囲内にないときには，空気量の調節が必要となる。
4　盛土の締固めの効果や特性は，土の種類，含水状態及び施工方法によって大きく変化する。

No. 4 軟弱地盤における次の改良工法のうち，締固め工法に**該当するもの**はどれか。

1　押え盛土工法
2　バーチカルドレーン工法
3　サンドコンパクションパイル工法
4　石灰パイル工法

No. 5 コンクリートで使用される骨材の性質に関する次の記述のうち，**適当でないもの**はどれか。

1　骨材の品質は，コンクリートの性質に大きく影響する。
2　吸水率の大きい骨材を用いたコンクリートは，耐凍害性が向上する。
3　骨材に有機不純物が多く混入していると，凝結や強度等に悪影響を及ぼす。
4　骨材の粗粒率が大きいほど，粒度が粗い。

No. 6 コンクリートの施工に関する次の記述のうち，**適当でないもの**はどれか。

1　コンクリートを練り混ぜてから打ち終わるまでの時間は，外気温が25℃を超えるときは2時間以内を標準とする。
2　現場内でコンクリートを運搬する場合，バケットをクレーンで運搬する方法は，コンクリートの材料分離を少なくできる方法である。
3　コンクリートを打ち重ねる場合は，棒状バイブレータ（内部振動機）を下層コンクリート中に10cm程度挿入する。
4　養生では，散水，湛水，湿布で覆う等して，コンクリートを一定期間湿潤状態に保つことが重要である。

No. 7 フレッシュコンクリートに関する次の記述のうち，**適当でないもの**はどれか。

1　コンシステンシーとは，コンクリートの仕上げ等の作業のしやすさである。
2　スランプとは，コンクリートの軟らかさの程度を示す指標である。
3　材料分離抵抗性とは，コンクリート中の材料が分離することに対する抵抗性である。
4　ブリーディングとは，練混ぜ水の一部が遊離してコンクリート表面に上昇する現象である。

No. 8 型枠の施工に関する次の記述のうち，**適当なもの**はどれか。

1　型枠内面には，セパレータを塗布しておく。
2　コンクリートの側圧は，コンクリート条件，施工条件によらず一定である。
3　型枠の締付け金物は，型枠を取り外した後，コンクリート表面に残してはならない。
4　型枠は，取り外ししやすい場所から外していくのがよい。

No. 9 既製杭の打撃工法に用いる杭打ち機に関する次の記述のうち，**適当でないもの**はどれか。

1　ドロップハンマは，ハンマの重心が低く，杭軸と直角にあたるものでなければならない。
2　ドロップハンマは，ハンマの重量が異なっても落下高さを変えることで，同じ打撃力を得ることができる。
3　油圧ハンマは，ラムの落下高を任意に調整できることから，杭打ち時の騒音を低くすることができる。
4　油圧ハンマは，構造自体の特徴から油煙の飛散が非常に多い。

No. 10 場所打ち杭をオールケーシング工法で施工する場合，**使用しない機材**は次のうちどれか。

1　トレミー管
2　ハンマグラブ
3　ケーシングチューブ
4　サクションホース

No. 11 土留め壁の「種類」と「特徴」に関する次の組合せのうち，**適当なもの**はどれか。

　　　　[種　類]　　　　　　　　[特　徴]
1　連続地中壁‥‥‥‥‥‥‥あらゆる地盤に適用でき，他に比べ経済的である。
2　鋼矢板‥‥‥‥‥‥‥‥‥止水性が高く，施工は比較的容易である。
3　柱列杭‥‥‥‥‥‥‥‥‥剛性が小さいため，浅い掘削に適する。
4　親杭・横矢板‥‥‥‥‥‥地下水のある地盤に適しているが，施工は比較的難しい。

※問題番号No.12～No.31までの20問題のうちから6問題を選択し解答してください。

No. 12 鋼材に関する次の記述のうち，**適当でないもの**はどれか。

1 鋼材は，応力度が弾性限界に達するまでは弾性を示すが，それを超えると塑性を示す。
2 PC鋼棒は，鉄筋コンクリート用棒鋼に比べて高い強さをもっているが，伸びは小さい。
3 炭素鋼は，炭素含有量が少ないほど延性や展性は低下するが，硬さや強さは向上する。
4 継ぎ目なし鋼管は，小・中径のものが多く，高温高圧用配管等に用いられている。

No. 13 鋼道路橋に用いる高力ボルトに関する次の記述のうち，**適当でないもの**はどれか。

1 トルク法による高力ボルトの締付け検査は，トルク係数値が安定する数日後に行う。
2 トルシア形高力ボルトの本締めには，専用の締付け機を使用する。
3 高力ボルトの締付けは，原則としてナットを回して行う。
4 耐候性鋼材を使用した橋梁には，耐候性高力ボルトが用いられている。

No. 14 コンクリートの [劣化機構] と [劣化要因] に関する次の組合せのうち，**適当でないもの**はどれか。

  [劣化機構]　　　　　　　　[劣化要因]
1 中性化・・・・・・・・・・・・・・・・・・二酸化炭素
2 塩害・・・・・・・・・・・・・・・・・・・・塩化物イオン
3 アルカリシリカ反応・・・・反応性骨材
4 凍害・・・・・・・・・・・・・・・・・・・・繰返し荷重

No. 15　河川に関する次の記述のうち，**適当でないもの**はどれか。

1　霞堤は，上流側と下流側を不連続にした堤防で，洪水時には流水が開口部から逆流して堤内地に湛水し，洪水後には開口部から排水される。
2　河川堤防における天端は，堤防法面の安定性を保つために法面の途中に設ける平らな部分をいう。
3　段切りは，堤防法面に新たに腹付盛土する場合は，法面に水平面切土を行い，盛土と地山とのなじみをよくするために施工する。
4　堤防工事には，新しく堤防を構築する工事，既設の堤防を高くするかさ上げや断面積を増やすために腹付けする拡築の工事等がある。

No. 16　河川護岸に関する次の記述のうち，**適当でないもの**はどれか。

1　横帯工は，法覆工の延長方向の一定区間ごとに設け，護岸の変位や破損が他に波及しないように絶縁するものである。
2　縦帯工は，護岸の法肩部に設けられるもので，法肩の施工を容易にするとともに，護岸の法肩部の破損を防ぐものである。
3　小口止工は，法覆工の上下流端に施工して護岸を保護するものである。
4　護岸基礎工は，河床を直接覆うことで急激な洗掘を防ぐものである。

No. 17 下図に示す砂防えん堤を砂礫の堆積層上に施工する場合の一般的な順序として，**適当なもの**は次のうちどれか。

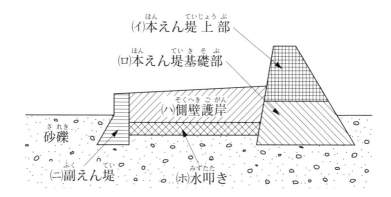

(イ)本えん堤上部
(ロ)本えん堤基礎部
(ハ)側壁護岸
砂礫
(ニ)副えん堤
(ホ)水叩き

1　(ロ)　→　(ニ)　→　(ハ)・(ホ)　→　(イ)
2　(ニ)　→　(ロ)　→　(イ)　→　(ハ)・(ホ)
3　(ロ)　→　(ニ)　→　(イ)　→　(ハ)・(ホ)
4　(ニ)　→　(ロ)　→　(ハ)・(ホ)　→　(イ)

No. 18 地すべり防止工に関する次の記述のうち，**適当でないもの**はどれか。

1　抑制工は，地下水状態等の自然条件を変化させ，地すべり運動を停止・緩和する工法である。
2　水路工は，地表の水を水路に集め，速やかに地すべりの地域外に排除する工法である。
3　排土工は，地すべり脚部の不安定土塊を排除し，地すべりの滑動力を減少させる工法である。
4　抑止工は，杭等の構造物によって，地すべり運動の一部又は全部を停止させる工法である。

No. 19 道路のアスファルト舗装の路床・路盤の施工に関する次の記述のうち，**適当でないもの**はどれか。

1　盛土路床では，1層の敷均し厚さは仕上り厚さで20cm以下を目安とする。
2　切土路床では，土中の木根・転石などを取り除く範囲を表面から30cm程度以内とする。
3　粒状路盤材料を使用した下層路盤では，1層の仕上り厚さは30cm以下を標準とする。
4　粒度調整路盤材料を使用した上層路盤では，1層の仕上り厚さは15cm以下を標準とする。

No. 20 道路のアスファルト舗装の施工に関する次の記述のうち，**適当でないもの**はどれか。

1　加熱アスファルト混合物は，通常アスファルトフィニッシャにより均一な厚さに敷き均す。
2　敷均し時の混合物の温度は，一般に110℃を下回らないようにする。
3　敷き均された加熱アスファルト混合物の初転圧は，一般にロードローラにより行う。
4　転圧終了後の交通開放は，一般に舗装表面の温度が70℃以下となってから行う。

No. 21 道路のアスファルト舗装の破損に関する次の記述のうち，**適当でない**ものはどれか。

1　わだち掘れは，道路横断方向の凹凸で車両の通過位置が同じところに生じる。
2　道路縦断方向の凹凸は，道路の延長方向に比較的長い波長でどこにでも生じる。
3　ヘアクラックは等間隔で規則的な比較的長いひび割れで，主に表層に生じる。
4　線状ひび割れは，長く生じるひび割れで路盤の支持力が不均一な場合や舗装の継目に生じる。

No. 22 道路のコンクリート舗装に関する次の記述のうち，**適当でないもの**はどれか。

1　コンクリート舗装は，セメントコンクリート版を路盤上に施工したもので，たわみ性舗装とも呼ばれる。
2　コンクリート舗装は，温度変化によって膨張したり収縮したりするので，一般には目地が必要である。
3　コンクリート舗装には，普通コンクリート舗装，転圧コンクリート舗装，プレストレスコンクリート舗装等がある。
4　コンクリート舗装は，養生期間が長く部分的な補修が困難であるが，耐久性に富むため，トンネル内等に用いられる。

No. 23 コンクリートダムのRCD工法に関する次の記述のうち，**適当でないも**のはどれか。

1　RCD用コンクリートの運搬に利用されるインクライン方法は，コンクリートをダンプトラックに積み，ダンプトラックごと斜面に設置された台車で直接堤体面上に運ぶ方法である。
2　RCD用コンクリートの1回に連続して打ち込まれる高さをリフトという。
3　RCD用コンクリートの敷均しは，ブルドーザ等を用いて行うのが一般的である。
4　RCD用コンクリートの敷均し後，堤体内に不規則な温度ひび割れの発生を防ぐため，横継目を振動目地切機等を使ってダム軸と平行に設ける。

No. 24　トンネルの山岳工法における施工に関する次の記述のうち，**適当でない**ものはどれか。

1　鋼アーチ式（鋼製）支保工は，H型鋼材等をアーチ状に組み立て，所定の位置に正確に建て込む。
2　ロックボルトは，特別な場合を除き，トンネル掘削面に対して直角に設ける。
3　吹付けコンクリートは，鋼アーチ式（鋼製）支保工と一体となるように注意して吹き付ける。
4　ずり運搬は，タイヤ方式よりも，レール方式の方が大きな勾配に対応できる。

No. 25　海岸堤防の形式に関する次の記述のうち，**適当でないもの**はどれか。

1　緩傾斜型は，堤防用地が広く得られる場合や，海水浴等に利用する場合に適している。
2　混成型は，水深が割合に深く，比較的軟弱な基礎地盤に適している。
3　直立型は，比較的軟弱な地盤で，堤防用地が容易に得られない場合に適している。
4　傾斜型は，比較的軟弱な地盤で，堤体土砂が容易に得られる場合に適している。

No. 26　ケーソン式混成堤の施工に関する次の記述のうち，**適当でないもの**はどれか。

1　ケーソンは，海面がつねにおだやかで，大型起重機船が使用できるなら，進水したケーソンを据付け場所までえい航して据え付けることができる。
2　ケーソンは，波が静かなときを選び，一般にケーソンにワイヤをかけて引き船でえい航する。
3　ケーソンの中詰め材の投入には，一般に起重機船を使用する。
4　ケーソンの底面が据付け面に近づいたら，注水を一時止め，潜水士によって正確な位置を決めたのち，ふたたび注水して正しく据え付ける。

No. 27 鉄道の軌道に関する次の記述のうち，**適当でないもの**はどれか。

1 ロングレールとは，軌道の欠点である継目をなくすために，溶接でつないでレールを200m以上としたものである。
2 有道床軌道とは，軌道の保守作業を軽減するため開発された省力化軌道で，プレキャストのコンクリート版を用いた軌道構造である。
3 マクラギは，軌間を一定に保持し，レールから伝達される列車荷重を広く道床以下に分散させる役割を担うものである。
4 路盤とは，道床を直接支持する部分をいい，3%程度の排水勾配を設けることにより，道床内の水を速やかに排除する役割を担うものである。

No. 28 営業線内工事における工事保安体制に関する次の記述のうち，**適当でないもの**はどれか。

1 工事管理者は，工事現場ごとに専任の者を常時配置しなければならない。
2 軌道作業責任者は，作業集団ごとに専任の者を常時配置しなければならない。
3 列車見張員及び特殊列車見張員は，工事現場ごとに専任の者を配置しなければならない。
4 停電責任者は，工事現場ごとに専任の者を配置しなければならない。

No. 29 シールド工法の施工に関する下記の文章の □□□□ の（イ），（ロ）に当てはまる次の組合せのうち，**適当なもの**はどれか。

「土圧式シールド工法は，カッターチャンバー排土用の □ (イ) □ 内に掘削した土砂を充満させて，切羽の土圧と平衡を保ちながら掘進する工法である。一方，泥水式シールド工法は，切羽に隔壁を設けて，この中に泥水を循環させ，切羽の安定を保つと同時に，カッターで切削された土砂を泥水とともに坑外まで □ (ロ) □ する工法である。」

　　　　　　　（イ）　　　　　　　　（ロ）
1 スクリューコンベヤ ････流体輸送
2 排泥管･･･････････････ベルトコンベヤ輸送
3 スクリューコンベヤ ････ベルトコンベヤ輸送
4 排泥管･･･････････････流体輸送

No. 30 上水道に用いる配水管の特徴に関する次の記述のうち，**適当なもの**はどれか。

1　鋼管は，溶接継手により一体化ができるが，温度変化による伸縮継手等が必要である。

2　ダクタイル鋳鉄管は，継手の種類によって異形管防護を必要とし，管の加工がしやすい。

3　硬質塩化ビニル管は，高温度時に耐衝撃性が低く，接着した継手の強度や水密性に注意する。

4　ポリエチレン管は，重量が軽く，雨天時や湧水地盤では融着継手の施工が容易である。

No. 31 下水道管渠の更生工法に関する下記の（イ），（ロ）の説明とその工法名の次の組合せのうち，**適当なもの**はどれか。

（イ）既設管渠内に表面部材となる硬質塩化ビニル材等をかん合して製管し，製管させた樹脂パイプと既設管渠との間隙にモルタル等の充填材を注入することで管を構築する。

（ロ）既設管渠より小さな管径の工場製作された二次製品の管渠を牽引・挿入し，間隙にモルタル等の充填材を注入することで管を構築する。

    （イ）　　　　　　　　　　（ロ）

1　形成工法……………さや管工法
2　製管工法……………形成工法
3　形成工法……………製管工法
4　製管工法……………さや管工法

※問題番号No.32～No.42までの11問題のうちから6問題を選択し解答してください。

No. 32 賃金の支払いに関する次の記述のうち，労働基準法上，**誤っているもの**はどれか。

1 賃金とは，賃金，給料，手当，賞与その他名称の如何を問わず，労働の対償として使用者が労働者に支払うすべてのものをいう。

2 賃金は，通貨で，直接又は間接を問わず労働者に，その全額を毎月1回以上，一定の期日を定めて支払わなければならない。

3 使用者は，労働者が女性であることを理由として，賃金について，男性と差別的取扱いをしてはならない。

4 平均賃金とは，これを算定すべき事由の発生した日以前3箇月間にその労働者に対し支払われた賃金の総額を，その期間の総日数で除した金額をいう。

No. 33 災害補償に関する次の記述のうち，労働基準法上，**正しいもの**はどれか。

1 労働者が業務上死亡した場合は，使用者は，遺族に対して，平均賃金の5年分の遺族補償を行わなければならない。

2 労働者が業務上の負傷，又は疾病の療養のため，労働することができないために賃金を受けない場合は，使用者は，労働者の賃金を全額補償しなければならない。

3 療養補償を受ける労働者が，療養開始後3年を経過しても負傷又は疾病がなおらない場合は，使用者は，その後の一切の補償を行わなくてよい。

4 労働者が重大な過失によって業務上負傷し，且つその過失について行政官庁の認定を受けた場合は，使用者は，休業補償又は障害補償を行わなくてもよい。

No. 34 事業者が労働者に対して特別の教育を行わなければならない業務に関する次の記述のうち，労働安全衛生法上，**該当しないもの**はどれか。

1　エレベーターの運転の業務
2　つり上げ荷重が1t未満の移動式クレーンの運転の業務
3　つり上げ荷重が5t未満のクレーンの運転の業務
4　アーク溶接作業の業務

No. 35 建設業法に関する次の記述のうち，**誤っているもの**はどれか。

1　建設業者は，請負契約を締結する場合，主な工種のみの材料費，労務費等の内訳により見積りを行うことができる。
2　元請負人は，作業方法等を定めるときは，事前に，下請負人の意見を聞かなければならない。
3　現場代理人と主任技術者はこれを兼ねることができる。
4　建設工事の施工に従事する者は，主任技術者又は監理技術者がその職務として行う指導に従わなければならない。

No. 36 車両の最高限度に関する次の記述のうち，車両制限令上，**誤っているもの**はどれか。
ただし，道路管理者が道路の構造の保全及び交通の危険の防止上支障がないと認めて指定した道路を通行する車両を除く。

1　車両の輪荷重は，5tである。
2　車両の高さは，3.8mである。
3　車両の最小回転半径は，車両の最外側のわだちについて10mである。
4　車両の幅は，2.5mである。

No. 37 河川法に関する次の記述のうち，**正しいもの**はどれか。

1 一級河川の管理は，原則として，国土交通大臣が行う。
2 河川法の目的は，洪水防御と水利用の2つであり河川環境の整備と保全は目的に含まれない。
3 準用河川の管理は，原則として，都道府県知事が行う。
4 洪水防御を目的とするダムは，河川管理施設には該当しない。

No. 38 建築基準法の用語の定義に関する次の記述のうち，**誤っているもの**はどれか。

1 建築物は，土地に定着する工作物のうち，屋根及び柱若しくは壁を有するもの，これに附属する門若しくは塀などをいう。
2 居室は，居住のみを目的として継続的に使用する室をいう。
3 建築設備は，建築物に設ける電気，ガス，給水，排水，換気，汚物処理などの設備をいう。
4 特定行政庁は，原則として，建築主事を置く市町村の区域については当該市町村の長をいい，その他の市町村の区域については都道府県知事をいう。

No. 39 火薬類取締法上，火薬類の取扱いに関する次の記述のうち，**正しいもの**はどれか。

1 火薬庫を設置しようとするものは，所轄の警察署に届け出なければならない。
2 爆発し，発火し，又は燃焼しやすい物は，火薬庫の境界内に堆積させなければならない。
3 火薬庫内には，火薬類以外のものを貯蔵してはならない。
4 火薬庫内では，温度の変化を少なくするため夏期は換気をしてはならない。

No. 40　騒音規制法上，指定地域内における特定建設作業の規制基準に関する次の記述のうち，**正しいもの**はどれか。

1　特定建設作業の敷地の境界線において騒音の大きさは，85デシベルを超えてはならない。
2　１号区域では夜間・深夜作業の禁止時間帯は，午後７時から翌日の午前９時である。
3　１号区域では１日の作業時間は，３時間を超えてはならない。
4　連続作業の制限は，同一場所においては７日である。

No. 41　振動規制法上，指定地域内において特定建設作業を施工しようとする者が行う特定建設作業の実施に関する届出先として，**正しいもの**は次のうちどれか。

1　国土交通大臣
2　環境大臣
3　都道府県知事
4　市町村長

No. 42　港則法上，船舶の航路，及び航法に関する次の記述のうち，**誤っているもの**はどれか。

1　船舶は，航路内において他の船舶と行き会うときは，左側を航行しなければならない。
2　船舶は，航路内においては，原則として投びょうし，又はえい航している船舶を放してはならない。
3　船舶は，港内においては停泊船舶を右げんに見て航行するときは，できるだけ停泊船舶に近寄って航行しなければならない。
4　船舶は，航路内においては，他の船舶を追い越してはならない。

※問題番号 No.43 〜 No.53 までの 11 問題は，必須問題ですから全問題を解答してください。

No. 43 測点 No.5 の地盤高を求めるため，測点 No.1 を出発点として水準測量を行い下表の結果を得た。**測点 No.5 の地盤高**は次のうちどれか。

測点 No.	距離 (m)	後視 (m)	前視 (m)	高低差 (m) +	高低差 (m) −	備 考
1		0.9				測点 No.1…地盤高　9.0m
	20					
2		1.7	2.3			
	30					
3		1.6	1.9			
	20					
4		1.3	1.1			
	30					
5			1.5			測点 No.5…地盤高 □ m

1　6.4m
2　6.8m
3　7.3m
4　7.7m

No. 44 公共工事標準請負契約約款に関する次の記述のうち，**正しいもの**はどれか。

1　監督員は，いかなる場合においても，工事の施工部分を破壊して検査することができる。
2　発注者は，工事の施工部分が設計図書に適合しない場合，受注者がその改造を請求したときは，その請求に従わなければならない。
3　設計図書とは，図面，仕様書，現場説明書及び現場説明に対する質問回答書をいう。
4　受注者は，工事現場内に搬入した工事材料を監督員の承諾を受けないで工事現場外に搬出することができる。

No. 45 下図は逆Ｔ型擁壁の断面図であるが，逆Ｔ型擁壁各部の名称と寸法記号の表記として２つとも**適当なもの**は，次のうちどれか。

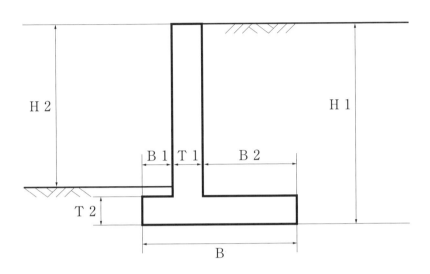

1 擁壁の高さ H2，つま先版幅 B1
2 擁壁の高さ H1，たて壁厚 T1
3 擁壁の高さ H2，底版幅 B
4 擁壁の高さ H1，かかと版幅 B

No. 46 建設機械の用途に関する次の記述のうち，**適当でないもの**はどれか。

1 フローティングクレーンは，台船上にクレーン装置を搭載した型式で，海上での橋梁架設等に用いられる。

2 ブルドーザは，トラクタに土工板（ブレード）を取りつけた機械で，土砂の掘削・押土及び短距離の運搬作業等に用いられる。

3 タンピングローラは，ローラの表面に多数の突起をつけた機械で，盛土材やアスファルト混合物の締固め等に用いられる。

4 ドラグラインは，機械の位置より低い場所の掘削に適し，水路の掘削やしゅんせつ等に用いられる。

令和3年 前期 問題

No. 47 仮設工事に関する次の記述のうち，**適当でないもの**はどれか。

1 仮設工事の材料は，一般の市販品を使用し，可能な限り規格を統一するが，他工事には転用しないような計画にする。

2 仮設工事には直接仮設工事と間接仮設工事があり，現場事務所や労務宿舎等の設備は，間接仮設工事である。

3 仮設工事は，使用目的や期間に応じて構造計算を行い，労働安全衛生規則の基準に合致するか，それ以上の計画とする。

4 仮設工事における指定仮設と任意仮設のうち，任意仮設では施工者独自の技術と工夫や改善の余地が多いので，より合理的な計画を立てることが重要である。

No. 48 地山の掘削作業の安全確保に関する次の記述のうち，労働安全衛生法上，事業者が行うべき事項として**誤っているもの**はどれか。

1 地山の崩壊又は土石の落下による労働者の危険を防止するため，点検者を指名し，作業箇所等について，その日の作業を開始する前に点検させる。

2 掘削面の高さが規定の高さ以上の場合は，地山の掘削作業主任者に地山の作業方法を決定させ，作業を直接指揮させる。

3 明り掘削作業では，あらかじめ運搬機械等の運行経路や土石の積卸し場所への出入りの方法を定めて，地山の掘削作業主任者のみに周知すれば足りる。

4 明り掘削の作業を行う場所は，当該作業を安全に行うため必要な照度を保持しなければならない。

No. 49 事業者が，高さが５m以上のコンクリート構造物の解体作業に伴う災害を防止するために実施しなければならない事項に関する次の記述のうち，労働安全衛生法上，**誤っているもの**はどれか。

1　工作物の倒壊，物体の飛来又は落下等による労働者の危険を防止するため，あらかじめ当該工作物の形状等を調査し，作業計画を定め，これにより作業を行わなければならない。

2　労働者の危険を防止するために作成する作業計画は，作業の方法及び順序，使用する機械等の種類及び能力等が示されているものでなければならない。

3　強風，大雨，大雪等の悪天候のため，作業の実施について危険が予想されるときは，当該作業を中止しなければならない。

4　解体用機械を用いて作業を行うときは，物体の飛来等により労働者に危険が生じるおそれのある箇所に作業主任者以外の労働者を立ち入らせてはならない。

No. 50 工事の品質管理活動における（イ）〜（ニ）の作業内容について，品質管理のPDCA（Plan，Do，Check，Action）の手順として，**適当なもの**は次のうちどれか。

（イ）異常原因を追究し，除去する処置をとる。
（ロ）作業標準に基づき，作業を実施する。
（ハ）統計的手法により，解析・検討を行う。
（ニ）品質特性の選定と，品質規格を決定する。

1　（ロ）→（ハ）→（イ）→（ニ）
2　（ニ）→（イ）→（ロ）→（ハ）
3　（ロ）→（ニ）→（イ）→（ハ）
4　（ニ）→（ロ）→（ハ）→（イ）

No. 51 レディーミクストコンクリート（JIS A 5308）の品質管理に関する次の記述のうち，**適当でないもの**はどれか。

1 レディーミクストコンクリートの品質検査は，すべて工場出荷時に行う。
2 圧縮強度試験は，一般に材齢28日で行うが，購入者の指定した材齢で行うこともある。
3 品質管理の項目は，強度，スランプ，空気量，塩化物含有量である。
4 スランプ12cmのコンクリートの試験結果で許容されるスランプの下限値は，9.5cmである。

No. 52 建設工事における環境保全対策に関する次の記述のうち，**適当でないもの**はどれか。

1 土工機械は，常に良好な状態に整備し，無用な摩擦音やガタつき音の発生を防止する。
2 空気圧縮機や発動発電機は，騒音，振動の影響の少ない箇所に設置する。
3 運搬車両の騒音・振動の防止のためには，道路及び付近の状況によって必要に応じて走行速度に制限を加える。
4 アスファルトフィニッシャは，敷均しのためのスクリード部の締固め機構において，バイブレータ式の方がタンパ式よりも騒音が大きい。

No. 53 「建設工事に係る資材の再資源化等に関する法律」（建設リサイクル法）に定められている特定建設資材に**該当しないもの**は，次のうちどれか。

1 アスファルト・コンクリート
2 建設発生土
3 木材
4 コンクリート

※問題番号 No.54 〜 No.61 までの8問題は，施工管理法（基礎的な能力）の必須問題ですから全問題を解答してください。

No. 54　施工計画作成のための事前調査に関する下記の文章中の ＿＿＿ の（イ）〜（ニ）に当てはまる語句の組合せとして，**適当なもの**は次のうちどれか。

・ （イ） の把握のため，地域特性，地質，地下水，気象等の調査を行う。
・ （ロ） の把握のため，現場周辺の状況，近隣構造物，地下埋設物等の調査を行う。
・ （ハ） の把握のため，調達の可能性，適合性，調達先等の調査を行う。また，（ニ） の把握のため，道路の状況，運賃及び手数料，現場搬入路等の調査を行う。

	（イ）	（ロ）	（ハ）	（ニ）
1	近隣環境	自然条件	資機材	輸送
2	自然条件	近隣環境	資機材	輸送
3	近隣環境	自然条件	輸送	資機材
4	自然条件	近隣環境	輸送	資機材

No. 55 建設機械の作業能力・作業効率に関する下記の文章中の ☐ の（イ）～（ニ）に当てはまる語句の組合せとして，**適当なもの**は次のうちどれか。

・建設機械の作業能力は，単独，又は組み合わされた機械の ☐(イ)☐ の平均作業量で表す。
また，建設機械の ☐(ロ)☐ を十分行っておくと向上する。
・建設機械の作業効率は，気象条件，工事の規模， ☐(ハ)☐ 等の各種条件により変化する。
・ブルドーザの作業効率は，砂の方が岩塊・玉石より ☐(ニ)☐ 。

	（イ）	（ロ）	（ハ）	（ニ）
1	時間当たり	整備	運転員の技量	大きい
2	施工面積	整備	作業員の人数	小さい
3	時間当たり	暖機運転	作業員の人数	小さい
4	施工面積	暖機運転	運転員の技量	大きい

No. 56 工程表の種類と特徴に関する下記の文章中の ☐ の（イ）～（ニ）に当てはまる語句の組合せとして，**適当なもの**は次のうちどれか。

・ ☐(イ)☐ は，縦軸に作業名を示し，横軸にその作業に必要な日数を棒線で表した図表である。
・ ☐(ロ)☐ は，縦軸に作業名を示し，横軸に各作業の出来高比率を棒線で表した図表である。
・ ☐(ハ)☐ 工程表は，各作業の工程を斜線で表した図表であり， ☐(ニ)☐ は，作業全体の出来高比率の累計をグラフ化した図表である。

	（イ）	（ロ）	（ハ）	（ニ）
1	ガントチャート	出来高累計曲線	バーチャート	グラフ式
2	ガントチャート	出来高累計曲線	グラフ式	バーチャート
3	バーチャート	ガントチャート	グラフ式	出来高累計曲線
4	バーチャート	ガントチャート	バーチャート	出来高累計曲線

No. 57

下図のネットワーク式工程表について記載している下記の文章中の　　　　の（イ）～（ニ）に当てはまる語句の組合せとして，**正しいもの**は次のうちどれか。

ただし，図中のイベント間のA～Gは作業内容，数字は作業日数を表す。

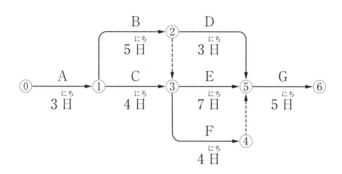

・　(イ)　及び　(ロ)　は，クリティカルパス上の作業である。
・作業Fが　(ハ)　遅延しても，全体の工期に影響はない。
・この工程全体の工期は，　(ニ)　である。

	（イ）	（ロ）	（ハ）	（ニ）
1	作業C	作業D	3日	19日間
2	作業B	作業E	3日	20日間
3	作業B	作業D	4日	19日間
4	作業C	作業E	4日	20日間

正答　別冊P.156　　193

No. 58 複数の事業者が混在している事業場の安全衛生管理体制に関する下記の文章中の ［　　　］ の（イ）～（ニ）に当てはまる語句の組合せとして，労働安全衛生法上，**正しいもの**は次のうちどれか。

・事業者のうち，一つの場所で行う事業で，その一部を請負人に請け負わせている者を ［ (イ) ］ という。
・ ［ (イ) ］ のうち，建設業等の事業を行う者を ［ (ロ) ］ という。
・ ［ (ロ) ］ は，労働災害を防止するため， ［ (ハ) ］ の運営や作業場所の巡視は ［ (ニ) ］ に行う。

	(イ)	(ロ)	(ハ)	(ニ)
1	元方事業者	特定元方事業者	技能講習	毎週作業開始日
2	特定元方事業者	元方事業者	協議組織	毎作業日
3	特定元方事業者	元方事業者	技能講習	毎週作業開始日
4	元方事業者	特定元方事業者	協議組織	毎作業日

No. 59 移動式クレーンを用いた作業において，事業者が行うべき事項に関する下記の文章中の ［　　　］ の（イ）～（ニ）に当てはまる語句の組合せとして，クレーン等安全規則上，**正しいもの**は次のうちどれか。

・移動式クレーンに，その ［ (イ) ］ をこえる荷重をかけて使用してはならず，また強風のため作業に危険が予想されるときには，当該作業を ［ (ロ) ］ しなければならない。
・移動式クレーンの運転者を荷をつったままで ［ (ハ) ］ から離れさせてはならない。
・移動式クレーンの作業においては， ［ (ニ) ］ を指名しなければならない。

	(イ)	(ロ)	(ハ)	(ニ)
1	定格荷重	注意して実施	運転位置	監視員
2	定格荷重	中止	運転位置	合図者
3	最大荷重	注意して実施	旋回範囲	合図者
4	最大荷重	中止	旋回範囲	監視員

No. 60

Ａ工区，Ｂ工区における測定値を整理した下図のヒストグラムについて記載している下記の文章中の　[　　]　の（イ）～（ニ）に当てはまる語句の組合せとして，**適当なもの**は次のうちどれか。

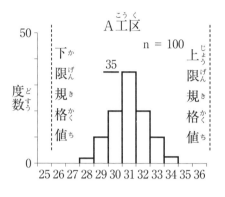

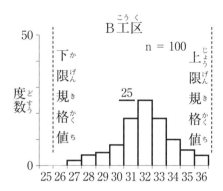

・ヒストグラムは測定値の　[　(イ)　]　の状態を知る統計的手法である。
・Ａ工区における測定値の総数は　[　(ロ)　]　で，Ｂ工区における測定値の最大値は，[　(ハ)　]　である。
・より良好な結果を示しているのは　[　(ニ)　]　の方である。

```
       （イ）           （ロ）        （ハ）        （ニ）
1  ばらつき ………… 100……… 25 ……… Ｂ工区
2  時系列変化……… 50……… 36 ……… Ｂ工区
3  ばらつき ………… 100……… 36 ……… Ａ工区
4  時系列変化……… 50……… 25 ……… Ａ工区
```

No. 61 盛土の締固めにおける品質管理に関する下記の文章中の _____ の（イ）〜（ニ）に当てはまる語句の組合せとして，**適当なもの**は次のうちどれか。

・盛土の締固めの品質管理の方式のうち工法規定方式は，使用する締固め機械の機種や締固め _____ (イ) _____ 等を規定するもので，品質規定方式は，盛土の _____ (ロ) _____ 等を規定する方法である。
・盛土の締固めの効果や性質は，土の種類や含水比，施工方法によって _____ (ハ) _____ 。
・盛土が最もよく締まる含水比は，最大乾燥密度が得られる含水比で _____ (ニ) _____ 含水比である。

	(イ)	(ロ)	(ハ)	(ニ)
1	回数 ………	材料 …………	変化しない ………	最大
2	回数 ………	締固め度 ………	変化する ………	最適
3	厚さ ………	締固め度 ………	変化しない ………	最適
4	厚さ ………	材料 …………	変化する ………	最大

正答 別冊 P.158

年度　第一次検定

☞ 配点は 1 問 1 点。
☞ 答え合わせに便利な正答一覧と合格基準は，別冊 P.159 ～ 161

／40

解答用紙

No.1	① ② ③ ④	No.23	① ② ③ ④	No.45	① ② ③ ④
No.2	① ② ③ ④	No.24	① ② ③ ④	No.46	① ② ③ ④
No.3	① ② ③ ④	No.25	① ② ③ ④	No.47	① ② ③ ④
No.4	① ② ③ ④	No.26	① ② ③ ④	No.48	① ② ③ ④
No.5	① ② ③ ④	No.27	① ② ③ ④	No.49	① ② ③ ④
No.6	① ② ③ ④	No.28	① ② ③ ④	No.50	① ② ③ ④
No.7	① ② ③ ④	No.29	① ② ③ ④	No.51	① ② ③ ④
No.8	① ② ③ ④	No.30	① ② ③ ④	No.52	① ② ③ ④
No.9	① ② ③ ④	No.31	① ② ③ ④	No.53	① ② ③ ④
No.10	① ② ③ ④	No.32	① ② ③ ④	No.54	① ② ③ ④
No.11	① ② ③ ④	No.33	① ② ③ ④	No.55	① ② ③ ④
No.12	① ② ③ ④	No.34	① ② ③ ④	No.56	① ② ③ ④
No.13	① ② ③ ④	No.35	① ② ③ ④	No.57	① ② ③ ④
No.14	① ② ③ ④	No.36	① ② ③ ④	No.58	① ② ③ ④
No.15	① ② ③ ④	No.37	① ② ③ ④	No.59	① ② ③ ④
No.16	① ② ③ ④	No.38	① ② ③ ④	No.60	① ② ③ ④
No.17	① ② ③ ④	No.39	① ② ③ ④	No.61	① ② ③ ④
No.18	① ② ③ ④	No.40	① ② ③ ④		
No.19	① ② ③ ④	No.41	① ② ③ ④		
No.20	① ② ③ ④	No.42	① ② ③ ④		
No.21	① ② ③ ④	No.43	① ② ③ ④		
No.22	① ② ③ ④	No.44	① ② ③ ④		

コピーしてお使いください。

年度　第一次検定

☞ 配点は 1 問 1 点。
☞ 答え合わせに便利な正答一覧と合格基準は，別冊 P.159 〜 161

／ 40

解 答 用 紙

No.1	① ② ③ ④	No.23	① ② ③ ④	No.45	① ② ③ ④
No.2	① ② ③ ④	No.24	① ② ③ ④	No.46	① ② ③ ④
No.3	① ② ③ ④	No.25	① ② ③ ④	No.47	① ② ③ ④
No.4	① ② ③ ④	No.26	① ② ③ ④	No.48	① ② ③ ④
No.5	① ② ③ ④	No.27	① ② ③ ④	No.49	① ② ③ ④
No.6	① ② ③ ④	No.28	① ② ③ ④	No.50	① ② ③ ④
No.7	① ② ③ ④	No.29	① ② ③ ④	No.51	① ② ③ ④
No.8	① ② ③ ④	No.30	① ② ③ ④	No.52	① ② ③ ④
No.9	① ② ③ ④	No.31	① ② ③ ④	No.53	① ② ③ ④
No.10	① ② ③ ④	No.32	① ② ③ ④	No.54	① ② ③ ④
No.11	① ② ③ ④	No.33	① ② ③ ④	No.55	① ② ③ ④
No.12	① ② ③ ④	No.34	① ② ③ ④	No.56	① ② ③ ④
No.13	① ② ③ ④	No.35	① ② ③ ④	No.57	① ② ③ ④
No.14	① ② ③ ④	No.36	① ② ③ ④	No.58	① ② ③ ④
No.15	① ② ③ ④	No.37	① ② ③ ④	No.59	① ② ③ ④
No.16	① ② ③ ④	No.38	① ② ③ ④	No.60	① ② ③ ④
No.17	① ② ③ ④	No.39	① ② ③ ④	No.61	① ② ③ ④
No.18	① ② ③ ④	No.40	① ② ③ ④		
No.19	① ② ③ ④	No.41	① ② ③ ④		
No.20	① ② ③ ④	No.42	① ② ③ ④		
No.21	① ② ③ ④	No.43	① ② ③ ④		
No.22	① ② ③ ④	No.44	① ② ③ ④		

コピーしてお使いください。

年度　第一次検定

☞ 配点は 1 問 1 点。
☞ 答え合わせに便利な正答一覧と合格基準は，別冊 P.159 ～ 161

／ 40

解 答 用 紙

No.1	① ② ③ ④	No.23	① ② ③ ④	No.45	① ② ③ ④
No.2	① ② ③ ④	No.24	① ② ③ ④	No.46	① ② ③ ④
No.3	① ② ③ ④	No.25	① ② ③ ④	No.47	① ② ③ ④
No.4	① ② ③ ④	No.26	① ② ③ ④	No.48	① ② ③ ④
No.5	① ② ③ ④	No.27	① ② ③ ④	No.49	① ② ③ ④
No.6	① ② ③ ④	No.28	① ② ③ ④	No.50	① ② ③ ④
No.7	① ② ③ ④	No.29	① ② ③ ④	No.51	① ② ③ ④
No.8	① ② ③ ④	No.30	① ② ③ ④	No.52	① ② ③ ④
No.9	① ② ③ ④	No.31	① ② ③ ④	No.53	① ② ③ ④
No.10	① ② ③ ④	No.32	① ② ③ ④	No.54	① ② ③ ④
No.11	① ② ③ ④	No.33	① ② ③ ④	No.55	① ② ③ ④
No.12	① ② ③ ④	No.34	① ② ③ ④	No.56	① ② ③ ④
No.13	① ② ③ ④	No.35	① ② ③ ④	No.57	① ② ③ ④
No.14	① ② ③ ④	No.36	① ② ③ ④	No.58	① ② ③ ④
No.15	① ② ③ ④	No.37	① ② ③ ④	No.59	① ② ③ ④
No.16	① ② ③ ④	No.38	① ② ③ ④	No.60	① ② ③ ④
No.17	① ② ③ ④	No.39	① ② ③ ④	No.61	① ② ③ ④
No.18	① ② ③ ④	No.40	① ② ③ ④		
No.19	① ② ③ ④	No.41	① ② ③ ④		
No.20	① ② ③ ④	No.42	① ② ③ ④		
No.21	① ② ③ ④	No.43	① ② ③ ④		
No.22	① ② ③ ④	No.44	① ② ③ ④		

コピーしてお使いください。

【令和5年度 後期 第二次検定 解答用紙】※141%に拡大コピーしてお使いください。

合格基準：得点が60%以上（配点は非公開）

●注意事項（抜粋）

・問題6～問題9までは選択問題（1），（2）です。

　問題6，問題7の**選択問題（1）**の2問題のうちから**1問題**を選択し解答してください。

　問題8，問題9の**選択問題（2）**の2問題のうちから**1問題**を選択し解答してください。

　それぞれの**選択指定数を超えて解答した場合は，減点**となります。

・選択した問題は，**解答用紙の選択欄に○印を必ず記入**してください。

必須問題

【問題1】

〔設問1〕

（1）**工事名**

| |
| |

（2）**工事の内容**

①発注者名	
②工事場所	
③工　　期	
④主な工種	
⑤施 工 量	

(3) 工事現場における施工管理上のあなたの立場

〔設問 2〕
(1) 特に留意した**技術的課題**

(2) 技術的課題を解決するために**検討した項目と検討理由及び検討内容**

(3) 上記検討の結果，**現場で実施した対応処置とその評価**

必須問題
【問題2】

（イ）	（ロ）	（ハ）	（ニ）	（ホ）

必須問題
【問題3】（記入例は非公開）

番　号	再資源化後の材料名又は主な利用用途

必須問題

【問題4】

（イ）	（ロ）	（ハ）	（ニ）	（ホ）

必須問題

【問題5】

番　号	用語の説明

選択問題（1）　　　　　　　　　　　　　　　　　　　　　　　　　選択欄 ☐

【問題6】

（イ）	（ロ）	（ハ）	（ニ）	（ホ）

選択問題（1）　　　　　　　　　　　　　　　　　　　　　　　　　選択欄 ☐

【問題7】

（イ）	（ロ）	（ハ）	（ニ）	（ホ）

選択問題（2）
【問題8】

	事業者が実施すべき安全対策
①	
②	

選択問題（2）
【問題9】

選択欄 ☐

工種名	作業工程（日）					
	5	10	15	20	25	30
管渠敷設工						
コンクリート打込み工						
埋戻し工						

全所要日数：　　　　　日

【令和４年度 後期 第二次検定　解答用紙】※141%に拡大コピーしてお使いください。

合格基準：得点が60%以上（配点は非公開）

●注意事項（抜粋）

・問題６〜問題９までは選択問題（1），（2）です。

問題６，問題７の**選択問題（1）**の２問題のうちから**1問題**を選択し解答してください。

問題８，問題９の**選択問題（2）**の２問題のうちから**1問題**を選択し解答してください。

それぞれの**選択指定数を超えて解答した場合は，減点**となります。

・選択した問題は，**解答用紙の選択欄に○印を必ず記入**してください。

必須問題

【問題1】

〔設問1〕

（1）**工事名**

（2）**工事の内容**

①発注者名	
②工事場所	
③工　　期	
④主な工種	
⑤施 工 量	

(3) 工事現場における施工管理上のあなたの立場

〔設問2〕
(1) 特に留意した**技術的課題**

(2) 技術的課題を解決するために**検討した項目と検討理由及び検討内容**

(3) 上記検討の結果，**現場で実施した対応処置とその評価**

必須問題
【問題2】

（イ）	（ロ）	（ハ）	（ニ）	（ホ）

必須問題
【問題3】（記入例は非公開）

番　号	実施内容

必須問題
【問題4】

(イ)	(ロ)	(ハ)	(ニ)	(ホ)

必須問題
【問題5】

	盛土材料として望ましい条件
①	
②	

選択問題（1）
【問題6】　　　　　　　　　　　　　　　　　　　　　選択欄 □

(イ)	(ロ)	(ハ)	(ニ)	(ホ)

選択問題（1）
【問題7】　　　　　　　　　　　　　　　　　　　　　選択欄 □

(イ)	(ロ)	(ハ)	(ニ)	(ホ)

選択問題（2）
【問題 8】

選択欄 ☐

	墜落等による危険の防止対策
①	
②	

選択問題（2）
【問題 9】

選択欄 ☐

	具体的な騒音防止対策
①	
②	

【令和3年度 後期 第二次検定　解答用紙】※141%に拡大コピーしてお使いください。

合格基準：得点が60%以上（配点は非公開）

●注意事項（抜粋）

・問題6〜問題9までは選択問題（1），（2）です。

　問題6，問題7の**選択問題（1）の2問題**のうちから**1問題**を選択し解答してください。

　問題8，問題9の**選択問題（2）の2問題**のうちから**1問題**を選択し解答してください。

　それぞれの**選択指定数を超えて解答した場合は，減点**となります。

・選択した問題は，**解答用紙の選択欄に〇印を必ず記入**してください。

必須問題

【問題1】

〔設問1〕

(1) **工事名**

(2) **工事の内容**

①発注者名	
②工事場所	
③工　　　期	
④主な工種	
⑤施 工 量	

(3) 工事現場における施工管理上のあなたの立場

〔設問2〕

(1) 特に留意した**技術的課題**

(2) 技術的課題を解決するために**検討した項目と検討理由及び検討内容**

(3) 上記検討の結果，**現場で実施した対応処置とその評価**

....

....

....

....

....

....

....

必須問題
【問題2】

（イ）	（ロ）	（ハ）	（ニ）	（ホ）

必須問題
【問題3】

	安全管理上必要な労働災害防止対策に関する具体的な措置
(1) 作業着手前	
(2) 作業中	

必須問題
【問題4】

(イ)	(ロ)	(ハ)	(ニ)	(ホ)

必須問題
【問題5】

	コンクリートの打込み時，又は締固め時に留意すべき事項
①	
②	

選択問題（1）
【問題6】　　　　　　　　　　　　　　　　　　　　　　　　選択欄 ☐

(イ)	(ロ)	(ハ)	(ニ)	(ホ)

選択問題（1）
【問題7】　　　　　　　　　　　　　　　　　　　　　　　　選択欄 ☐

(イ)	(ロ)	(ハ)	(ニ)	(ホ)

選択問題（2）

【問題8】　　　　　　　　　　　　　　　　　　　　　　　　　選択欄 ☐

	配慮すべき具体的な安全対策
①	
②	

選択問題（2）

【問題9】（記入例は非公開）　　　　　　　　　　　　　　　選択欄 ☐

	工程表の特徴
(1) ネットワーク式工程表	
(2) 横線式工程表	

MEMO

本書の正誤情報等は、下記のアドレスでご確認ください。
http://www.s-henshu.info/2dskm2402/

上記掲載以外の箇所で正誤についてお気づきの場合は、**書名・発行日・質問事項（該当ページ・行数・問題番号**などと**誤りだと思う理由）・氏名・連絡先**を明記のうえ、お問い合わせください。
・Web からのお問い合わせ：上記アドレス内【正誤情報】へ
・郵便または FAX でのお問い合わせ：下記住所または FAX 番号へ
※電話でのお問い合わせはお受けできません。

[宛先]コンデックス情報研究所
「詳解 2級土木施工管理技術検定過去6回問題集 '24年版」係
住　　所：〒359 - 0042　所沢市並木3 - 1 - 9
FAX 番号：04 - 2995 - 4362
（10:00 ～ 17:00　土日祝日を除く）

本書の正誤以外に関するご質問にはお答えいたしかねます。また、受検指導などは行っておりません。
※ご質問の受付期限は、2024 年6 月と10 月の各試験日の10 日前必着といたします。
※回答日時の指定はできません。また、ご質問の内容によっては回答まで10 日前後お時間をいただく場合があります。
あらかじめご了承ください。

編著：コンデックス情報研究所
1990 年6 月設立。法律・福祉・技術・教育分野において、書籍の企画・執筆・編集、大学および通信教育機関との共同教材開発を行っている研究者・実務家・編集者のグループ。

詳解 2級土木施工管理技術検定過去6回問題集 '24年版

2024年3月20日発行

編　著　コンデックス情報研究所
　　　　　　　　　　じょうほう けんきゅうしょ

発行者　深見公子

発行所　成美堂出版
　　　　　〒162-8445　東京都新宿区新小川町1-7
　　　　　電話(03)5206-8151　FAX(03)5206-8159

印　刷　大盛印刷株式会社

©SEIBIDO SHUPPAN 2024 PRINTED IN JAPAN
ISBN978-4-415-23821-0
落丁・乱丁などの不良本はお取り替えします
定価はカバーに表示してあります

・本書および本書の付属物を無断で複写、複製(コピー)、引用することは著作権法上での例外を除き禁じられています。また代行業者等の第三者に依頼してスキャンやデジタル化することは、たとえ個人や家庭内の利用であっても一切認められておりません。

'24年版

詳解
2級土木施工
管理技術検定
過去6回問題集

別冊

正答・解説編

※矢印の方向に引くと
　正答・解説編が取り外せます。

別冊
正答・解説編

成美堂出版

本書は令和6年1月1日において，施行されている法令等に基づいて編集しています。以降も法令の改正等があると予想されますので，最新の法令等を参照して，本書を活用してください。

= CONTENTS =

※第二次検定の解答は非公開のため本書独自の解答例です。

〈記号の表記〉

　本書では，以下の記号を用いています。

☆：問題文の正誤に影響はありませんが，関連する事項に法改正等のあった問題です。問題編では，法改正等によって問題文が変更される部分に下線をひき，問題文（選択肢）の末尾に（☆）をつけました。また，正答・解説編では，法改正等の変更箇所に下線をひき，☆印のあとに改正等により変更となった後の表記について記しました。

〈参考資料についての表記〉

　本書の正答・解説編で記載している参考資料の表記については以下のようになっています。

・記載した参考・参照資料の編集・発行者等の名称については，公益社団法人，一般社団法人，公益財団法人，一般財団法人等を省略して掲載しています。

令和５年度 後期

第 一 次 検 定

No.1　土工作業の種類と使用機械
【正答　2】

1○　クラムシェルは，バケットの重みで土砂に食い込み掘削する建設機械で，一般土砂の孔掘り，ウェルなどの基礎掘削，河床・海底の浚渫，シールドの立坑などの深い掘削に用いられる。また，掘削した土砂や岩石の運搬や積込みも可能である。

2×　モータグレーダは，主として平面均しの作業に用いられる整地用の建設機械である。路面の精密な仕上げに適しており，砂利道の補修，土の敷均しなどにも用いられる。削岩に用いられる建設機械としては，空圧や油圧でロッドやビットを駆動させて岩石を削孔するロックドリル，ロックドリルをクローラ（キャタピラ）付きの車体に搭載したクローラドリルなどが挙げられる。

3○　バックホゥは，バケットを車体側に引き寄せて掘削する方式の建設機械で，法面仕上げや溝掘りのように，機械の位置する地盤よりも低い場所の掘削に用いられる。

4○　タイヤローラは，路盤などの締固めに使用される建設機械で，大型ゴムタイヤによって土を締め固める。土質に合わせて接地圧の調節や自重を加減することができ，細粒分を適度に含んだ山砂利の締固めにも適している。

No.2　法面保護工の工種と目的
【正答　4】

1○　種子吹付け工は，浸食防止，凍上崩落抑制，植生による早期全面被覆等を目的として，吹付専用機械で植生基材・浸食防止材・肥料・種子を混合し，低粘度スラリー状にした種子を直接法面に吹き付け，散布する工法である。

2○　ブロック積擁壁工は，土圧に対抗して崩壊を防止する目的で施工される。

3○　モルタル吹付け工は，表流水の浸透防止や亀裂の多い岩の法面における風化や剥落，崩壊の防止等を目的として，法面にモルタルを吹き付ける工法である。施工が比較的簡便で地山の風化・浸食防止効果が高いという特徴がある。

4×　筋芝工は，芝が一定間隔で水平な筋を形成するように，切芝を法面に張り付けていく工法である。法面の浸食防止や植物の侵入・定着の促進を主な目的とする。

　　切土面の浸食防止を目的とする工種としては，張芝工などが挙げられる。

No.3　道路土工の盛土材料
【正答　2】

道路土工を含めた盛土材料として望ましい条件としては，以下が挙げられる。

・盛土完成後のせん断強度が高いこと

・盛土完成後の圧縮性が小さいこと（沈下量が小さいこと）

・敷均しが行いやすいこと

・所定の締固めが行いやすいこと

・建設機械のトラフィカビリティーが確保しやすいこと

・透水性が小さいこと（ただし，裏込め材や埋戻し土の場合は，透水性がよく雨水等が浸透しても強度低下が起こりにくい方が望ましい）

・水の吸着による体積増加が小さい（膨潤性が低い）こと

・草や木といった有機物を含まないこと

1 ○　上記の盛土材料として望ましい条件に照らすと，道路施工の盛土材料は，**建設機械のトラフィカビリティーが確保しやすいこと**が必要である。

2 ×　上記の盛土材料として望ましい条件に照らすと，道路施工の盛土材料は，**締固め後の圧縮性が小さく，盛土の安定性が保てること**が必要である。

3 ○　上記の盛土材料として望ましい条件に照らすと，道路施工の盛土材料は，**敷均しが容易で，締固め後のせん断強度が高いこと**が必要である。

4 ○　上記の盛土材料として望ましい条件に照らすと，道路施工の盛土材料は，**雨水等の浸食に強く，吸水による膨潤性が低いこと**が必要である。

No.4　軟弱地盤の改良工法
【正答　3】

1 ×　**ウェルポイント工法**は，掘削箇所の両側及び周辺を**ウェルポイント**と呼ばれる吸水装置で取り囲み，先端の吸水部から地下水を真空ポンプによって強制的に排水し，地下水位を低下させることによって地盤の強度増加を図る工法で，地下水位低下工法の一種である。

2 ×　**石灰パイル工法**は，**生石灰を軟弱地盤中に杭状に打設**し，地盤を改良する工法で，固結工法の一種である。

3 ○　**バイブロフローテーション工法**は，

棒状の振動機をゆるい砂地盤中で振動させながら水を噴射し，振動と水締めの効果により地盤を締め固めると同時に，生じた空隙に砂利などを充填して地盤を改良する工法で，締固め工法の一種である。緩い砂質**地盤の改良**に適している。

4 ×　**プレローディング工法**は，軟弱地盤上にあらかじめ盛土等によって載荷を行って沈下を促し，構造物沈下を軽減させる工法で，載荷工法に該当する。

No.5　コンクリートの骨材
【正答　2】

1 ○　すりへり減量が大きい骨材を用いたコンクリートは，コンクリートのすりへり抵抗性も低下し，より摩耗に弱いコンクリートとなる。特に，舗装用コンクリートやダム用コンクリートではすりへり抵抗性が重視される。

2 ×　コンクリート骨材において，大きな粒と小さな粒の混合している程度のことを，**骨材の粒度**という。骨材の粒度は，ふるい分け試験の結果から算出される粗粒率で表され，粗粒率が大きいほど粒度は粗くなる。

3 ○　コンクリート骨材に偏平や細長といった**球形以外のものが混入**すると，コンクリートの単位水量が大きくなり，**強度や耐久性が低下**する。したがって，**骨材の粒形は，球形に近いほどよい**。

4 ○　コンクリート骨材に泥炭質や腐植土等の**有機不純物**が多く混入していると，セメント内の石灰分との化合等により，**コンクリートの凝結や強度など**に悪影響を及ぼす。

No.6　コンクリートの配合設計
【正答　2】

1 ○　打込みの最小スランプは，打込み時に円滑かつ密実に型枠内に打ち込むために必要な最小のスランプで，配筋条件や施工条件等により決定される。一般に，鋼材の最小あきが小さいほど，打込みの最小スランプの目安は大きくなるように定める。

2 ×　1の解説のとおり，打込みの最小スランプは配筋条件や施工条件などにより決定される。締固め作業高さが大きいほど，打込みの最小スランプの目安は大きくなるように定める。

3 ○　コンクリートの単位水量は，所要の強度や耐久性を持つ範囲内，施工が可能な範囲内において，できるだけ少なくするのが原則である。

4 ○　細骨材率とは，骨材全体の体積の中に占める細骨材の体積の割合を指す。細骨材率は，所要のワーカビリティーが得られ施工が可能な範囲内で単位水量ができるだけ少なくなるように定める。

No.7　フレッシュコンクリートの性質
【正答　4】

1 ○　コンシステンシー（流動性）とは，コンクリートの変形または流動に対する抵抗性のことを指す。一般に，コンクリートの単位水量が大きくなると，コンシステンシーは低下する。

2 ○　レイタンスとは，ブリーディングに伴い，フレッシュコンクリートの表面に浮かび上がって沈殿・形成される微細な物質のことである。

3 ○　材料分離抵抗性とは，コンクリート中の材料の分離に対する抵抗性のことを指す。コンシステンシーと同様，一般に，コンクリートの単位水量が大きくなると，材料分離抵抗性は低下する。

4 ×　ワーカビリティーの説明である。ワーカビリティーとは，コンクリートの一連の作業（運搬から打込み，締固め，仕上げまで）のしやすさを示す性質のことを指す。一般的には，ワーカビリティーの判定にはスランプ試験が用いられる。

　　ブリーディングとは，コンクリートの練混ぜ水の一部が遊離してコンクリート表面に上昇する現象である。

No.8　型枠の施工
【正答　3】

1 ○　型枠内面には，コンクリート硬化後に型枠をはがしやすくするため，原則として剥離剤を塗布しておく。

2 ○　型枠に作用するコンクリートの側圧は，スランプや温度といったコンクリート条件や打上がり速度などといった施工条件，構造物の形状などといった構造条件によって変化する。

3 ×　型枠の取外しは，取り外しやすい場所を優先するのではなく，原則として荷重を受ける重要な部分を避け，過重負荷のかからない場所を優先する。

4 ○　コンクリートのかどに面取りを設けることで，型枠取外しの際に，衝撃でコンクリートのかどが破損するのを防止することができる。そのため，特に指定がなくても，型枠の隅には面取り材を取り付け，コンクリートのかどの面取りができる構造とする。

No.9 既製杭の施工
【正答　4】

1 × 既製杭の施工における**打撃による方法**では，杭打ちハンマとして**ドロップハンマ**や**ディーゼルハンマ**，油圧ハンマなどが用いられている。バイブロハンマは，振動工法の一種である**バイブロハンマ工法**に用いられ，既製杭の杭頭部に取り付けて，振動機の自重と杭の重量，振動によって地盤に押し込む型式の杭打ち機である。

2 × **プレボーリング杭工法**の説明である。プレボーリング杭工法は，あらかじめ地盤に穴をあけておき既製杭を挿入する工法である。アースオーガで削孔し，その中に杭・矢板を建て込んだ後に，打ち込む等の方法が採用される。

3 × **中掘り杭工法**の説明である。中掘り杭工法とは，既製杭の中空部をアースオーガで掘削しながら杭を地盤に貫入させていく工法である。

4 ○ 既製杭の施工における**圧入による方法（圧入工法）**では，オイルジャッキや多滑車等を使用し，静荷重によって既製杭を地中に圧入して設置する。

No.10 場所打ち杭の施工
【正答　1】

1 ○ **オールケーシング工法**は，掘削孔の全長に渡って**ケーシングチューブ**を土中に挿入して孔壁を保護しながら，ハンマグラブでケーシングチューブ内の土を掘削する工法である。

2 × **アースドリル工法**とは，比較的崩壊しやすい**地表部にケーシング**を建て込み，以深は安定液によって形成される**マッドケーキ**と，地下水との水位及び比重の差による相互作用で孔壁を安定させる工法である。掘削孔に水を満たし，掘削土とともに地上に吸い上げる工法はリバースサーキュレーション工法である。

3 × **リバースサーキュレーション工法**は，**スタンドパイプ**を建て込み，スタンドパイプ以深の地下水位を高く保ちつつ孔壁を保護・安定させながら，水を循環させて削孔機で掘削する工法である。リバースサーキュレーション工法では，**支持地盤の直接確認や孔底の障害物の除去は困難**なため，地盤の確認は掘削で泥水とともに排出された支持層と判断できる土砂と，地盤調査での土質調査資料などとの照合によって行う。

4 × **深礎工法**は，掘削孔が自立する程度に掘削して，**ライナープレート等の土留材**を用いて孔壁の崩壊を防止しながら，人力または削岩機などの機械で掘削する工法である。ケーシング下部の孔壁の崩壊防止のため，ベントナイト水の注入を行うのはアースドリル工法である。

No.11 土留めの施工
【正答　3】

1 ○ **自立式土留め工法**は，切梁や腹起しなどの**支保工を必要とせず**，主として掘削側の地盤の抵抗によって土留め壁を支持する工法である。

2 ○ **アンカー式土留め工法**は，引張材を用い，土留めアンカーの定着と掘削側の地盤の抵抗によって土留め壁を支持する工法である。

3 × **ヒービング**の説明である。ヒービン

グとは，**軟弱な粘土質地盤の掘削の際**に，土留め背面の土の重量や土留めに接近した地表面での上載荷重等により，**掘削底面が盛り上がり，最終的には土留め崩壊に至る現象**である。

ボイリングとは，**砂質地盤で地下水位以下を掘削し遮水性の土留め壁を用いた際に，土留め壁の両側の水位差により上向きの浸透流が生じ，沸騰したように砂が吹き上がる現象**である。

4 ○　パイピングとは，**砂質土地盤の弱い箇所の土粒子が浸透流により洗い流されることで地中に水みちが拡大し，最終的にボイリングがパイプ状に発生する現象**である。

No.12　鋼材の特性，用途
【正答　3，4】

1 ○　**鋼材**は，雨，風といった**気象や飛来塩分**，コンクリート中の塩化物イオン等の化学的な作用による**腐食により劣化**する。腐食が予想される場合には，**耐候性鋼材等の防食性の高い鋼材を用いる**。

2 ○　疲労とは，**鋼材が繰返し荷重を受けて強度が減少する現象**で，疲労の激しい鋼材では，急激な破壊が生じることがある。そのため，**鋼材の疲労が懸念される場合**は，発生が予想される部位の状況に応じ，**鋼材にかかる応力が分散，軽減できるような継手，溶接方法等を選択する。**

3 ×　型で鋳固めることで製造された鋼材を鋳鋼，プレスで圧力を加えて成型された鋼材を鍛鋼と呼ぶ。鋳鋼や鍛鋼は，耐衝撃性や耐摩耗性に優れるため，**橋梁の支承部や伸縮継手等に用いられ**

る。

4 ×　熱間圧延した**直径5〜38mm程度の細い鋼材**を線材という。主な用途としては，ワイヤーケーブル，蛇かごなどが挙げられる。線材のうち，**硬鋼線材の鉄線を束ねたワイヤーケーブル**は，吊橋や斜張橋等のケーブルとして用いられる。**鉄筋の組立に用いられるのは棒鋼**（棒状に圧延された鋼材）である。

No.13　橋梁の架設工法
【正答　1】

1 ○　**フローティングクレーンによる一括架設工法**は，クレーンを組み込んだ起重機船を架設地点まで進入させ，台船で現場までえい航させた**橋梁部材を所定の位置に吊り上げて架設する工法**である。流れの緩やかな場所での架設に適している。

2 ×　クレーン車による**ベント式架設工法**は，**橋桁部材を自走クレーン車で吊り上げ，ベント**（仮設備で架設桁を支持する構台）で仮受けしながら組み立てて架設する工法で，自走クレーン車が進入できる場所での施工に適しており，**市街地や平坦地で桁下空間が使用できる現場において一般に用いられる。**

3 ×　ケーブルクレーンによる**直吊り工法**は，鉄塔で支えられたケーブルクレーンで橋桁を直接吊り込んで架設する工法で，河川や谷などの地形で**桁下空間が使用できないような場所で用いられる。**

4 ×　トラベラークレーンによる**片持ち式架設工法**は，既に架設した橋桁上に架

設用クレーンを設置して部材を吊り上げながら架設するもので，主に深い谷など，桁下の空間が使用できない現場において，トラス橋などの架設によく用いられる工法である。

No.14　コンクリートの劣化機構
【正答　3】

1○　アルカリシリカ反応（アルカリ骨材反応）は劣化機構の一種で，反応性骨材中に含まれるシリカ分が劣化要因となり，コンクリート中に含まれるアルカリ性の水分が反応する現象を指す。アルカリシリカ反応により，骨材の表面に膨張性の物質が生成されて吸水膨張することでコンクリートにひび割れが生じる。

2○　疲労は劣化機構の一種で，部材に作用する繰返し荷重が劣化要因となり，コンクリート中に微細なひび割れが先に発生し，これが大きな損傷に発展する現象である。疲労が発生すると，静的強度以下の応力であっても破壊に至ることがある。

3×　塩害は劣化機構の一種で，コンクリート中に浸入した塩化物イオンとの接触が劣化要因となり，鉄筋の腐食を引き起こす現象である。凍結融解作用（コンクリート中の水分が凍結・膨張と融解を繰り返すこと）が劣化要因となるのは凍害である。

4○　化学的侵食は劣化機構の一種で，硫酸や硫酸塩などによりコンクリートが溶解する現象である。劣化要因の例としては，硫酸や硫酸塩の他に動植物油，無機塩類，腐食性ガスなどがある。

No.15　河川
【正答　1】

1×　河川堤防においては，河川の流水がある側を堤外地，堤防で守られる側を堤内地という。内と外を逆に覚えてしまいがちであるが，海岸堤防と同様に考える（堤防で守られる側が「内」）と勘違いを起こしにくい。

2○　河川堤防の断面の一番高い平らな部分を天端という。河川堤防における天端の設置目的は堤防法面の安定性を保つために設けられ，天端工，及び天端保護工は，低水岸の背後からの浸食を防止するために施工する。

3○　河川において，上流から下流を見て右側を右岸，左側を左岸という。川の流れる方向を向いた時の右側，左側と覚えると勘違いを起こしにくい。

4○　河川堤防の法面においては，河川の流水がある法面を表法面，その反対側の法面を裏法面という。低水護岸及び高水護岸は表法面に施工する。

No.16　河川護岸
【正答　3】

1○　低水護岸は，低水路を維持し，高水敷の洗掘などを防止するために，複断面河道において低水河岸を保護する護岸を指す。

2○　法覆工は，堤防及び河岸の法面を被覆して保護するために設けられる。堤防の法勾配が緩く流速が大きな場所では，積ブロックで施工する。

3×　低水護岸の天端保護工は，流水によって護岸の裏側から破壊しないように保護するものである。屈とう性のある構造にすることがポイントである。

4○　横帯工は，法覆工の延長方向，河川の横断方向の一定区間ごとに設け，変位などによる護岸の破壊が他に波及しないよう絶縁するための構造物である。コンクリート二次製品の横帯ブロックを使用する。

No.17　砂防えん堤
【正答　4】

1×　水抜きの説明である。水抜きは，一般に本えん堤施工中の流水の切替えや，堆砂後の浸透水を抜いて水圧を軽減するために設けられる構造物である。水通しは，えん堤上流側からの水流を越流させることを目的として設置される構造物である。

2×　前庭保護工は，本えん堤を越流した落下水による洗掘の防止，及び土石流の勢いの減衰のために設けられる構造物であり，堤体の下流側に副えん堤→側壁護岸→水叩きの順番で施工する。

3×　砂防えん堤の袖は，洪水を越流させないために設けられるもので，洪水が越流した場合でも袖部等の破壊防止を図るため，両岸に向かって上り勾配の構造とする。勾配は上流の計画堆砂勾配と同程度またはそれ以上として設計する。また，土石などの流下による衝撃に対して強固な構造とする。

4○　砂防えん堤は，土石流や洪水による外力が働いても，堤体が安定するようにならなければならない。そうした安全性の面から，強固な岩盤に施工することが望ましい。

No.18　地すべり防止工
【正答　2】

地すべり防止工は，杭などの構造物を設

けることにより，地すべり運動の一部または全部を停止させる抑止工と，地すべりの地形や地下水の状態などの自然条件を変化させることにより，地すべり運動を緩和させる抑制工に大別される。

1○　排水トンネル工は，抑制工の一種で，原則として安定した地盤に排水トンネルを設け，この排水トンネルから帯水層に向けた集水ボーリングによって地下水を排除することで地塊の安定化を図る工法である。地すべり規模が大きい場合に用いられる。

2×　排土工は抑制工の一種で，地すべり頭部の不安定な土塊を排除し，土塊の滑動力を減少させる工法である。

3○　水路工とは，抑制工に分類される地表水排除工の一種で，地表の水を水路に集め，速やかに地すべりの地域外に排水する工法である。

4○　シャフト工とは，抑止工の一種で，井筒を山留めとして掘り下げ，鉄筋コンクリートを充填したシャフト（杭）を設けることにより，地すべり運動の一部または全部を停止させる工法である。

No.19　アスファルト舗装における路床の施工
【正答　4】

1○　アスファルト舗装における路床は，舗装と一体となって交通荷重を支持する部分で，厚さは1mを標準とする。

2○　切土路床では，路床の均一性を著しく損なう土中の木根，転石などは取り除いて仕上げる。取り除く範囲は，表面から30cm程度以内とする。

3○　盛土路床は，均質性を得るために，

材料の最大粒径を 100mm 以下とすることが望ましい。一方，下層路盤材料の最大粒径については，原則 50mm 以下とされている。

4× 盛土路床では，1層の敷均し厚さは仕上り厚で 20cm 以下を目安とする。盛土路床は，使用する盛土材の性質をよく把握して敷き均し，均一かつ過転圧により強度を低下させない範囲で十分に締め固めて仕上げる。

No.20 アスファルト舗装の締固め
【正答　3】

1× アスファルト混合物の初転圧には，一般的に鉄輪を有した 10〜12t のロードローラを用いる。初転圧の転圧温度は，一般に 110〜140℃ とし，ヘアクラックの生じない限りできるだけ高い温度とする。タイヤローラ（またはロードローラ）で2回（1往復）程度行うとされている転圧は仕上げ転圧である。

2× 二次転圧は，一般に 8〜20t のタイヤローラで行うが，振動ローラを用いることもある。振動ローラは，比較的小型でも高い効果を上げることができ，1台で路盤から表面仕上げまでの一連の締固め作業に適用でき，締固め回数が少なくてすむ。

3○ アスファルト混合物の締固め温度は，できるだけ高い方がよい。ただし，転圧温度が高過ぎる場合は，ヘアクラックや変形等が生じることがある。ヘアクラックとは，縦・横・斜め不定形に，幅 1mm 程度に生じる比較的短いひび割れで，主に表層に生じる破損である。

4× アスファルト混合物の締固め作業は，敷均し終了後，所定の密度が得られるように，継目転圧，初転圧，二次転圧，仕上げ転圧の順序で行う。

No.21 アスファルト舗装の補修工法
【正答　1】

1× 表面処理工法の説明である。表面処理工法は，既設舗装の上に，加熱アスファルト混合物以外の材料を使用して，3cm 未満の薄い封かん層を設け，舗装の予防的維持を図る工法である。オーバーレイ工法は，既設アスファルト等に摩耗や亀裂などの損傷が生じた場合に，損傷部分のみに加熱アスファルト混合物を舗設し修復する工法である。

2○ 打換え工法は，既設舗装のひび割れの程度が大きい場合に，不良な舗装の一部分または全部を取り除き，路盤若しくは路盤の一部まで新しい舗装で打ち換える工法である。

3○ 切削工法は，アスファルト舗装の路面に連続的な凸凹が発生し，平坦性が極端に悪くなった場合などに，路面の凸部を切削して不陸や段差を解消し，路面形状とすべり抵抗性を回復させる工法である。

4○ パッチング工法は，既設舗装の路面に局部的なポットホールやくぼみ，段差やひび割れ破損部分に，アスファルト混合物などの舗装材料を応急的に穴埋め・充填する工法である。

No.22 コンクリート舗装
【正答　3】

1○ 普通コンクリート舗装は，路盤の厚さが 30cm 以上の場合，設計・施工

の経済性の観点から，上層路盤と下層路盤に分けて施工する。

2 ○　普通コンクリート舗装の路盤上には，コンクリート版が膨張・収縮できるよう，厚さ2cm程度の砂利を敷設する。

3 ×　普通コンクリート舗装版の版厚や版の構造（鉄網や縁部補強鉄筋の有無）に応じて設定する一定の間隔を目地という。目地には，車線に直交する方向に設ける横目地と車線方向に設ける縦目地がある。普通コンクリート版が温度変化に対応するようにするためには，横目地を車線に直交する方向に設ける。

4 ○　普通コンクリート版の縦目地には，ひび割れが生じた場合でも亀裂の拡大を防ぐ目的と，版に段差を生じさせない目的でダミー目地が設けられる。その他，縦目地には，継目を引き継ぎ，目地の開きや食い違いを防ぐための突合せ目地や，縦自由縁部が構造物と接する場合に設ける縦膨張目地がある。

No.23　コンクリートダムの施工
【正答　1】

1 ×　転流工は，ダム本体工事を確実かつ容易に施工するため，ダム本体工事に取り掛かるまでに工事期間中河川の流れを迂回させる工事である。比較的川幅が狭く，流量が少ない日本の河川では，転流工として仮排水トンネル方式が多く用いられている。

2 ○　ダム本体の基礎掘削工としては，全断面工法等の工法と比べて基礎岩盤に損傷を与える可能性が少なく，かつ大量掘削に対応可能なベンチカット工法

が一般的に採用されている。

3 ○　基礎処理工は，ダムの基礎岩盤において状態が均一ではない弱部の補強や改良を行う工程である。基礎処理工には，セメントミルクを主材としたグラウチング，鉄筋コンクリートによる連続地中壁，軟弱部での置き換えコンクリートなどがある。

4 ○　コンクリートダムのコンクリート打設に用いるRCD工法は，単位水量が少なく，超硬練りに配合されたコンクリートを振動ローラで締め固める工法である。

No.24　トンネルの山岳工法における掘削
【正答　2】

1 ○　機械掘削は，発破掘削と比較して騒音や振動が少ないため，都市部のトンネルにおいて多く用いられている掘削方法である。機械掘削には，全断面掘削機による全断面掘削方式と自由断面掘削機による自由断面掘削方式がある。

2 ×　発破掘削は，地山が硬岩質である場合などに適用される。発破のための爆薬には，ダイナマイトやANFO（硝安油剤爆薬／アンホ爆薬）等が用いられる。

3 ○　全断面工法は，トンネルの全断面を一度に掘削する工法で，小断面のトンネルや地質が安定した地山で採用される。切羽が単独のため，作業の錯綜が起こりにくく，安全管理が行いやすいなどの長所がある一方で，施工途中での地山条件の変化に対する順応性が低いという短所もある。

4 ○　ベンチカット工法は，一般に全断面を一度に掘削すると切羽が安定しない場合に，**トンネル断面を上半分と下半分に分割して掘削する工法**である。

No.25　海岸堤防の形式
【正答　4】

1 ○　**直立型**は，堤防前面の法勾配が 1：1 より急な形式を指す。堅固かつ波による洗掘のおそれがない比較的良好な地盤で，堤防用地が容易に得られない場合に適している。

2 ○　**傾斜型**は，堤防前面の法勾配が 1：1 以上 1：3 未満の形式を指す。比較的**軟弱な地盤**で，堤体土砂が容易に得られる場合，また堤防直前で砕波が起こる場合に適している。**海底地盤の凹凸に関係なく施工できる**という特徴がある。

3 ○　**緩傾斜型**は，堤防前面の法勾配が 1：3 より緩やかな形式を指す。**堤防用地が広く得られる場合や，海水浴場等に利用する場合に適している。**

4 ×　**混成型**は，傾斜型と直立型の両方の特性を生かした形式を指す。**水深が割合に深く，比較的軟弱な基礎地盤に適している。**

No.26　ケーソン式混成堤の施工
【正答　2】

1 ○　**ケーソンの注水**は，ケーソンの底面が据付け面に近づいたら着底前に一時中止し，潜水士により**正確な位置を決め，修正を実施した後に注水を再開して正しく据え付ける。**

2 ×　**ケーソンの据付け直後**は，比較的軽量で浮力が働くために**波浪の影響を受けやすい。**したがって，ケーソンは，据付け後すぐにケーソン内部に中詰めを行って質量を増し，安定を高めなければならない。

3 ○　**ケーソン**は，浮かせておいたままでは，波浪の影響で破損するおそれがある。そのため，**ケーソン**は，波が静かなときを選び，一般にケーソンにワイヤをかけて引き船により据え付け，現場までえい航する。

4 ○　ケーソン式混成堤の施工では，中詰め後は，**中詰め材が波によって洗い出されないように，速やかに蓋となるコンクリートを打設する。**中詰め材としては，土砂，割り石，**コンクリート，プレパックドコンクリート**などが用いられる。

No.27　鉄道に関する用語
【正答　1】

1 ×　**スラック**とは，線路の曲線部において列車の通過を円滑にするため軌間を**拡大する量**のことである。曲線半径が小さいほどスラックを大きくする必要があるが，むやみに軌間を広げると危険なので，**スラックの最大量は決められている。**

2 ○　**カント**とは，線路の曲線部において遠心力により車両が外方に転倒することを防止するために，曲線外側のレールを高くすることである。カント量は連続的に変化させなければならないので，直線区間と曲線区間の境界や曲率半径が変化する場所では緩和曲線区間で徐々にカントを大きくする。

3 ○　**軌間**とは，列車の車輪が左右両側のレールに接する位置，つまり両側のレール頭部間の**最短距離**のことである。

標準軌間は 1,435mm とされ，これより広い軌間を広軌といい，狭い軌間を狭軌という。

4 ○　スラブ軌道とは，プレキャストのコンクリート版を用いた軌道のことを指す。これに対し，路盤の上の道床に砕石や砂利などのバラストを敷き，その上部にマクラギを並べてレールを敷設する構造の軌道をバラスト軌道という。

No.28　鉄道の営業線近接工事
【正答　1】

1 ×　営業線に近接した重機械による作業は，列車の近接から通過の完了まで作業を一時中止する。重機械（バックホゥ，クレーン等）を使用することで，高圧線等に接近するおそれがあるためである。

2 ○　工事場所が信号区間のときは，バール・スパナ・スチールテープなどの金属による短絡（ショート）を防止する措置をとる。鉄道の営業線及びこれに近接した工事には，短絡の危険が常に存在する。

3 ○　鉄道の営業線近接工事に際しては，安全確保のため，所要の防護柵を設置するとともに，定期的に点検を実施することが必要である。

4 ○　重機械の運転者は，重機械安全運転の講習会修了証の写しを添えて，監督員などの承認を得る。使用していない工事用重機械は，安全な場所に留置して施錠し，鍵は工事管理者または軌道工事管理者が保管する。

No.29　シールド工法
【正答　2】

1 ○　泥水式シールド工法は，切羽に隔壁を設け，隔壁内で泥水を循環させることで切羽の安定を保つと同時に，カッターで切削された土砂を泥水とともに坑外まで流体輸送する工法である。

2 ×　泥水式シールド工法では，カッターで切削された土砂を泥水とともに流体輸送方式によって坑外まで搬出する。掘削した土砂に添加材を注入して強制的に攪拌し，搬送に適する粘性を与えてから流体輸送する方式は泥土圧式シールド工法である。

3 ○　土圧式シールド工法は，カッターチャンバー内に掘削した土砂を充満させ，切羽の土圧と掘削した土砂の平衡を保ちながら掘進する工法である。シールドの推進力によって掘削土に圧力を加えることで切羽の安定を図る。

4 ○　土圧式シールド工法では，掘削した土砂をスクリューコンベヤで排土する。一般に，粘性土地盤に適している。

No.30　上水道の配水管と継手
【正答　3】

1 ○　鋼管は，管体強度が大きく，じん性に富み，衝撃に強いといった特徴を持つ。また，溶接継手により一体化でき，地盤の変動には管体強度及び変形能力で対応する。一方で，鋼管の継手の溶接は時間がかかるため，雨天時には溶接に注意しなければならない。

2 ○　ポリエチレン管は，重量が軽く施工性がよいという特徴を持っている。一方で，雨天時や湧水地盤では融着継手の施工が困難である。

3 × **ダクタイル鋳鉄管**は，**じん性に富み衝撃に強い**という特徴を持つ。また，ダクタイル鋳鉄管に用いる**メカニカル継手**は，**伸縮性や可とう性があるため，地盤の変動にも追従でき，地震の変動への適応が可能である**という特徴を持つ。

4 ○ **硬質塩化ビニル管**は，**耐腐食性や耐電食性に優れる**他，**質量が小さいため施工性がよい**という特徴がある。反面，低温時においては耐衝撃性が低下するというデメリットがあるため，**接着した継手の強度や水密性に注意が必要**である。

No.31　下水道管渠の剛性管の施工
【正答　2】

日本下水道協会「下水道施設計画・設計指針と解説 前編（2019 年度版）」によると，剛性管を管渠に使用する場合の，地盤の土質別の管種と基礎の組合せは以下のとおりである。

（イ）**シルト及び有機質土**といった**軟弱土の地盤**では，**砂基礎や砕石基礎，コンクリート基礎**の他，はしご状に組んだ木枠を基礎とする**はしご胴木基礎**が用いられる。

（ロ）**硬質粘土，礫混じり土及び礫混じり砂**といった**硬質土の地盤**では，**砂基礎や砕石基礎，コンクリート基礎**が用いられる。

（ハ）**非常に緩いシルト及び有機質土**といった**極軟弱土の地盤**では，**はしご胴木基礎や鳥居基礎，鉄筋コンクリート基礎**が用いられる。

管渠に剛性管を使用する場合，軟弱土においては，コンクリート基礎を採用する場合が多い。

したがって，2 が正答である。

No.32　労働基準法（労働時間，休憩）
【正答　3】

1 ○ 使用者は，原則として，労働者に，**休憩時間を除き，1 週間に 40 時間を超えて労働させてはならない**と定められている。（労働基準法第 32 条第 1 項）

2 ○ 使用者は，**災害その他避けることのできない事由によって，臨時の必要がある場合**においては，**行政官庁の許可を受けることで，その必要の限度において労働時間を延長し，労働させることができる**と定められている。（同法第 33 条第 1 項）

3 × 使用者は，労働時間が **6 時間を超える場合**においては少なくとも **45 分**，**8 時間を超える場合**においては，少なくとも **1 時間の休憩時間**を労働時間の途中に与えなければならないと定められている。また，この休憩時間は一斉に与えられなければならない。（同法第 34 条第 1 項，第 2 項）

4 ○ 労働時間は，**事業場を異にする場合**においても，労働時間に関する規定の**適用については通算する**と定められている。（同法第 38 条第 1 項）

No.33　労働基準法（年少者の就業）
【正答　2】

1 ○ 使用者は，満 18 歳に満たない者を，**毒劇薬，毒劇物その他有害な原料若しくは材料または爆発性，発火性若しくは引火性の原料若しくは材料を取り扱う業務に就かせてはならない**と定められている。（労働基準法第 62 条第 2 項）

2 × 使用者は，**満 18 歳に満たない者に**

ついて，その年齢を証明する戸籍証明書を事業場に備え付けなければならないと定められている。（同法第57条第1項）

3○　使用者は，満18歳に満たない者に，運転中の機械若しくは動力伝導装置の危険な部分の掃除，注油，検査若しくは修繕をさせ，運転中の機械若しくは動力伝導装置にベルト若しくはロープの取付け若しくは取りはずしをさせ，動力によるクレーンの運転をさせてはならないと定められている。（同法第62条第1項）

4○　使用者は，満18歳に満たない者について，坑内で労働させてはならないと定められている。（同法第63条）

No.34　労働安全衛生法（作業主任者の専任を必要としない作業）

【正答　3】

作業主任者の選任を必要とする作業については，労働安全衛生法施行令第6条の各号に定められている。

1○　土止め支保工の切りばりまたは腹起こしの取付けまたは取り外しの作業は，地山の掘削及び土止め支保工作業主任者技能講習を修了した者のうちから，土止め支保工作業主任者を選任しなければならないと定められている。（同法施行令第6条第10号，同規則第374条）

2○　高さが5m以上のコンクリート造の工作物の解体または破壊の作業は，コンクリート造の工作物の解体等作業主任者技能講習を修了した者のうちから，コンクリート造の工作物の解体等作業主任者の選任を必要とする作業で

ある。（同法施行令第6条第15号の5，同規則第517条の17）

3×　既製コンクリート杭の杭打ちの作業は，作業主任者の選任を必要としない作業である。

4○　掘削面の高さが2m以上となる地山の掘削（ずい道及びたて坑以外の坑の掘削を除く）の作業は，地山の掘削及び土止め支保工作業主任者技能講習を修了した者のうちから，地山の掘削作業主任者を選任しなければならないと定められている。（同法施行令第6条第9号，同規則第359条）

No.35　建設業法（主任技術者及び監理技術者の職務）

【正答　4】

1×　当該建設工事の下請契約書の作成は，建設業法上の主任技術者及び監理技術者の職務には該当しない。

2×　当該建設工事の下請代金の支払いは，元請負人の職務である。建設業法上の主任技術者及び監理技術者の職務には該当しない。（建設業法第24条の3第1項）

3×　当該建設工事の資機材の調達は，建設業法上の主任技術者及び監理技術者の職務には該当しない。

4○　主任技術者及び監理技術者は，工事現場における建設工事を適正に実施するため，当該建設工事の施工計画の作成，工程管理，品質管理その他の技術上の管理を行わなければならないと定められている。（同法第26条の4第1項）

No.36　道路法（車両制限令）

【正答　1】

車両制限令第3条第1項の各号では，道

路の構造を保全し，または交通の危険を防止するため，車両の幅，重量，高さ，長さ及び最小回転半径等の最高限度が以下のように定められている。

1 ○ 幅…2.5m

2 × 輪荷重…5t

3 × 高さ…3.8m（道路管理者が指定した道路を通行する車両は4.1m）

4 × 長さ…12m

したがって，正答は1である。

No.37 河川法

【正答　4】

1 ○ 河川区域内の土地において工作物を新築，改築，または除却しようとする場合には，河川管理者の許可を受けなければならないと定められている。（河川法第26条第1項）

河川区域内に設置されているトイレの撤去は上記の「除却」に該当するため，許可を取得する必要がある。

2 ○ 河川区域の上空を通過して電線や吊橋等を設置する場合，河川管理者の許可を受けなければならないとする同法第26条の規定は，河川の上空や地下に建設されるものに対しても適用されると解釈されている。

したがって，河川区域内の上空を横断する送電線の改築の際は，許可を取得する必要がある。

3 ○ 河川区域内の土地において工作物を新築，改築，または除却しようとする場合には，河川管理者の許可を受けなければならないと定められている。（同法第26条第1項）

この規定は，一時的な仮設工作物であっても適用される。

したがって，河川区域内の土地を利用した鉄道橋工事の資材置場の設置の際は，許可を取得する必要がある。

4 × 河川区域内において土地の掘削，盛土など土地の形状を変更する行為は，河川管理者から許可を受けなければならないと定められている。（同法第27条）

ただし，同法施行令第15条の4において，許可を必要としない「軽易な行為」が定められている。その中には，「許可を受けて設置された取水施設又は排水施設の機能を維持するために行う取水口又は排水口の付近に積もった土砂等の排除」が含まれている。

したがって，河川区域内の土地において取水施設の機能維持のため，取水口付近に堆積した土砂を排除する時は，許可を取得する必要がない。

No.38 建築基準法

【正答　1】

建ぺい（建蔽）率は，建築物の建築面積の敷地面積に対する割合であると定められている。（建築基準法第53条）

上記の規定に従うと，敷地面積1000m²の土地に，建築面積500m²の2階建ての倉庫を建築しようとする場合の建ぺい率は，以下の式で求められる。

$$建ぺい率＝建築面積÷敷地面積×100$$
$$＝500÷1000×100$$
$$＝50（\%）$$

したがって，1が正答である。

No.39 火薬類取締法（火薬類の取扱い）

【正答　2】

1 ○ 火工所に火薬類を存置する場合に

14

は，原則として**見張人を常時配置する**ことと定められている。（火薬類取締法施行規則第52条の2第3項第3号）

2 × 　火工所として建物を設ける場合には，**適当な換気の措置**を講じ，床面にはできるだけ鉄類を表さず，その他の場合には，日光の直射及び雨露を防ぎ，**安全に作業ができるような措置を講ずること**と定められている。（同法施行規則第52条の2第3項第2号）

3 ○　火工所の周囲には，**適当な柵を設け，**かつ，「立入禁止」，「火気厳禁」等と書いた警戒札を掲示することと定められている。（同法施行規則第52条の2第3項第5号）

4 ○　火工所は，通路，通路となる坑道，動力線，火薬類取扱所，他の火工所，火薬庫，火気を取り扱う場所，人の出入する建物等に対し**安全で，**かつ，湿気の少ない場所に設けることと定められている。（同法施行規則第52条の2第3項第1号）

No.40 騒音規制法（特定建設作業）
【正答　2】

騒音規制法施行令第2条別表第2では，**特定建設作業**として，以下の作業が定められている。（解答に関連するもののみ抜粋）

一 **くい打機**（もんけんを除く。），**くい抜機**または**くい打くい抜機**（圧入式くい打くい抜機を除く。）を使用する作業（くい打機をアースオーガーと併用する作業を除く。）

三 さく岩機を使用する作業（作業地点が連続的に移動する作業にあっては，**1日における当該作業に係る2地点間の最大距離が50mを超えない作業**に限る。）

六 バックホゥ（一定の限度を超える大きさの騒音を発生しないものとして環境大臣が指定するものを除く，**原動機の定格出力が80kW以上のものに限る。**）を使用する作業

八 ブルドーザ（一定の限度を超える大きさの騒音を発生しないものとして環境大臣が指定するものを除く，**原動機の定格出力が40kW以上のものに限る。**）を使用する作業

上記の第1号のとおり，圧入式杭打杭抜機を使用する作業は，**騒音規制法では特定建設作業には含まれていない。**

したがって，2が正答である。

No.41 振動規制法（特定建設作業）
【正答　3】

振動規制法施行規則第11条別表第1第1号では，**特定建設作業の規制に関する基準を「特定建設作業の振動が，特定建設作業の場所の敷地の境界線において，75dbを超える大きさのものでないこと」**と定められている。

したがって，3が正答である。

No.42 港則法（船舶の航路及び航法）
【正答　3】

1 ○　**汽艇等以外の船舶は，特定港に出入し，または特定港を通過するとき**は，国土交通省令で定める航路を通らなければならない，と定められている。ただし，海難を避けようとする場合その他やむを得ない事由のある場合は，この限りでない。（港則法第11条）

2 ○　船舶は，航路内においては，**投びょうし，またはえい航している船舶を放**してはならないと定められている。（同法第12条）

ただし，以下の各号の場合は例外としている。

一　海難を避けようとするとき。

二　運転の自由を失ったとき。

三　人命または急迫した危険のある船舶の救助に従事するとき。

四　港長の許可を受けて工事または作業に従事するとき。

3 ×　船舶は，航路内において，他の船舶と行き会うときは，**右側を航行しなければならない**と定められている。（同法第13条第3項）

4 ○　**航路外から航路に入り，または航路から航路外に出ようとする船舶**は，**航路を航行する他の船舶の進路を避けなければならない**と定められている。（同法第13条第1項）

No.43　トラバース測量

【正答　3】

　トラバース測量（基準点測量）は，基準点から順を追って測量して得られた測点を結合し，**測点間の各辺の長さと方位角（北を基準とした角度）や方向角を算出することにより各点の位置を決めていく測量方法**である。

　「トラバース」とは，測線を連ねた折れ線のことをいう。トラバースの種類には，以下のようなものがある。

・**閉合トラバース**（測量の出発点と到着点が同一。多角形になる）

・**結合トラバース**（2点以上の既知の基準点を折れ線状に結ぶ）

・**開放トラバース**（折れ線状のトラバースで，結合トラバースのように既知の基準点がないもの）

・**トラバース網**（2つ以上のトラバースを

X字，H字，Y字，A字状のいずれかに組み合わせたもの）

　本問で問われている**閉合比**とは，測量の精度を表す指標で，**トラバースの大きさに対する閉合誤差の大きさの比を分数の形で表したもの**である。

　閉合比 $\dfrac{1}{P}$ は，以下の数式で表すことができる。

$$\frac{1}{P} = \frac{E}{\Sigma l_i}$$

　ここで，E は**閉合誤差**のことを指すため，$E = 0.008$（m）である。…①

　Σl_i は**全測線長**を指し，本問ではAB～EAの5本の測線の距離 l の合計を指す。つまり，

　$\Sigma l_i = 197.377$（m）である。…②

　上記の閉合比の数式に①，②を代入すると，

$$\frac{1}{P} = \frac{E}{\Sigma l_i} = \frac{0.008}{197.377}$$

$$= \frac{8}{197377} = \frac{1}{24672.125} \fallingdotseq \frac{1}{24600}$$

（問題の指示に従い，有効数字4桁目を切り捨てて3桁に丸める）

　したがって，**3** が正答である。

No.44　公共工事標準請負契約約款（設計図書）

【正答　4】

　設計図書とは以下に示す書類の総称を指す。（公共工事標準請負契約約款第1条第1項）

・**（設計）図面**

・**（特記）仕様書**

・現場説明書

・現場説明に対する質問回答書

上記のとおり，施工計画書は設計図書には含まれない。

したがって，4が正答である。

No.45　橋梁の構造名

【正答　4】

（イ）の構造名称は橋長，（ロ）の構造名称は桁長，（ハ）の構造名称は支間長，（ニ）の構造名称は径間長である。

したがって，4の組合せが正しい。

No.46　建設機械

【正答　1】

1×　ブルドーザは，トラクタに作業装置として土工板（ブレード）を取り付けた機械で，土砂の掘削や盛土，整地，短距離運搬（押土），除雪に用いられる他，伐開や除根にも使用される。積込みに用いられるのはトラクターショベルやスクレーパなどである。

2○　ランマは，土などの締固めに使われる建設機械である。振動や打撃を与えて，路肩や狭い場所などの締固めや建築物の基礎，埋設物の埋戻しなどに使用される。

3○　モーターグレーダは，主として平面均しの作業に用いられる整地用の建設機械である。GPS装置，ブレードの動きを計測するセンサーや位置誘導装置を搭載することにより，オペレータの技量に頼らなくても整地のムラやモレのない高い精度の敷均しが可能なため，路面の精密な仕上げに適しており，砂利道の補修，土の敷均しなどにも用いられる。

4○　タイヤローラは，路盤などの締固め

に使用される建設機械で，大型ゴムタイヤによって土を締め固める。土質に合わせて接地圧の調整や自重を加減することができる。

No.47　施工計画作成

【正答　4】

1○　環境保全計画の主な内容は，自然環境，生活環境の保護や周辺住民等とのトラブルの未然防止のため，公害問題，交通問題，近隣環境への影響等に対し，法規に基づく規制基準に適合するように十分な対策を立てることである。

2○　調達計画の主な内容には，職種別の所要人数等に関する労務計画，資材の調達契約や搬入順序等に関する資材計画，建設機械の種別，台数や搬入順序等に関する機械計画の他，資機材の輸送方法等に関する輸送計画がある。

3○　品質管理計画の主な内容は，発注者が要求する品質を満足させることを目的とし，施工品質が発注者から示された設計図書に基づく規格値内に収まるように管理の基準や管理手法を定めることである。

4×　仮設備計画の主な内容には，仮設備の設計，仮設備の配置，安全管理計画がある。安全衛生計画は，品質管理計画，環境保全計画と並ぶ管理計画の主な内容の1つである。

No.48　安全管理（保護帽着用義務のある作業）

【正答　4】

1○　事業者は，採石作業を行うときは，物体の飛来または落下による危険を防止するため，当該作業に従事する労働者に保護帽を着用させなければならな

いと定められている。（労働安全衛生
規則第 412 条第 1 項）

2 ○　事業者は，次の各号のいずれかに該
当する貨物自動車に荷を積む作業また
は次の各号のいずれかに該当する貨物
自動車から荷を卸す作業を行うとき
（第 3 号に該当する貨物自動車にあっ
ては，テールゲートリフターを使用す
るときに限る）は，墜落による労働者
の危険を防止するため，当該作業に従
事する労働者に保護帽を着用させなけ
ればならないと定められている。

　　　一　最大積載量が 5t 以上のもの
　　　二　最大積載量が 2t 以上 5t 未満で
あって，荷台の側面が構造上開放さ
れているものまたは構造上開閉でき
るもの
　　　三　最大積載量が 2t 以上 5t 未満で
あって，テールゲートリフターが設
置されているもの（前号に該当する
ものを除く。）
　　　（同規則第 151 条の 74 第 1 項）

3 ○　事業者は，建設工事の作業を行う場
合において，ジャッキ式つり上げ機械
を用いて荷のつり上げ，つり下げ等の
作業を行うときは，物体の飛来または
落下による労働者の危険を防止するた
め，当該作業に従事する労働者に保護
帽を着用させなければならないと定め
られている。（同規則第 194 条の 7 第
1 項）

4 ×　事業者は，橋梁支間 30m 以上の鋼
橋の架設作業を行うときは，物体の飛
来または落下による労働者の危険を防
止するため，当該作業に従事する労働
者に保護帽を着用させなければならな

いと定められている。（同規則第 517
条の 10 第 1 項）

No.49　安全管理（コンクリート構造物の解体作業）

【正答　　1】

　コンクリート構造物の解体作業における
安全管理に関する規定は，労働安全衛生規
則第 2 編第 8 章の 5「コンクリート造の工
作物の解体等の作業における危険の防止」
等に記載されている。

1 ×　事業者が，高さ 5m 以上のコンクリ
ート造の工作物の解体または破壊の作
業を行う際に，コンクリート造の工作
物の解体等作業主任者に行わせなけれ
ばならないとする事項は以下のとおり
である。（同規則第 517 条の 18）

　　　一　作業の方法及び労働者の配置を決
定し，作業を直接指揮すること。
　　　二　器具，工具，要求性能墜落制止用
器具等及び保護帽の機能を点検し，
不良品を取り除くこと。
　　　三　要求性能墜落制止用器具等及び保
護帽の使用状況を監視すること。

2 ○　事業者は，高さ 5m 以上のコンクリ
ート造の工作物の解体または破壊の作
業を行う際に，強風，大雨，大雪等の
悪天候のため，作業の実施について危
険が予想されるときは，当該作業を中
止しなければならないと定められてい
る。（同規則第 517 条の 15 第 2 号）

3 ○　事業者は，高さ 5m 以上のコンクリ
ート造の工作物の解体または破壊の作
業を行う際に，器具，工具等を上げ，
または下ろすときは，つり綱，つり袋
等を労働者に使用させることと定めら
れている。（同規則第 517 条の 15 第 3

号)

4 ○　事業者は，高さ 5m 以上のコンクリート造の工作物の解体または破壊の作業において，外壁，柱等の引倒し等の作業を行うときは，引倒し等について一定の合図を定め，関係労働者に周知させなければならないと定められている。(同規則第 517 条の 16 第 1 項)

No.50　品質管理 (PDCA サイクル)
【正答　2】

品質管理活動は，「PDCA サイクル」といわれるように，計画 (Plan) →実施 (Do) →検討 (Check) →処置 (Action) の手順で行われるのが一般的である。

1 ○　第 1 段階 (計画 Plan) では，品質特性の選定と品質規格を決定する。

2 ×　第 2 段階 (実施 Do) では，作業標準に基づき，作業を実施する。

3 ○　第 3 段階 (検討 Check) では，統計的手法により，解析・検討を行う。

4 ○　第 4 段階 (処理 Action) では，異常原因を追究し，除去する処置をとる。

No.51　品質管理 (レディーミクストコンクリート)
【正答　2】

1 ○　レディーミクストコンクリートの強度については，圧縮強度の 1 回の試験結果が，購入者が指定した呼び強度の値の 85%以上である必要がある。

2 ×　レディーミクストコンクリートの空気量試験の結果の許容差は，空気量 4.5% (普通，舗装，高強度コンクリート)，5.0% (軽量コンクリート) いずれの場合でも±1.5%以内である。

3 ○　購入者が指定したスランプが 8cm 以上 18cm 以下の場合，スランプ試験の結果のスランプの許容差は，±2.5cm 以内である。

本肢の場合，指定されたスランプ 12cm なので許容差は±2.5cm 以内である。

4 ○　レディーミクストコンクリートの塩化物含有量は，塩化物イオン (Cl⁻) 量として 0.30kg/m³ 以下とすると定められている。ただし，塩化物含有量の上限値の指定があった場合は，その値とする。また，購入者の承認を受けた場合には，0.60kg/m³ 以下とすることができる。

No.52　環境保全対策 (騒音・振動対策)
【正答　2】

1 ○　施工機械の選定にあたっては，沿道環境等に与える影響を考慮し，低騒音型，低振動型及び排出ガスの低減に配慮したものを採用する等の検討を行う。掘削，積込み作業にあたっても，低騒音型建設機械の使用を原則とする。

2 ×　アスファルトフィニッシャには，合材を突き固める方式として，バイブレータ方式とタンパ方式がある。アスファルトフィニッシャでの舗装工事で，特に静かな工事施工が要求される場合，高密度の締固めが期待できる一方，タンパによる騒音が発生しやすいタンパ方式ではなく，振動を利用した締固めで騒音が発生しにくいバイブレータ方式を採用する。

3 ○　トラクターショベルやブルドーザ等による作業では，バケットの落下や地盤との衝突，付着した土のふるい落としといった操作での振動が大きくなる

傾向にある。したがって，**建設機械の土工板やバケット等を使用する際は**，できるだけ土のふるい落とし等の衝撃的操作を避ける必要がある。

4 ○ 履帯式の土工機械では，**走行速度が速くなると騒音振動も大きくなる**。したがって，**不必要な高速走行やむだな空ぶかしを避ける**など，丁寧に運転する必要がある。

No.53　建設リサイクル法（特定建設資材）
【正答　3】

建設リサイクル法（「建設工事に係る資材の再資源化等に関する法律」）に定められている**特定建設資材**としては，以下の4品目が定められている。(同法施行令第1条)
①コンクリート
②コンクリート及び鉄から成る建設資材
③木材
④アスファルト・コンクリート

したがって，正答は3である。

1 × **ガラス類は，ガラスくず**として，廃棄物処理法（「廃棄物の処理及び清掃に関する法律」）における「**産業廃棄物**」の一種と定められている。（同法第2条第4項，同法施行令第2条第7号）

しかし，上記の「**特定建設資材**」には**含まれていない**。

2 × **廃プラスチック類は**，廃棄物処理法（「廃棄物の処理及び清掃に関する法律」）における「**産業廃棄物**」の一種と定められている。(同法第2条第4項)

しかし，上記の「**特定建設資材**」には**含まれていない**。

4 × **建設発生土（土砂）は，リサイクル法**（「資源の有効な利用の促進に関す

る法律」）に定められている「**再生資源**」（同法施行令別表第2）や「**指定副産物**」（同別表第7）には含まれているが，上記の「**特定建設資材**」には含まれていない。

No.54　建設機械の走行
【正答　1】

建設機械の走行に関する語句の空所補充問題である。

・**建設機械の走行に必要なコーン指数は**，**（イ）普通ブルドーザより（ロ）ダンプトラック**の方が大きく，**（イ）普通ブルドーザより（ハ）湿地ブルドーザ**の方が小さい。

・**（ニ）粘性土では**，建設機械の走行に伴うこね返しにより土の強度が低下し，走行不可能になることもある。

※**コーン指数は，建設機械の走行性を示すトラフィカビリティーを表す指標で**ある。**コーン指数** q_c **が大きいほど，劣悪な地盤での走行が困難な機械である**ということになる。

各建設機械が走行するのに必要なコーン指数は，以下のとおりである。(単位: $q_c = kN/m^2$)

1　超湿地ブルドーザ…200以上
2　湿地ブルドーザ　…300以上
3　普通ブルドーザ（15t級）
　　　　　　　　　　　…500以上
4　普通ブルドーザ（21t級）
　　　　　　　　　　　…700以上
5　スクレープドーザ
　　　　　　　　　　　…600以上
6　自走式スクレーパ（小型）
　　　　　　　　　　　…1,000以上
7　ダンプトラック　…1,200以上

No.55　建設機械
【正答　1】

①× リッパビリティとは，ブルドーザに装着されたリッパ（岩石やコンクリート，アスファルトを破砕するためのアタッチメント）によって作業できる程度，詳述すると軟岩やかたい土を爪によって作業できる程度，つまりリッパ作業のしやすさを表す指標である。リッパビリティは，地山の弾性波速度や目視，テストハンマによって判断する。

②× トラフィカビリティとは，建設機械の走行性をいい，一般にコーン指数で判断される。N値とは，土の相対的な硬軟や締まり具合を知る指標となる値で，標準貫入試験により求められ，地層の判別や硬軟の判定に利用される。

③× ブルドーザの作業効率は，砂が0.40～0.70，岩塊・玉石が0.20～0.35である。ブルドーザの作業効率は数値が大きいほど高いため，砂の方が岩塊・玉石より大きい。

④○ 建設機械の作業効率は，現場の地形，土質，工事規模等の各種条件によって変化する。ダンプトラックは，主に一般公道や大規模工事現場内を走行して土砂などを運搬する用途で使用される。そのため，ダンプトラックの作業効率は，運搬路の沿道条件，路面状態，昼夜の別により変化する。

したがって，①～④の4つの記述のうち適当なものは④の1つであり，1が正答である。

No.56　工程管理
【正答　4】

①○ 計画工程と実施工程に差が生じた場合には，その原因を追及して改善する。具体的には，労務・機械・資材及び作業日数などの各方面において，計画工程と実施工程の進捗のギャップを把握し，作業改善や機械，資材などの再配置といった是正処置を検討する。

②× 計画工程（予定工程）が実施工程を上回る状態は，工程が遅延していることを意味する。したがって，工程管理では，実施工程が計画工程よりも，やや上回る程度に進行管理を実施する。

③○ 常に実施工程の進捗状況を全作業員に周知徹底させ，常に計画工程に即した作業の実施を意識付けして作業能率を高めるように努力することが重要である。

④○ 工程表は，工事の施工順序と所要の日数等をわかりやすく図表化したものである。工程表には，(1) 横線式工程表，(2) 斜線式工程表，(3) 曲線式工程表，(4) 工程管理曲線（バナナ曲線），(5) ネットワーク式工程表があり，それぞれを適した用途によって使い分けることが重要である。

したがって，①～④の4つの記述のうち適当なものは①③④であり，4が正答である。

No.57　工程管理（ネットワーク式工程表）
【正答　1】

ネットワーク式工程表に関する語句の空所補充問題である。

ネットワーク式工程表は，作業をアクティビティ（矢線→）で，各作業の結節点をイベント（○）で表す。各作業の関連性を矢線と結節点で明確に表現できるため，ク

リティカルパスの確認が容易である。

　クリティカルパスとは，ネットワーク式工程表における各ルートのうち，**最も長い日数を要する経路**のことである。最も長い日数を要する経路上の作業が遅延した場合，全体工期の遅延に直結してしまう。クリティカルパスがどのルートになるのか，日数が何日になるのかを特定，算出した上で，クリティカルパスをいかに順守するかが，工程管理の重要な管理項目になる。

　以上を踏まえ，本問のネットワーク式工程表のクリティカルパスを算出すると，最長の経路は⓪→①→②→③→④→⑤→⑥（作業 A→B→F→G）となり，作業日数の合計，つまり**工期は 4＋6＋6＋6＝22日**となる。

※なお，表中の点線で示されている矢線は**ダミーアロー**といい，**各作業間の前後関係のみを示す**。日数は 0 として計算する。

　したがって，（イ）〜（ニ）はそれぞれ以下のようになる。

・（イ）作業 B 及び（ロ）作業 F は，クリティカルパス上の作業である。

・作業 D が（ハ）3 日遅延しても，全体の工期に影響はない。

　※クリティカルパス上にある**作業 F（③→④）の日数は 6 日**である。一方，**クリティカルパス上にない作業 D（②→⑤）の日数は 3 日**であり，6－3＝3 日の余裕日数がある。

・この工程全体の工期は，（ニ）**22 日間**である。

　したがって，**1** が正答である。

No.58　安全管理（足場の安全）
【正答　**1**】

　足場の安全に関する語句の空所補充問題

である。

　足場の安全管理に関する規定は，労働安全衛生規則第 2 編第 10 章第 2 節「足場」等に記載されている。

・**高さ 2m 以上の足場**（一側足場及びわく組足場を除く）の作業床には，墜落や転落を防止するため，**手すりと（イ）中さんを設置する**。（同規則第 563 条第 1 項第 3 号ロ）

・**高さ 2m 以上の足場**（一側足場及びつり足場を除く）の**作業床の幅は 40cm 以上**とし，**物体の落下を防ぐ（ロ）幅木を設置する**。（同規則第 563 条第 1 項第 2 号イ，第 6 号）

・**高さ 2m 以上の足場**（一側足場及びつり足場を除く）の**作業床における床材間の（ハ）隙間は，3cm 以下**とする。（同規則第 563 条第 1 項第 2 号ロ）

・**高さ 5m 以上の足場の組立て，解体等の作業を行う場合は，（ニ）足場の組立て等作業主任者が指揮を行う**。（同規則第 566 条）

　したがって，**1** が正答である。

No.59　安全管理（移動式クレーンを用いた作業の災害防止）
【正答　**3**】

　移動式クレーンを用いた作業における事業者が行うべき事項については，クレーン等安全規則等に記載がある。

①○　事業者は，移動式クレーンにその**定格荷重をこえる荷重をかけて使用してはならない**と定められている。（同規則第 69 条）

　※クレーンの定格荷重とは，**フック等のつり具の重量を含まない最大つり上げ荷重**である。（同規則第 1 条第 6

号)

②○　事業者は，軟弱地盤であること，埋設物等の地下工作物が損壊するおそれがあること等により移動式クレーンが転倒するおそれのある場所においては，移動式クレーンを用いて作業を行ってはならないと定められている。

※ただし，転倒防止に必要な広さ及び強度を有する鉄板等が敷設され，その上に移動式クレーンを設置しているときはその限りではない。（同規則第70条の3）

③○　事業者は，アウトリガーを有する移動式クレーンを用いて作業を行うときは，原則としてアウトリガーを最大限に張り出さなければならないと定められている。（同規則第70条の5）

④×　事業者は，移動式クレーンの運転者を，荷をつったままで運転位置から離れさせてはならないと定められている。（同規則第32条第1項）

したがって，①〜④の4つの記述のうち正しいものは①②③の3つであり，3が正答である。

No.60　品質管理（管理図）
【正答　4】

管理図に関する語句の空所補充問題である。

・管理図は，いくつかある品質管理の手法の中で，応用範囲が（イ）広く便利で，最も多く活用されている。

・一般に，上下の管理限界の線は，統計量の標準偏差の（ロ）3倍の幅に記入している。

・不良品の個数や事故の回数など個数で数えられる（非連続的な量として測定され

る）データは，（ハ）計数値と呼ばれている。

※一方，重さ，長さ，時間といった個数で数えられない（連続的な量として測定される）データは，計量値と呼ばれる。

・管理限界内にあっても，測定値が（ニ）周期的に上下するときは工程に異常があると考える。

※その他，管理限界内にある場合でも，連続7点以上の点の偏りや上昇・下降など，点の並び方にクセがある場合も，工程の異常が疑われる。

したがって，4が正答である。

No.61　品質管理（盛土の締固め）
【正答　3】

①×　盛土の締固めの品質管理方式のうち，工法規定方式は，使用する締固め機械の機種や締固め回数等を規定する方式で，品質規定方式は，盛土の締固め度等を規定する方式である。

②○　盛土の締固めの効果や特性は，土の種類や含水比，施工方法によって大きく変化する。例えば，土の締固めでは，同じ土を同じ方法で締め固めても，得られる土の密度は含水比により異なる。

③○　盛土が最もよく締まる含水比は，最大乾燥密度が得られる含水比で最適含水比である。所要の締固め度が得られる範囲内における最適値の含水比を施工含水比と呼ぶ。要求される締固め度の程度によっては，施工含水比と最適含水比は常に一致するとは限らない。

④○　現場での土の乾燥密度の測定方法には，砂置換法やRI計器による測定方

法がある。

　砂置換法は，掘出し跡の穴を乾燥砂
で置換えすることにより，掘り出した
土の体積を知ることによって，**乾燥密
度（湿潤密度）を測定する方式**である。

　RI（ラジオアイソトープ）**計器**を用
いた**現場での土の乾燥密度（湿潤密度）
の測定**は，現場密度試験（単位体積重
量試験）の一種で，非破壊で**短時間の
うちに測定結果を出すことが可能**とい
う特徴がある。

　したがって，①〜④の4つの記述のうち
適当なものは②③④の3つであり，3が正
答である。

第 二 次 検 定 （解 答 例）

必須問題

問題 1　土木工事の経験

【重点解説】

　受検者が施工管理に関する経験，知識を十分に有し，それを的確に表現する能力があるか
を判別するための問題である。趣旨を把握して，具体的に簡潔かつ的確に記述することを心
掛ける。例年ほぼ同じ内容の出題形式なので，十分に準備をしておくこと。

〔設問 1〕

(1)　**工事名**は，受検者自身が実際に従事して経験した工事，あるいは，受検者が工事請負
　　者の技術者の場合は，受検者の所属会社が受注した工事の名称を記述する。

(2)　**工事の内容**は，問題に指示があるとおり，①発注者名，②工事場所，③工期，④主な
　　工種，⑤施工量，を具体的に，明確に記述する。なお，主な工種とは，路体盛土工，コ
　　ンクリート擁壁工，基礎工，アスファルト舗装工，法面工等，具体的な工事の工種を記
　　述する。

(3)　**工事現場における施工管理上のあなたの立場**とは，工事現場における施工管理者とし
　　ての肩書きのことであり，例えば現場代理人，主任技術者，現場監督員，発注者監督員
　　等のように記述する。会社内での役職，つまり課長，係長，工事担当等ではないので，
　　注意すること。

〔設問 2〕

　過去の問題では，例年「品質管理」「安全管理」「工程管理」の各テーマから 2 テーマが提
示され，そのいずれかを選んだ上で，特に留意した技術的課題など，限定した状況のなかで，
その課題を解決するために検討した内容と採用に至った理由及び現場で実施した対応措置
を，具体的に記述する問題であった。

　令和 5 年度は，設問 1 の工事で実施した「**現場で工夫した安全管理**」または「**現場で工夫**
した工程管理」のいずれかを選び，**特に留意した技術的課題，技術的課題を解決するために**
検討した項目と検討理由及び検討内容，技術的課題に対して現場で実施した対応処置とその
評価を具体的に記述するものであった。

　それぞれの現場ごとに技術的課題があるはずで，工事を進めるにあたり，その技術的課題
を解決するために，「安全管理」，あるいは「工程管理」の面でどのようなことを検討し，そ
の検討の結果，自らの判断によってどのような対応処置を実施し，対応処置に対してどのよ
うな評価を下したかを簡潔に要領よくまとめる。単に施工の状況説明に終始しないように，
注意する必要がある。

必須問題

問題2 安全管理

　地山の明り掘削の作業時に事業者が行わなければならない安全管理に関する文の空所補充問題である。

　地山の明り掘削の作業時の安全管理に関する規定は，労働安全衛生規則第2編第6章第1節「明り掘削の作業」等に記載されている。

(1)　地山の崩壊，埋設物等の損壊等により労働者に危険を及ぼすおそれのあるときは，作業箇所及びその周辺の地山について，ボーリングその他適当な方法により調査し，調査結果に適応する掘削の時期及び (イ) 順序を定めて，作業を行わなければならない。（労働安全衛生規則第 355 条）

(2)　地山の崩壊又は土石の落下により労働者に危険を及ぼす恐れのあるときは，あらかじめ (ロ) 土止め支保工を設け，(ハ) 防護網を張り，労働者の立入りを禁止する等の措置を講じなければならない。（同規則第 361 条）

(3)　掘削機械，積込機械及び運搬機械の使用によるガス導管，地中電線路その他地下に存在する工作物の (ニ) 損壊により労働者に危険を及ぼす恐れのあるときは，これらの機械を使用してはならない。（同規則第 363 条）

(4)　点検者を指名して，その日の作業を (ホ) 開始する前，大雨の後及び中震（震度4）以上の地震の後，浮石及び亀裂の有無及び状態並びに含水，湧水及び凍結の状態の変化を点検させなければならない。（同規則第 358 条第 1 号）

(イ)	(ロ)	(ハ)	(ニ)	(ホ)
順序	土止め支保工	防護網	損壊	開始

必須問題
問題３　建設副産物

　建設リサイクル法（「建設工事に係る資材の再資源化等に関する法律」）に基づく再資源化を促進する特定建設資材に関する記述問題である。

　指示に従い，①〜④の特定建設資材の中から２つを選び，その番号と再資源化後の材料名または主な利用用途について，おおよそ以下のような記述ができればよい。

　解答に関連する規定としては，国土交通省「特定建設資材に係る分別解体等及び特定建設資材廃棄物の再資源化等の促進等に関する基本方針（建設リサイクル法基本方針）」などが挙げられる。

番号（特定建設資材名）	再資源化後の材料名又は主な利用用途
①コンクリート	・再生クラッシャーラン，再生コンクリート砂，再生粒度調整砕石等の再生骨材として，道路等の舗装の際の路盤材，建築物等の埋戻し材または基礎材，コンクリート用骨材等に利用する。
②コンクリート及び鉄から成る建設資材	・分離した後のコンクリートについて，再生クラッシャーラン，再生コンクリート砂，再生粒度調整砕石等の再生骨材として，道路等の舗装の際の路盤材，建築物等の埋戻し材または基礎材，コンクリート用骨材等に利用する。
③木材	・木質ボード，堆肥等の原材料として利用する。原材料としての利用が技術的観点，または環境への負荷の観点から適切でない場合には，燃料として利用する。
④アスファルト・コンクリート	・再生加熱アスファルト安定処理混合物及び表層基層用再生加熱アスファルト混合物として，道路等の舗装の上層路盤材，基層用材料または表層用材料に利用する。

問題4　土工

　切土法面の施工に関する文の空所補充問題である。

　解答に関連する技術基準を記した資料としては，国土交通省「土木工事共通仕様書」，日本道路協会「道路土工構造物技術基準・同解説」などがある。

(1)　切土の施工に当たっては (イ) 地質の変化に注意を払い，当初予想された (イ) 地質以外が現れた場合，ひとまず施工を中止する。

(2)　切土法面の施工中は，雨水等による法面浸食や (ロ) 崩壊・落石等が発生しないように，一時的な法面の排水，法面保護，落石防止を行うのがよい。

(3)　施工中の一時的な切土法面の排水は，仮排水路を (ハ) 法肩の上や小段に設け，できるだけ切土部への水の浸透を防止するとともに法面を雨水等が流れないようにすることが望ましい。

(4)　施工中の一時的な法面保護は，法面全体をビニールシートで被覆したり，(ニ) モルタル吹付により法面を保護することもある。

(5)　施工中の一時的な落石防止としては，亀裂の多い岩盤法面や礫等の浮石の多い法面では，仮設の落石防護網や落石防護 (ホ) 柵を施すこともある。

(イ)	(ロ)	(ハ)	(ニ)	(ホ)
地質	崩壊	法肩	モルタル吹付	柵

必須問題

問題5　コンクリート（用語説明）

コンクリートの用語に関する記述問題である。指示に従い，①～④の用語の中から2つを選び，その番号と用語の説明について，おおよそ以下のような記述ができればよい。

解答に関連する技術基準としては，土木学会「コンクリート標準示方書」などが挙げられる。

番号（用語）	用語の説明
①アルカリシリカ反応	・骨材中のシリカ分とセメントなどに含まれるアルカリ性の水分が反応することによって生成された膨張性の物質が吸水膨張することによって発生する劣化現象。アルカリシリカ反応によりコンクリートの膨張が進むと，ひび割れが発生し，さらに鉄筋の曲げ加工部に亀裂や破断が生じるおそれがある。
②コールドジョイント	・打設の中断や遅延が生じた場合に，上層と下層のコンクリートとの間が完全に一体化しない状態が発生した結果，計画外の箇所に生じる継目のこと。コールドジョイントが発生すると，一体化していない不連続の継目に沿って肌離れやひび割れが生じることがある。
③スランプ	・フレッシュコンクリートの流動性を計測する際の指標の一種。固まる前のフレッシュコンクリートをスランプコーンに入れ，円錐台形のフレッシュコンクリートが重力により変形する際の上面の下がり量を測定するスランプ試験により測定される。
④ワーカビリティー	・フレッシュコンクリートの性質を表す用語で，コンクリートの運搬，打込み，締固め，仕上げ等の一連の作業の容易性を指す。一般的には，ワーカビリティーの判定にはスランプ試験が用いられる。

選択問題（1）

問題6　品質管理（盛土工事）

　盛土の締固め管理方法に関する文の空所補充問題である。

　解答に関連する技術基準を記した資料としては，国土交通省「土木工事共通仕様書」，日本道路協会「道路土工構造物技術基準・同解説」などがある。

(1)　盛土工事の締固め管理方法には，(イ) 品質規定方式と (ロ) 工法規定方式があり，どちらの方法を適用するかは，工事の性格・規模・土質条件など，現場の状況をよく考えた上で判断することが大切である。

(2)　(イ) 品質規定方式のうち，最も一般的な管理方法は，現場における土の締固めの程度を締固め度で規定する方法である。

(3)　締固め度の規定値は，一般に JIS A 1210（突固めによる土の締固め試験方法）の A 法で道路土工に規定された室内試験から得られる土の最大 (ハ) 乾燥密度の (ニ) 90％以上とされている。

(4)　(ロ) 工法規定方式は，使用する締固め機械の機種や締固め回数，盛土材料の敷均し厚さ等，(ロ) 工法そのものを (ホ) 仕様書に規定する方法である。

(イ)	(ロ)	(ハ)	(ニ)	(ホ)
品質	工法	乾燥密度	90	仕様書

選択問題（1）
問題7　コンクリート（鉄筋及び型枠）

コンクリート構造物の鉄筋の組立及び型枠に関する文の空所補充問題である。

解答に関連する技術基準としては，国土交通省「コンクリート構造物の品質確保・向上の手引き」，土木学会「コンクリート標準示方書」などが挙げられる。

(1)　鉄筋どうしの交点の要所は直径0.8mm以上の (イ) 焼なまし鉄線等で緊結する。

(2)　鉄筋のかぶりを正しく保つために，モルタルあるいはコンクリート製の (ロ) スペーサを用いる。

(3)　鉄筋の継手箇所は構造上の弱点となりやすいため，できるだけ大きな荷重がかかる位置を避け，(ハ) 同一の断面に集めないようにする。

(4)　型枠の締め付けにはボルト又は鋼棒を用いる。型枠相互の間隔を正しく保つためには，(ニ) セパレータやフォームタイを用いる。

(5)　型枠内面には，(ホ) 剥離剤を塗っておくことが原則である。

(イ)	(ロ)	(ハ)	(ニ)	(ホ)
焼なまし鉄線	スペーサ	同一	セパレータ	剥離剤

選択問題（2）

問題8　安全管理（移動式クレーン作業及び玉掛け作業）

　建設工事における移動式クレーン作業及び玉掛け作業に係る安全管理に関する記述問題である。①移動式クレーン作業，②玉掛け作業のそれぞれにおける，事業者が実施すべき安全対策について，おおよそ以下のような主旨の内容を1つずつ記述できればよい。

　解答に関連する法規としては，「クレーン等安全規則」が挙げられる。

（カッコ内の条文番号については解答に記載する必要はない）

	事業者が実施すべき安全対策
①移動式クレーン作業	・移動式クレーンによる作業の方法や転倒防止の方法，労働者の配置や指揮系統などについて定め，関係労働者に周知する。（クレーン等安全規則第66条の2） ・移動式クレーンの運転についての合図を統一的に定め，関係請負人に周知させる。（労働安全衛生規則第639条） ・巻過防止装置，ブレーキ，クラッチ及びコントローラーの機能について点検を行う。（クレーン等安全規則第36条第1号） ・移動式クレーンの運転について，作業を実施するのに必要な資格を保有する者にのみ行わせるよう徹底する。（労働安全衛生法第61条第1項） ・作業の際に，アウトリガーまたはクローラを最大限に張り出す。（クレーン等安全規則第70条の5） ・労働者に対し，移動式クレーンの上部旋回体と接触することにより危険が生ずるおそれのある箇所への立入禁止の措置をとる。（同規則第74条） ・労働者に対し，吊り上げられている荷の下への立入禁止の措置をとる。（同規則第74条の2）
②玉掛け作業	・玉掛け作業時に使用するワイヤロープ等について，その日の作業を開始する前に異常の有無の点検を行う。（同規則第220条第1項） ・点検によってワイヤロープ等の異常を認めた時は直ちに補修する。（同規則第220条第2項） ・玉掛け作業を実施するのに必要な資格を保有する者にのみ作業を行わせるよう徹底する。（労働安全衛生法第61条第1項）

選択問題（2）

問題9　工程管理（横線式工程表の作成）

設問の横線式工程表は，以下のようになる。

したがって，全所要日数は 28 日である。

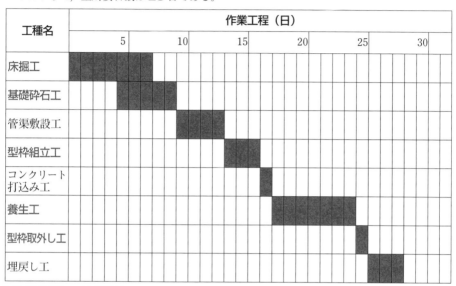

工種名	作業工程（日）						
	5	10	15	20	25	30	
床掘工	■■■■■■						
基礎砕石工	■■■						
管渠敷設工		■■■					
型枠組立工			■				
コンクリート打込み工				■			
養生工				■■■■			
型枠取外し工					■		
埋戻し工					■■		

全所要日数：　　28　日

第一次検定

No.1　土工作業の種類と使用機械
【正答　1】

1 ○　ブルドーザは，トラクタに土砂を押す排土板を取り付けた建設機械である。掘削，押土，短距離の運搬作業に用いられる他，敷均しや伐開・除根にも使用される。

2 ×　バックホゥは，バケットを車体側に引き寄せて掘削する方式の建設機械である。法面仕上げや溝掘りのように，機械位置よりも低い場所の掘削に用いられる。機械位置よりも高い場所の掘削に用いられるのはローディングショベルである。

3 ×　トラクターショベルは，ローダとも呼ばれ，前部に装着したバケットで土砂を掘削し，すくい，積込みを行う建設機械である。トラクタの形式によって，ホイール式（車輪式）とクローラ式に分類される。トラクターショベルは，車体の形状から，機械位置よりも高い場所の掘削や狭い場所での深い掘削には用いられない。

4 ×　スクレーパは，大規模な土工作業で用いられる建設機械である。土砂の掘削，積込み，長距離運搬，まき出し，敷均しを一貫して行う高い作業性能を持つが，押土には用いられない。

No.2　法面保護工の工種と目的
【正答　1】

1 ×　種子吹付け工は，浸食防止，凍上崩落抑制，植生による早期全面被覆等を目的として，吹付専用機械で植生基材・浸食防止材・肥料・種子を混合し，低粘度スラリー状にした種子を直接法面に吹き付け，散布する工法である。土圧に対抗して崩壊を防止する目的で施工される工種としては，石積・ブロック積擁壁工，コンクリート擁壁工等がある。

2 ○　張芝工は，切芝やロール芝を法面に張り付ける工法である。切土面の浸食防止や植生による早期の法面の全面被覆等を目的とする。特別な機械を必要とせずに法面保護ができるという特徴がある。

3 ○　モルタル吹付け工は，表流水の浸透防止や亀裂の多い岩の法面における風化やはく落，崩壊の防止等を目的として，法面にモルタルを吹き付ける工法である。施工が比較的簡便で地山の風化・浸食防止効果が高いという特徴がある。

4 ○　コンクリート張工は，斜面の風化や浸食の防止，岩盤の軽微なはく落の防止等を目的として，直接法面にコンクリートを打設する工法である。厚さは 20 ～ 80cm が一般的であるが，地山の状態，法高，法勾配及び凍結の有無等を考慮して決定する。

No.3　道路における盛土の施工
【正答　4】

1 ○　盛土の締固め目的は，完成後に求められる強度，変形抵抗及び圧縮抵抗を

確保することである。道路の盛土については，交通荷重を支持する層として適切な**支持力**と変形**抵抗性**が求められる。

2○　盛土の締固めにおいては，**盛土全体が均等になるように締め固める**ことにより，水平かつ均一な品質の盛土にすることが重要である。そのため，盛土材料は薄層でていねいに敷き均し，特に高まきは避けなければならない。

3○　盛土の敷均し厚さは，盛土の**目的**，締固め機械と施工法，及び**要求される**締固め度などの**条件によって左右される**。道路盛土の場合，**路体では35〜45cm以下**，路床では25〜30cm以下としている。河川堤防では，35〜45cm以下としている。

4×　盛土工における構造物縁部の締固めは，盛土部の基礎地盤の沈下及び盛土自体の沈下等により段差が生じやすいため，**ランマなどの小型の締固め機械**を用いて入念に行う。

No.4　地盤改良工法
【正答　3】

1○　**サンドマット工法**は，表層処理工法の一種である。**軟弱地盤上に厚さ0.5〜1.2m程度の透水性の高い砂層（サンドマット）を施工し**，軟弱層の圧密のための上部排水層としての役割を果たすとともに，地盤改良や盛土のまき出しに必要な重機のトラフィカビリティーを確保する。

2○　**バイブロフローテーション工法**は，締固め工法の一種である。棒状の振動機をゆるい砂地盤中で振動させながら水を噴射し，振動と水締めの効果によ

り地盤を締め固めると同時に，生じた空隙に砂利などを充填して地盤を改良する工法で，緩い砂質**地盤の改良**に適している。

3×　**深層混合処理工法**は，軟弱地盤の表面から深層までの土とセメントや石灰などの処理安定材とを混合することで地盤強度の増大を図る工法で，**固結工法に該当する**。

締固め工法に該当する工法としては，2のバイブロフローテーション工法の他，サンドコンパクションパイル工法等がある。

4○　**ディープウェル工法**は，井戸用の鋼管を地中深くに設置し，井戸の中に流入した地下水をポンプでくみ上げることで地盤中の地下水位を低下させる工法である。**透水性の高い地盤の改良に適する工法**であり，地下水位の低下により，それまで受けていた浮力に相当する荷重を下層の軟弱層に載荷して，圧密促進や地盤の強度増加を図る。

No.5　コンクリートの混和材料
【正答　1】

1○　**フライアッシュ**は，火力発電所で微粉炭を燃焼した際に発生する煙突ガスに含まれる塵から生成されるコンクリート用混和材料である。セメントにフライアッシュを混合すると，**コンクリートの水和熱が減少する**ため，温度上昇の低減を目的として使用される。また，コンクリートのワーカビリティーの改善や単位水量の減少，長期材齢強度の増進などにも効果がある。

2×　**シリカフューム**は，二酸化ケイ素

（SiO₂）を主成分とする，ポゾラン（水酸化カルシウムと常温で徐々に不溶性の化合物となる混和材）の一種である。水和熱による温度上昇の低減ではなく，水密性の向上や長期強度の増進などの目的に使用される。

3 × **AE減水剤**は，AE剤（コンクリート中の微細な独立した気泡を一様に分布させる混和剤）と減水剤（コンクリートの単位水量や単位セメント量の低減を目的とする混和剤）の両方の効果を併せ持つ混和剤である。水和熱による温度上昇の低減ではなく，コンクリートの耐凍害性の向上や単位水量の減少などの目的に使用される。

4 × **流動化剤**は，高性能減水剤の一種である。減水率が特に高く，水和熱による温度上昇の低減ではなく，流動化後のコンクリートのスランプロスの低減や，単位水量・単位セメント量の低減による温度ひび割れの抑制などの目的に使用される。

No.6　コンクリートのスランプ試験
【正答　2】

1 ○ スランプ試験は，**現場におけるコンクリートの軟らかさ**を判断するための**スランプ値**を測定する試験である。スランプ試験において，固まる前のコンクリートを入れる**スランプコーン**は，高さ30cmのものを使用する。

2 × スランプ試験においてコンクリートをスランプコーンに詰める際は，コンクリートをほぼ等しい量の3層に分ける。

3 ○ スランプ試験においては，詰めたコンクリートの**各層を突き棒で25回**

ずつ一様に突くと定められている。

4 ○ スランプ試験において，スランプコーンに詰めたコンクリートは，上面を均した後，スランプコーンを静かに引き上げ，**コンクリートの中央部でスランプ値を測定する**。スランプ値の測定幅は，0.5cm単位と定められている。

No.7　フレッシュコンクリート
【正答　1】

1 × **ブリーディング**とは，**コンクリートの練混ぜ水の一部が遊離してコンクリート表面に上昇する現象**である。コンシステンシーとは，フレッシュコンクリートにおける**変形または流動に対する抵抗性の程度を表す性質**のことである。

2 ○ **材料分離抵抗性**とは，コンクリート中の材料が**分離**することに対する**抵抗性**のことを指す。一般に，コンクリートの単位水量が大きくなると，**材料分離抵抗性**が**低下**する。

3 ○ **ワーカビリティー**とは，コンクリートの一連の作業（運搬，打込み，締固め，仕上げ等）のしやすさを示す性質のことを指す。一般的には，**ワーカビリティーの判定**には**スランプ試験**が用いられる。

4 ○ **レイタンス**とは，ブリーディングに伴い，フレッシュコンクリートの表面に浮かび上がって沈殿・形成される微細な物質のことである。

No.8　鉄筋の加工及び組立て
【正答　3】

1 ○ **鉄筋の加工**は，原則として常温で行い，加熱加工は行わない。また，やむ

を得ず加熱加工する場合でも，急冷はせず，できるだけゆっくりと冷ます。

2 ○　検査の結果，鉄筋の加工及び組立が適切でないと判断された場合であっても，一旦曲げ加工した鉄筋については，曲げ戻しを行わないのが原則である。やむを得ず曲げ戻しを行う場合は，曲げ及び曲げ戻しをできるだけ大きな半径で行うか，加工部の鉄筋温度が 900 ～ 1000℃で加熱加工する。

3 ×　鉄筋同士の交点の要所は，原則として溶接で固定せず，直径 0.8mm 以上の焼なまし鉄線または適切なクリップを用いて緊結しなければならない。

4 ○　鉄筋は，泥や油，浮きさびといった腐食の原因となる異物の付着を防ぐため，組立後の鉄筋を長期間大気にさらすことは避けるのが原則である。やむを得ず長期間大気にさらす場合は，鉄筋表面に防錆処理を施す。

No.9　既製杭の打撃工法
【正答　1】

1 ×　打撃工法による群杭の打込みにおいては，杭群の中央部から周辺部に向かって順に打ち進む。周辺部の杭から打込みを行うと，杭の打込みによって中央部の土中圧力が高くなり，中心部の打込みに支障が生じることがある。

2 ○　打撃工法は，打込み杭工法の一種である。打込み杭工法は，一般に中掘り杭工法に比べ締固め効果が高く，杭の支持力は大きいが，施工時の騒音や振動が大きいという特徴がある。

3 ○　既製杭の打撃工法では，ドロップハンマやディーゼルハンマ，油圧ハンマによって杭に打撃を加えることで杭を地盤に貫入させる。

4 ○　打撃工法においては，打込みに際して試し打ちを行い，杭心位置や角度を確認した後に本打ちに移るのがよいとされている。

No.10　場所打ち杭の工法と資機材
【正答　1】

1 ×　リバースサーキュレーション工法は，スタンドパイプを建て込み，スタンドパイプ以深の地下水位を高く保ちつつ孔壁を保護・安定させながら，水を循環させて削孔機で掘削する工法である。ケーシングを建て込み，安定液としてベントナイト水を用いるのはアースドリル工法である。

2 ○　アースドリル工法とは，比較的崩壊しやすい地表部にケーシングを建て込み，以深は安定液によって形成されるマッドケーキと，地下水との水位及び比重の差による相互作用で孔壁を安定させる工法である。アースドリルによる掘削にはバケットを用いる。バケットには，砂質土やシルト，粘土質の地盤の掘削に用いるドリリングバケットや，転石や砂礫の場合に用いるチョッピングバケット，底ざらい用の底ざらいバケットなどがある。

3 ○　深礎工法は，掘削孔が自立する程度に掘削して，ライナープレート等の土留材を用いて孔壁の崩壊を防止しながら，人力または削岩機などの機械で掘削する工法である。

4 ○　オールケーシング工法は，掘削孔の全長に渡ってケーシングチューブを挿入して孔壁を保護しながら，ハンマーグラブで掘削する工法である。

No.11　土留め工法の施工
【正答　3】

1○　自立式土留め工法は，主として掘削側の地盤の抵抗によって土留め壁を支持する工法であり，切梁や腹起しなどの支保工を必要としない。

2○　切梁り式土留め工法は，切梁や腹起し等の支保工と掘削側の地盤の抵抗によって土留め壁を支持する工法である。支保工には，中間杭や火打ち梁を用いる場合もある。

3×　ボイリングとは，砂質地盤で地下水位以下を掘削し遮水性の土留め壁を用いた際に，土留め壁の両側の水位差により上向きの浸透流が生じ，沸騰したように砂が吹き上がる現象である。

　　ヒービングは，軟弱な粘土質地盤を掘削した時に，土留め背面の土の重量や土留めに接近した地表面での上載荷重等により，掘削底面が盛り上がり，最終的には土留め崩壊に至る現象である。

4○　パイピングとは，砂質土地盤の弱い箇所の土粒子が浸透流により洗い流されることで地中に水みちが拡大し，最終的にボイリングがパイプ状に発生する現象である。

No.12　鋼材の応力度とひずみの関係
【正答　2】

1○　点Pは「比例限度」であり，応力度とひずみが比例する最大限度を指す。

2×　点Y_uは「上降伏点」であり，応力度が増えないのにひずみが急激に増加しはじめる点を指す。弾性変形をする最大限度を指す「弾性限度」は，点E

である。

3○　点Uは，縦軸の値が最大応力度を表しており，応力度が最大となる。

4○　点Bは「破壊点（破断点）」と呼ばれ，材料が破断しはじめる点を指す。

No.13　鋼材の溶接接合
【正答　4】

1×　開先溶接の始端と終端は，溶接欠陥が生じやすいので，エンドタブという部材を設ける。スカラップ（切欠）とは，鋼材の溶接接合部の継ぎ目同士が重なるのを避ける為に母材に設ける部分的な円弧状の切り込みのことである。

2×　溶接を行う際は，溶接線近傍を十分に乾燥させなければならない。

3×　すみ肉溶接は，ほぼ直交する2つの部材の交わった表面部に溶着金属を溶接するもので，原則として裏はつりを行うのは，開先溶接である。

4○　エンドタブは，溶接終了後，ガス切断法により除去する必要がある。また，除去した跡はグラインダ仕上げを施す。

No.14　コンクリート構造物の耐久性向上対策
【正答　4】

　塩害は，コンクリート中に浸入した塩化物イオンが劣化要因となり，鉄筋の腐食を引き起こす現象である。また，凍害は，寒冷地においてコンクリート中の水分が凍結・膨張と融解を繰り返し（凍結融解作用），その際に発生する凍結膨張圧がコンクリートの劣化をもたらす現象である。

1×　塩害対策としては，水セメント比をできるだけ小さくし，コンクリートの密度を上げることで塩化物イオンの

浸入を防止する方法がある。

2 ×　**膨張材**は，硬化過程においてコンクリートを膨張させる混和剤である。初期の材令においてコンクリートを膨張させることで**収縮率を抑制し**，乾燥収縮や硬化収縮などに起因するひび割れの発生を低減することができるが，塩害対策としては用いられない。

3 ×　水分を多く含むほど凍結時のコンクリートの膨張も大きくなる。そのため，凍害対策として，吸水率の小さい骨材が使用されることがある。

4 ○　AE減水剤に含まれる AE 剤は，**コンクリート中に微細な独立した気泡を一様に分布させる混和剤**である。AE剤にはコンクリートのワーカビリティーの改善や分離しにくくなる効果や，凍結や融解に対する抵抗性の向上が期待できる。そのため，凍害対策として，AE減水剤が使用されることがある。

No.15　河川堤防の施工
【正答　2】

1 ○　**堤防の腹付け工事**では，腹付けを行う接合面は弱点になりやすいため，旧堤防の表層を階段状に段切りし，腹付けと旧堤防との接合面の密着性を高めるようにする。

2 ×　引堤工事を行った場合の旧堤防については，新堤防が完成後，順次撤去する。その際，旧堤防は，新堤防の地盤が十分安定した後に撤去を行う。

3 ○　堤防の腹付け工事では，一般に旧堤防の裏法面に腹付けを行う。表法面への腹付けは，陸側の土地が利用できない等，裏法面への腹付けが困難な場合

に限られる。

4 ○　河川堤防の盛土の施工では，堤体への雨水の帯水や浸透による法面浸食の防止のため，**堤体横断方向に排水用の勾配を設ける**などの措置を行う。

No.16　河川護岸
【正答　1】

1 ○　**根固工**は，流水による水衝部等での河床の洗掘の防止や，基礎工や法覆工の保護を目的として，護岸の基礎工の前面に設置される構造物のことを指す。

2 ×　高水護岸は，橋梁や堰などの構造物の上下流における流れの強くなる場所に設置され，複断面の河川において高水時に堤防の**表法面を保護するため**に施工する。

3 ×　護岸基礎工の天端の高さは，一般に洗掘に対する保護のため，**計画河床高または現在の河床高のうちどちらか低い方**より 0.5 ～ 1.5m 埋め込んで施工する。

4 ×　法覆工における**間知ブロック積工**は，一般に法勾配が急で流速が大きい場所で用いられる。緩勾配で，流速が小さい場所では平板ブロック等の張り護岸とする場合が多い。

No.17　砂防えん堤
【正答　2】

1 ○　本えん堤の袖は，洪水を越流させないために設けられるもので，**土石などの流下による衝撃に対して強固な構造とする**。また，両岸に向かって上り勾配で設けられる。勾配は上流の計画堆砂勾配と同程度またはそれ以上として設計する。

2 ✕　本えん堤の堤体基礎の根入れは，基礎の不均質性や風化速度を勘案し，一般的には**基礎地盤が岩盤の場合で1〜2m以上，砂礫層で2〜3m以上**行うのが通常である。

3 ○　**前庭保護工**は，本えん堤を越流した落下水による前庭部の洗掘の防止，及び土石流の勢いの減衰を目的として，堤体の下流側に設置される構造物である。

4 ○　**本えん堤の堤体下流の法勾配**は，越流土砂による損傷を受けないよう，一般に**1：0.2を標準**とする。ただし，流出土砂の粒径が小さく，かつ質量が少ない場合は，必要に応じてより緩やかにすることができる。

No.18　地すべり防止工
【正答　3】

1 ✕　**杭工**は，地すべり斜面における土塊の下層の不動土層に鋼管などの杭を打ち込むことで，斜面の安定を高め，地すべり運動の一部または全部の停止を図る工法で，**抑止工**に区分される。

2 ✕　**集水井工**は，抑制工の一種で，地下水が集水できる堅固な地盤に，井筒を設けて**集水孔や集水ボーリングで地下水を集水**し，原則として**自然排水**を行い，間隙水圧を低下させるための工法である。

3 ○　**横ボーリング工**は，抑制工の一種で，帯水層に向けてボーリングを行い，地下水を排除する工法である。横ボーリングは，地すべり斜面に向かって水平よりやや**上向き**に施工する。

4 ✕　**排土工**は抑制工の一種で，**地すべり頭部の不安定な土塊を排除**し，土塊の

滑動力を減少させる工法である。

No.19　アスファルト舗装における上層路盤の施工
【正答　2】

1 ○　アスファルト舗装の上層路盤の施工における**粒度調整路盤**では，材料の分離に留意しながら路盤材料を均一に敷き均し締め固めて仕上げる。1層の仕上り厚は，**15cm以下**を標準とする。

2 ✕　アスファルト舗装の上層路盤における**加熱アスファルト安定処理路盤**の敷均しは，一般には**アスファルトフィニッシャ**で行う。1層の仕上り厚を**10cm以下**で行う工法と10cm超の厚さで仕上げる工法とがある。

3 ○　**セメント安定処理路盤材料**は，一般に路上混合方式により製造する。セメント安定処理路盤においては，1層の**仕上り厚さを上層路盤では10〜20cm，下層路盤では15〜30cm**を標準とする。

4 ○　**石灰安定処理工法**は，骨材中の粘土鉱物と石灰との化学反応により安定させる工法であり，セメント安定処理工法に比べて強度の発現が遅いが，長期的には耐久性や安定性が期待できる。**石灰安定処理路盤の締固めは，最適含水比よりやや湿潤状態**で行う。

No.20　アスファルト混合物の施工
【正答　3】

1 ○　**気温が5℃以下のアスファルト混合物**の施工では，所定の締固め度が得られることを確認したうえで施工する。また，敷均し後，速やかに早期転圧に努める必要がある。

2○　敷均し時の加熱アスファルト混合物の温度は，路面の平坦性を確保するため，一般に110℃を下回らないようにする。

3×　初転圧の際は，ヘアクラックが発生しないよう考慮しながら，**なるべく高い温度(110～140℃)で行う**。また，ロードローラへの混合物付着の防止のため，ローラに少量の水または軽油などを薄く塗布する。

4○　アスファルト舗装における**転圧終了後の交通開放は，舗装表面温度が50℃以下となってから行う**のが一般的である。これにより，初期のわだち掘れや変形を少なくすることができる。

No.21　アスファルト舗装の破損
【正答　4】

1○　**沈下わだち掘れ**は，交通荷重や舗装の劣化等の影響により路床・路盤の圧縮変形が促進されて沈下し，車両の通過位置が同じところにおいて道路の横断方向に生じる凹凸状の破損である。

2○　**線状ひび割れ**は，縦・横に幅5mm程度で長く生じるひび割れである。路盤の支持力が不均一な場合や舗装の継目に生じる破損であり，路盤も損傷している可能性があるため，詳細な調査を実施して修繕計画を立てる。

3○　**亀甲状ひび割れ**は，路床・路盤の支持力低下によって，線状ひび割れが深く進行することにより発生する。

4×　流動わだち掘れは，車両の過重によりアスファルト混合物が飴のように変形することで発生する道路の横断方向の凹凸である。

No.22　コンクリート舗装
【正答　2】

1○　**普通コンクリート舗装**は，コンクリート版が温度変化によって一定程度の膨張や収縮を繰り返し，反り等が発生するが，これを許容するために一般に**目地を設けることが必要**である。目地には，車線方向に設ける**縦目地**，車線に直交して設ける**横目地**がある。

2×　コンクリート舗装は，コンクリート版の曲げ抵抗で交通荷重を支えるため**剛性舗装**と呼ばれる。一方，アスファルト舗装は荷重によって多少たわんでも復元性のある舗装のため，**たわみ性舗装**と呼ばれる。

3○　**普通コンクリート舗装**は，アスファルト舗装に比べ**養生期間が長く，部分的な補修が困難**であるという特徴がある。

4○　コンクリート舗装は，アスファルト舗装に比べ**耐久性に富む**という特徴がある。また，火災に対する抵抗力も大きいため，**トンネル内の舗装**等に用いられる。

No.23　ダムの施工
【正答　2】

1○　**転流工**は，ダム本体工事を確実かつ容易に施工するため，**工期期間中の河川の流れを迂回させる**ものである。比較的川幅が狭く，流量が少ない日本の河川では，**仮排水トンネル方式**が多く用いられている。

2×　爆破掘削によるダム本体の基礎の掘削で一般的に用いられるのは，**大量掘削に適したベンチカット工法**である。ブレーカによる基礎掘削は，爆破によ

る掘削が困難な場合に用いられる。

3 ○　重力式コンクリートダムにおける**基礎処理**は，基礎地盤及びリム部の地盤における高透水部の遮水性の改良を目的とする**カーテングラウチング**，またはコンクリートダムの着岩部付近の遮水性改良と岩盤の一体化を目的とする**コンソリデーショングラウチング**の施工が一般的である。

4 ○　重力式コンクリートダムの**堤体工**には，ブロック割して施工する**ブロック工法**と，超硬練りに配合されたコンクリートをダムの堤体全面に水平に連続して打ち込む **RCD 工法**がある。**RCD 工法**では，コンクリートを**ダンプトラック**で運搬し，ブルドーザで敷き均し，振動ローラ等で締め固めるのが一般的である。

No.24　トンネルの山岳工法における支保工
【正答　4】

1 ○　**ロックボルト**は，掘削によって緩んだ岩盤を緩んでいない地山に固定し，落下を防止するなどの効果がある。内圧効果，アーチ形成効果なども認められている。また，**ロックボルト**は，特別な場合を除いて，**トンネル掘削面に対して直角**に設ける。

2 ○　吹付けコンクリートは，地山の凹凸をなくすように吹き付ける。また，鋼アーチ式支保工の支保機能を高めるため，**鋼アーチ式（鋼製）支保工と一体化**するように注意して吹き付ける。

3 ○　**トンネルの山岳工法**における**支保工**は，岩石や土砂の崩壊防止，及び**作業の安全確保**を目的として設ける。

4 ×　鋼アーチ式（鋼製）支保工は，吹付けコンクリートの補強や掘削断面の切羽の早期安定などの目的で行う。鋼アーチ式支保工は，**一次吹付けコンクリート施工後**に，Ｈ型鋼材などをアーチ状に組み立て，所定の位置に正確に建て込む。

No.25　海岸堤防の消波工
【正答　3】

1 ○　消波工に一般に用いられる**異形コンクリートブロック**は，ブロックとブロックの間を波が通過することにより，**波のエネルギーを減少**させる。このためには，消波工自体が波のエネルギーに対して安定していることが前提となる。

2 ○　**異形コンクリートブロック**は，海岸堤防の消波工のほかに，**海岸の侵食対策としても多く用いられる**。なお，侵食対策施設には，漂砂制御施設と養浜が挙げられる。

3 ×　**層積み**は，異形コンクリートブロックを整然と規則正しく配列する積み方である。**外観を美しく整えやすい**，設計どおりの据付けが可能，据付け当初から安定性がよいといった特徴がある。ただし，**捨石均し面に凹凸がある**場合は据付けに支障をきたす。

4 ○　**乱積み**は，異形コンクリートブロックを投げ込みのまま積み上げる手法である。荒天時の高波を受けるたびに沈下し，**徐々にブロック同士のかみ合わせがよくなるため安定性は高まる。

No.26　グラブ浚渫の施工
【正答　3】

1 ×　グラブ浚渫船は，グラブバケットで海底の砂をつかみ，ウインチとワイヤーで吊り上げて浚渫するタイプの浚渫船である。作業半径を小さくとることができるため，**岸壁や防波堤など構造物前面の浚渫や，狭い場所での浚渫にも使用できる**という特徴がある。

2 ×　**非航式グラブ浚渫船**は，自力航行ができないため，標準的な船団は，**グラブ浚渫船と非自航式土運船**の他，引船及び**自航揚錨船で構成される。**

3 ○　浚渫作業は水中で行うため，掘り跡にはどうしても凹凸が発生する。したがって，**計画した浚渫の面積を一定にした水深に仕上げるためには**，余掘りを行った後に掘削底面に仕上げを施すことが必要となる。

4 ×　グラブ浚渫後の出来形確認測量は，原則として音響測深機を用いて行う。測量作業は，出来形に不具合があった場合に速やかに修正ができるよう，**工事現場にグラブ浚渫船がいる間に行う。**

No.27　鉄道工事における道床及び路盤の施工
【正答　2】

1 ○　**バラスト道床**は，コンクリート道床と比較して**安価で施工・保守が容易で**あるが，軌道狂いが生じやすく，また列車通過時の風圧等でバラストが飛散するおそれがあるため，**定期的な軌道の修正・修復が必要**である。

2 ×　バラスト道床に用いる**砕石**は，強固で**耐摩耗性に優れ**，単位容積質量やせん断抵抗角の**大きい**ものを選ぶ。また，入念な締固めが必要である。

3 ○　**路盤**は，軌道を支持するもので，軌道に対して**十分強固で適当な弾性を確保する**とともに，適切な排水勾配を設けるなどして排水に**考慮する**必要がある。

4 ○　**路盤**とは，道床を直接支持する部分のことを指し，使用する材料により，粒度調整砕石を用いた**強化路盤**や良質土を用いた**土路盤**等に大別される。

No.28　鉄道の営業線近接工事
【正答　3】

営業線近接工事の工事従事者の任務，配置等については，日本鉄道施設協会「営業線工事保安関係標準仕様書（在来線）」4-3工事従事者の任務,配置及び資格等（別表）に示されている。

1 ○　**列車見張員**は，線路に近接している作業現場における**列車の進来の監視や，列車の安全運行，作業員の安全確保を職務とする。工事現場ごとに専任の者を配置する**ことが義務づけられており，他の作業従事者がこれらを兼任することはできない。

2 ○　**工事管理者**は，主任技術者の下で工事全体の管理を担う。**工事現場ごとに専任の者を常時配置し，必要に応じて複数人数を配置しなければならない**と定められている。

3 ×　**軌道作業責任者**は，軌道工事における作業の指揮を職務とし，作業集団ごとに専任の者を常時配置しなければならない。

4 ○　**軌道工事管理者**は，**軌道工事における遮断機や重機，軌道用諸車などの管**

理及び使用責任を担う。工事現場ごとに専任の者を常時配置しなければならないと定められている。

No.29　シールド工法
【正答　4】

1○　シールド工法は，シールドの外殻やセグメントなどで坑壁の崩壊を防止しながら，掘削，覆工を行いトンネルを構築していく工法である。開削工法が困難な都市の下水道，地下鉄，道路工事などで多く用いられる。

2○　シールド掘進後は，セグメントの外周に空隙が生じるため，その空隙にはモルタルなどを注入する。地山が崩れようとする力に対してジャッキで押す力等で対抗し，地盤の緩みと沈下を防止する。

3○　シールド（シールドマシン）は，フード部，ガーダー部及びテール部の3つに区分される。シールドのフード部は，トンネルを掘削する切削機械を備えている。

4×　シールドは，切羽安定機構により開放型と密閉型に分類される。密閉型シールドとは，フード部とガーダー部が隔壁で仕切られているものを指す。開放型シールドは，隔壁を設けずに，掘削機械または人力によって地山を掘削する。

No.30　上水道の管布設工
【正答　1】

1○　鋼管の運搬にあたっては，塗装部分を傷めないよう，塗装面を防護した上で管端の非塗装部分に当て材を介して支持する。

2×　管の布設は，原則として低所から高所に向けて行い，受口のある管は受口を高所に向けて配管する。

3×　ダクタイル鋳鉄管の据付けにあたっては，必ず管体の表示記号を確認する。また，管径，年号の記号を上に向けて据え付け，事後の確認が容易になるように配慮する。

4×　鋳鉄管の切断は，直管は切断機で行うことを標準とするが，異形管は管内面ライニング等への悪影響を及ぼすため，変形させたり，切断して使用してはならない。

No.31　下水道の遠心力鉄筋コンクリート管（ヒューム管）の名称
【正答　4】

（イ）の名称はいんろう継手，（ロ）の名称はカラー継手，（ハ）の名称はソケット継手である。したがって，正答は4である。

No.32　労働基準法（賃金）
【正答　2】

1○　賃金とは，賃金，給料，手当，賞与その他名称の如何を問わず，労働の対償として使用者が労働者に支払うすべてのものと定義されている。（労働基準法第11条）

2×　未成年者は，独立して賃金を請求することができる。未成年者の親権者または後見人は，未成年者の賃金を未成年者に代って請求し受け取ってはならないと定められている。（同法第59条）

3○　賃金の最低基準に関しては，最低賃金法の定めるところによると定められている。（同法第28条）

4○　賃金は，原則として，通貨で，直接労働者に，その全額を支払わなければ

ならないと定められている。（同法第24条第1項）

No.33　労働基準法（災害補償）
【正答　1】

1 ×　使用者は，労働者が業務上負傷し，または疾病にかかった場合は，必要な療養を行い，または必要な療養の費用を負担しなければならないと定められている。（労働基準法第75条第1項）

2 ○　労働者が業務上負傷し，または疾病にかかった場合に，労働者が補償を受ける権利は，譲渡，または差し押さえをしてはならないと定められている。（同法第83条第2項）

3 ○　使用者は，労働者が業務上負傷し，または疾病にかかり，治った場合，労働者の身体に障害が残ったときは，平均賃金にその障害の程度に応じて定められた日数を乗じて算定した金額の障害補償を行わなければならないと定められている。（同法第77条）

4 ○　労働者が業務上死亡した場合においては，使用者は，遺族に対して，平均賃金の1,000日分の遺族補償を行わなければならないと定められている。（同法第79条）

No.34　労働安全衛生法（技能講習を修了した作業主任者でなければ就業させてはならない作業）
【正答　1】

作業主任者の選任を必要とする作業については，労働安全衛生法施行令第6条の各号に定められている。

1 ×　上部構造（部材の高さ5m以上，または支間が30m以上である部分）がコンクリート造の橋梁の架設・変更の作業は，コンクリート橋架設等作業主任者技能講習を修了した者のうちから，コンクリート橋架設等作業主任者を選任しなければならないと定められている。（同法施行令第6条第16号，同規則第517条の22）

したがって，高さが5m未満の場合は作業主任者の選任は必要としない。

2 ○　型枠支保工の組立てまたは解体の作業は，型枠支保工の組立て等作業主任者技能講習を修了した者のうちから，型枠支保工の組立て等作業主任者を選任しなければならないと定められている。（同法施行令第6条第14号，同規則第246条）

3 ○　掘削面の高さが2m以上となる地山の掘削（ずい道及びたて坑以外の坑の掘削を除く）の作業は，地山の掘削及び土止め支保工作業主任者技能講習を修了した者のうちから，地山の掘削作業主任者を選任しなければならないと定められている。（同法施行令第6条第9号，同規則第359条）

4 ○　土止め支保工の切りばりまたは腹起こしの取付けまたは取り外しの作業は，地山の掘削及び土止め支保工作業主任者技能講習を修了した者のうちから，土止め支保工作業主任者を選任しなければならないと定められている。（同法施行令第6条第10号，同規則第374条）

No.35　建設業法
【正答　4】

1 ○　建設業法には，建設業の許可（第2章），請負契約の適正化（第3章第1節），元請負人の義務（第3章第2節）

の他，建設業者の責務としての**施工技術の確保**（第4章）などが定められており，建設業者は，**建設工事の担い手の育成及び確保**その他の施工技術の確保に努めなければならないと定められている。（建設業法第25条の27第1項）

2○　建設業者は，建設工事の請負契約を締結するに際して，工事内容に応じ，**工事の種別ごとの材料費，労務費**その他の経費の内訳並びに工事の工程ごとの作業及びその準備に必要な日数を明らかにして，建設工事の見積りを行うよう努めなければならないと定められている。（同法第20条第1項）

3○　建設業法上，「**建設業とは，元請，下請その他**いかなる名義をもってするかを問わず，建設工事の完成を請け負う営業をいう」と定義されている。（同法第2条第2項）

4×　**主任技術者**及び監理技術者は，工事現場における建設工事を適正に実施するため，当該建設工事の**施工計画の作成，工程管理，品質管理**その他の技術上の管理を行わなければならないと定められている。（同法第26条の4第1項）

　　　ただし，そこに経理上の**管理は含ま**れていない。

No.36　道路法（占用許可）
【正答　4】

　道路の占用の許可を受ける際には，道路管理者の許可を受けなければならないと定められており（道路法第32条），占用許可を受ける際に，**道路管理者に提出すべき申請書に記載する事項**は以下のとおりである。

一　道路の占用（中略）の目的

二　道路の占用の期間

三　道路の占用の場所

四　工作物，物件または施設の構造

五　**工事実施の方法**

六　工事の時期

七　道路の復旧方法

（同法第32条第2項第1号～第7号）

　したがって，4の「**工事実施の方法**」が，**申請書に記載する事項**に該当するものである。

No.37　河川法
【正答　1】

1×　河川法上の河川とは**1級河川**（国土交通大臣が指定した河川）及び**2級河川**（都道府県知事が指定した河川）を指し，それぞれの河川の管理は指定者が行う。なお，1級及び2級河川以外の河川は**準用河川**と呼ばれ，市町村長が管理を行う。（河川法第4条，第5条，第100条）

2○　河川法上における**河川区域**は，以下の区域と定められている。（同法第6条第1項第1号～第3号）

　一　河川の流水が継続して存する土地及び**地形，草木の生茂**の状況その他その状況が河川の流水が継続して存する土地に類する状況を呈している土地の区域

　二　河川管理施設**の敷地**である土地の区域

　三　堤外の土地の区域のうち，第1号に掲げる区域と一体として管理を行う必要があるものとして河川管理者が指定した区域

堤防に挟まれた区域は，上記の第1号に該当する。

3○　河川法上の河川には，ダム，堰，水門，床止め，堤防，護岸等の河川管理施設も含まれるとされる。（同法第3条）

4○　河川法の目的は，河川が，洪水，津波，高潮等による災害の発生が防止され，河川が適正に利用され，流水の正常な機能が維持され，及び河川環境の整備と保全がされるように総合的に管理することにより，国土の保全と開発に寄与し，以て公共の安全を保持し，かつ，公共の福祉を増進することとされている。（同法第1条）

No.38　建築基準法（用語の定義）
【正答　3】

建築基準法上の建築設備とは，「建築物に設ける電気，ガス，給水，排水，換気，暖房，冷房，消火，排煙若しくは汚物処理の設備または煙突，昇降機若しくは避雷針をいう。」と定められている。（建築基準法第2条第3号）

また，建築基準法上の主要構造部とは，①壁，②柱，③床，④はり，⑤屋根，⑥階段と定義されている。（同法第2条第5号）

したがって，3の「階段」が，建築基準法上の建築設備に該当しないものである。

No.39　火薬類取締法
【正答　1】

1×　製造業者，販売業者，消費者等の火薬類を取り扱う者は，その所有し，または占有する火薬類，譲渡許可証，譲受許可証または運搬証明書を喪失し，または盗取されたときは，遅滞なく警察官または海上保安官にその旨を

届け出なければならないと定められている。（火薬類取締法第46条第1項）

2○　火薬庫の設置，移転またはその構造若しくは設備の変更しようとする者は，経済産業省令で定めるところにより，都道府県知事の許可を受けなければならないと定められている。（同法第12条第1項）

3○　火薬類を譲り渡し，または譲り受けようとする者は，経済産業省令で定めるところにより，原則として都道府県知事の許可を受けなければならないと定められている。（同法第17条第1項）

4○　火薬類を廃棄しようとする者は，経済産業省令で定めるところにより，原則として，都道府県知事の許可を受けなければならないと定められている。（同法第27条第1項）

No.40　騒音規制法（規制地域の指定）
【正答　4】

騒音規制法第3条第1項では，「都道府県知事（市の区域内の地域については，市長）は，住居が集合している地域，病院又は学校の周辺の地域その他の騒音を防止することにより住民の生活環境を保全する必要があると認める地域を，特定工場等において発生する騒音及び特定建設作業に伴って発生する騒音について規制する地域として指定しなければならない」と規定されている。

したがって，4が正答である。

No.41　振動規制法（特定建設作業の実施の届出）
【正答　4】

振動規制法第14条第1項では「指定地域内において特定建設作業を伴う建設工事

を施工しようとする者は，当該特定建設作業の開始の日の7日前までに，環境省令で定めるところにより，次の事項を市町村長に届け出なければならない。」と規定されている。

また，届出の内容については同条第1項第1号～第5号に以下のように規定されている。

一 氏名または名称及び住所並びに法人にあっては，その代表者の氏名

二 建設工事の目的に係る施設または工作物の種類

三 **特定建設作業の種類，場所，実施期間及び作業時間**

四 **振動の防止の方法**

五 その他環境省令で定める事項

さらに，同条第3項には，「届出には，**当該特定建設作業の場所の付近の見取図その他環境省令で定める書類を添付しなければならない。**」と規定されている。

「現場の施工体制表」は上記のいずれにも記載がないため，4が正答である。

No.42 港則法（許可申請）
【正答 2】

1○ 船舶は，**特定港内**または特定港の境界附近において**危険物を運搬しようとするときは，港長の許可を受けなければならない**と定められている。（港則法第22条第4項）

2× 船舶は，**特定港において危険物の積込・積替**または荷卸をする際には，**港長の許可を受けなければならない**と定められている。（同法第22条第1項）

3○ 特定港内においては，**汽艇等以外の船舶を修繕し，または係船しようとする者**は，その旨を**港長に届け出なければ**

ならないと定められている。（同法第7条第1項）

4○ **特定港内または特定港の境界附近で工事または作業をしようとする者**は，**港長の許可を受けなければならない**と定められている。（同法第31条第1項）

No.43 トラバース測量
【正答 4】

トラバース測量（基準点測量）は，基準点から順を追って測量して得られた測点を結合し，**測点間の各辺の長さと方位角（北を基準とした角度）**や方向角を算出することにより各点の位置を決めていく測量方法である。

測線ABの方位角が182°50′39″（182度50分39秒），測点Bの観測角が100°6′34″（100度6分34秒)であることから，測線BCの方位角は，以下の式で算出することができる。

測線BCの方位角
＝測線ABの方位角＋測点Bの観測角－180°

したがって，測線BCの方位角は，
182°50′39″＋100°6′34″－180°
＝102°57′13″

※角度の加減の際は，分（′）や秒（″）が60進法（1度＝60分，1分＝60秒）であることに注意する。

したがって，4が正答である。

No.44 公共工事標準請負契約約款
【正答 1】

1× **設計図書**とは，図面，仕様書，現場説明書及び**現場説明に対する質問回答書**をいう。（公共工事標準請負契約約款第1条第1項）

契約書は設計図書には含まれないの

48

で注意を要する。

2○　**現場代理人**は，同約款に基づく公共工事の契約の履行に関し，**工事現場に常駐しその現場の運営，取締りを行う**ほか，約款で受注者のみに付与されている一部の権限を除き，工事契約に基づく受注者の一切の権限を行使することができると定められている。（同約款第10条第2項）

　　言い換えれば，**現場代理人**とは，**契約を取り交わした会社の代理として，任務を代行する責任者**ということができる。

3○　現場代理人，監理技術者等（監理技術者，監理技術者補佐または主任技術者をいう。）及び専門技術者は，これを兼ねることができると定められている。（同約款第10条第5項）

4○　発注者は，工事完成検査において，設計図書に適合しない施工部分があると認められる客観的事実がある場合は，理由を明示した書面を受注者に示した上で，**工事目的物を最小限度破壊して検査することができる**と定められている。（同約款第32条第2項）

No.45　土木工事の図面の見方（ブロック積擁壁の断面図）
【正答　3】

ブロック積擁壁各部の名称は，以下のとおりである。

・L1…擁壁の直高
・L2…擁壁の地上高
・N1…裏込め材
・N2…裏込めコンクリート

したがって，3の組合せが正しい。

No.46　建設機械
【正答　4】

1×　バックホゥの性能は，JISによる定格容量（山積容量）を体積で示すバケット容量（m³）によって表示される。規格としては，「0.45m³級」「0.5m³級」「0.8m³級」「1.0m³級」がある。

2×　ダンプトラックの性能は，最大積載質量（t）によって表示される。

3×　クレーンの性能は，最大の定格総荷重（t）で表される。なお，定格総荷重とは各作業半径で吊り上げることができる最大の荷重を指し，定格総荷重から吊り具（フック，バケット等）の質量を引いた荷重を定格荷重と呼ぶ。

4○　ブルドーザの性能は，質量（全装備質量／運転質量）（t）で表される。

No.47　施工計画（事前調査）
【正答　2】

1○　現場周辺の状況，近隣施設，交通量，近接構造物，地下埋設物などの調査は，近隣環境の把握のための事前調査の対象と考えられる。

2×　設計図面及び仕様書の内容などの調査は工事内容の把握のための事前調査の対象と考えられるが，現場事務所用地の調査はその対象には含まれない。

3○　地質，地下水，湧水等の調査は，現場の自然条件の把握のための事前調査の対象と考えられる。

4○　労務の供給，資機材などの調達先などの調査は，労務・資機材の把握のための事前調査の対象と考えられる。

No.48 安全管理（労働者の危険防止措置）

【正答　1】

1 ×　事業者は，**橋梁支間30m以上の鋼橋の架設作業**を行うときは，物体の飛来または落下による労働者の危険を防止するため，当該作業に従事する**労働者に保護帽を着用させなければならない**。また，上記の作業に従事する**労働者は，保護帽を着用しなければならない**と定められている。（労働安全衛生法施行令第6条第15号の3，同規則第517条の10）

2 ○　事業者は，**明り掘削の作業**を行うときは，物体の飛来または落下による労働者の危険を防止するため，当該作業に従事する**労働者に保護帽を着用させなければならない**。また，上記の作業に従事する**労働者は，保護帽を着用しなければならない**と定められている。（同規則第366条）

3 ○　事業者は，**高さ2m以上の箇所で墜落の危険がある作業で作業床を設けることが困難なときは，防網を張り，要求性能墜落制止用器具を使用する**ことと定められている。（同規則第518条）

4 ○　事業者は，**つり足場，張出し足場，または高さが2m以上の構造の足場の組立て，解体等の作業**を行うときは，原則として**要求性能墜落制止用器具を安全に取り付けるための設備等を設け，かつ，要求性能墜落制止用器具を使用させる措置を講ずる**ことと定められている。（同規則第564条第1項第4号，第2項）

No.49 安全管理（コンクリート構造物の解体作業）

【正答　4】

コンクリート構造物の解体作業における安全管理に関する規定は，労働安全衛生規則第2編第8章の5「コンクリート造の工作物の解体等の作業における危険の防止」等に記載されている。

1 ○　事業者は，**高さ5m以上のコンクリート造の工作物の解体または破壊の作業**を行う際に，**強風，大雨，大雪等の悪天候**のため，作業の実施について危険が予想されるときは，**当該作業を中止しなければならない**と定められている。（同規則第517条の15第2号）

2 ○　事業者は，**高さ5m以上のコンクリート造の工作物の解体または破壊の作業**において，**外壁，柱等の引倒し等の作業**を行うときは，引倒し等について**一定の合図を定め，関係労働者に周知させる**ことと定められている。（同規則第517条の16第1項）

3 ○　事業者は，**高さ5m以上のコンクリート造の工作物の解体または破壊の作業**を行う際に，**器具，工具等を上げ，または下ろすときは，つり綱，つり袋等を労働者に使用させる**ことと定められている。（同規則第517条の15第3号）

4 ×　事業者は，**高さ5m以上のコンクリート造の工作物の解体または破壊の作業**を行うときは，**作業を行う区域内に関係労働者以外の労働者の立入りを禁止する**ことと定められている。（同規則第517条の15第1号）

No.50　品質管理（建設工事の工種・品質特性と試験方法）

【正答　2】

1 ○　土工の品質特性として**盛土の締固め度**を求める場合に実施される試験方法は，RI計器による**乾燥密度測定**などである。試験結果は，土の締まり具合の**判定**などに利用される。

2 ×　アスファルト舗装工の品質特性として，**加熱アスファルト混合物の安定度**を求める場合に実施される試験方法は**マーシャル安定度試験**である。平坦性試験は，品質特性として平坦性を求める場合に実施する。

3 ○　コンクリート工の品質特性として**コンクリート用骨材の粒度**を求める場合に実施される試験方法は，ふるい分け試験などである。骨材の粒度は，ふるい分け試験の結果から算出される**粗粒率**で表され，粗粒率が大きいほど粒度は粗くなる。

4 ○　土工の品質特性として**最適含水比**を求める場合に実施される試験方法は，突固めによる土の締固め試験などである。**最適含水比**は，最大乾燥密度が得られ，盛土が最もよく締まるとされる含水比である。

No.51　品質管理（レディーミクストコンクリート）

【正答　3】

1 ○　コンクリート標準示方書においては，**スランプの許容誤差**は，スランプ5cm以上8cm未満の場合は±1.5cm，スランプ8cm以上18cm以下の場合は±2.5cmである。したがって，スランプ12.0cmコンクリートの試験結果で許容されるスランプの上限値は，12.0cm＋2.5cm＝14.5cmとなる。

2 ○　フレッシュコンクリートの空気量試験の合格基準は，レディーミクストコンクリートの空気量の設定値によらず，±1.5%の範囲である。したがって，空気量5.0%のコンクリートの試験結果で許容される空気量の下限値は，5.0%－1.5%＝3.5%となる。

3 ×　レディーミクストコンクリートの品質管理項目は，強度，スランプ（またはスランプフロー），空気量，塩化物含有量の4つである。

4 ○　購入者は，納入されたレディーミクストコンクリートについて，品質が指定した条件を満足しているかどうかの品質検査を荷卸し地点で行わなければならない。

No.52　環境保全対策

【正答　4】

1 ×　騒音や振動の防止対策として，騒音・振動の絶対値を下げること及び**発生期間の短縮**を検討する。

2 ×　造成工事などの土工事においては，土の掘削や運搬の際に発生する**土ぼこり**が風に飛ばされることによる粉塵公害が問題になる。土ぼこりの防止対策としては，**散水養生**が容易に実施可能なため採用されることが多い。

3 ×　騒音の防止方法は，発生源での対策（騒音の少ない建設機械を採用するなど），伝搬経路での対策（発生源から受音点の間に遮蔽物を設ける，発生源から受音点までの距離を確保するなど），受音点での対策（受音点の家屋

を防音構造にするなど）に分類することができる。**建設工事に伴う騒音防止対策**では，**発生源での対策**が広く行われる。

4○　建設工事では，土砂，残土などを多量に運搬する場合，工事現場の内外を問わず運搬経路における騒音や振動が問題となることがある。**運搬車両の騒音や振動の防止**のためには，住宅地を迂回する運搬経路を検討するなど，施工計画の段階から騒音に対する対策を行う必要がある。また，道路及び付近の状況によって，**必要に応じ走行速度に制限を加える**ことも有効である。

No.53　建設リサイクル法（特定建設資材）

【正答　3】

1×　**建設発生土**は，リサイクル法（「**資源の有効な利用の促進に関する法律**」）に定められている「**再生資源**」（同法施行令別表第2）や「**指定副産物**」（同法施行令別表第7）には含まれている。

2×　**廃プラスチック類**は，廃棄物処理法（「廃棄物の処理及び清掃に関する法律」）において「産業廃棄物」の一種と定められている。（同法第2条第4項）

3○　**建設リサイクル法**（「**建設工事に係る資材の再資源化等に関する法律**」）に定められている**特定建設資材**としては，以下の4品目が定められている。（同法施行令第1条）
①コンクリート
②コンクリート及び鉄から成る建設資材
③木材

④アスファルト・コンクリート

4×　**ガラス類**は，**ガラスくず**として，**廃棄物処理法**（「廃棄物の処理及び清掃に関する法律」）において「**産業廃棄物**」の一種と定められている。（同法第2条第4項，同法施行令第2条第7号）

No.54　施工体制台帳・施工体系図

【正答　1】

施工体制台帳の作成については，公共工事の入札及び契約の適正化の促進に関する法律や，建設業法第24条の8等に規定されている。

①×　**公共工事**を受注した**元請負人が下請契約を締結**したときは，**下請契約の金額の多少にかかわらず**施工の分担がわかるよう**施工体制台帳を作成しなければならない**と定められている。（建設業法第24条の8第1項，公共工事の入札及び契約の適正化の促進に関する法律第15条第1項）

また，**施工体制台帳の作成を義務づけられた元請負人は，その写しを発注者に提出しなければならない**と定められている。（同法第15条第2項）

②×　**施工体系図**は，当該建設工事の目的物の引渡しをした時から**10年間**は保存しなければならないと定められている。（建設業法施行規則第26条第5項，第28条第2項）

③○　特定建設業者は，当該建設工事における各下請負人の施工の分担関係を表示した**施工体系図**を作成し，**工事関係者及び公衆**が見やすい場所に掲げなければならないと定められている。（同法第24条の8第4項）

④×　特定建設業者が施工体制台帳の作成

を義務づけられている建設工事において，その**下請負人が請け負った工事を再下請に出すときは，施工体制台帳に記載する再下請負人の名称等を元請負人に通知しなければならない**と定められている。（同法第24条の8第2項）

したがって，①～④の4つの記述のうち正しいものは③の1つであり，1が正答である。

No.55　建設機械
【正答　2】

ダンプトラックの時間当たり作業量に関する計算式の空所補充問題である。

ダンプトラックの時間当たり作業量を Q （m³/h）とすると，Q の計算式は以下のとおりとなる。

$$Q = \frac{q \times f \times E}{Cm} \times 60 \quad \cdots ①$$

q：1回当たりの積載量（m³）
f：土量換算係数 1/L
　　（Lをほぐし土量とする土量の変化率）
E：作業効率
Cm：サイクルタイム（分）

問題より，
$q = 7$ （m³）
$f = 1/L = 1/1.25 = 0.8$
$E = 0.9$
$Cm = 24$ （分）
であるから，①の式に上記の数値を代入すると，以下のようになる。

$$Q = \frac{q \times f \times E}{Cm} \times 60$$

$$= \frac{（イ）7 \times （ロ）0.8 \times 0.9}{（ハ）24} \times 60$$

$$= \frac{5.04}{24} \times 60$$

$$= （ニ）12.6 \text{ （m³/h）}$$

したがって，2が正答である。

No.56　工程管理
【正答　3】

①× **曲線式工程表**には，グラフ式工程表，出来高累計曲線，バナナ曲線，斜線式（座標式）工程表などがある。バーチャートは，**横線式工程表の一種で，各工事の必要日数を棒線で表した図表で**ある。

②× 図1は斜線式（座標式）工程表である。**バーチャートは，縦軸に作業，横軸に工期（日数）**をとり，個々の作業を横線で記入していく工程表である。作業の流れが左から右へ移行しているので**作成が簡単で各工事の工期がわかりやすい**という特徴がある。反面，作業を示す横線は時系列に沿って並記されているだけのため，**作業間の関連は漠然としかわからず，工期に影響する作業がどれであるかはつかみにくい。**

③○ **グラフ式工程表**は，図2のように出来高または工事作業量比率を縦軸にとり，日数を横軸にとって工種ごとの工程を斜線で表す。予定と実績の差を直観的に比較でき，施工中の作業の進捗状況もよくわかる。

④○ **出来高累計曲線**は，図3のように縦軸に出来高比率を，横軸に工期をとって，工事全体の出来高比率の累計を曲線で表す。上方，下方の管理限界曲線（バナナ曲線）を設定し，実際の実施工程の出来高累計曲線が，計画工程の曲線に沿うように，また管理限界曲線

を逸脱することがないように，工程管理を行う。

したがって，①〜④の4つの記述のうち適当なものは③④であり，3が正答である。

No.57　工程管理（ネットワーク式工程表）

【正答　2】

ネットワーク式工程表に関する語句の空所補充問題である。

ネットワーク式工程表は，作業をアクティビティ（矢線→）で，各作業の結節点をイベント（○）で表す。各作業の関連性を矢線と結節点で明確に表現できるため，**クリティカルパスの確認が容易**である。

クリティカルパスとは，ネットワーク式工程表における各ルートのうち，**最も長い日数を要する経路**のことである。最も長い日数を要する経路上の作業が遅延した場合，全体工期の遅延に直結してしまう。クリティカルパスがどのルートになるのか，日数が何日になるのかを特定，算出した上で，クリティカルパスをいかに順守するかが，工程管理の重要な管理項目になる。

以上を踏まえ，本問のネットワーク式工程表のクリティカルパスを算出すると，最長の経路は⓪→①→③→⑤→⑥（作業A→C→E→G）となり，作業日数の合計，つまり**工期**は5＋6＋8＋4＝23日となる。

※なお，表中の点線で示されている矢線はダミーアローといい，**各作業間の前後関係のみを示す。日数は0として計算する。**

したがって，（イ）〜（ニ）はそれぞれ以下のようになる。

・（イ）作業C及び（ロ）作業Eは，クリティカルパス上の作業である。

・作業Fが（ハ）1日遅延しても，全体の工期には影響はない。

※作業F（③→④）の最早開始時刻は11日（作業A＋作業C＝5＋6＝11）である。

一方，**作業Fの最遅開始時刻は，全体工期の23日から作業Gと作業Fの日数を引いて，23－4－7＝12日**である。

最遅開始時刻と最早開始時刻の差は12－11＝1日であるため，作業Fが1日遅延しても，作業Fを通るルート（作業A→作業C→作業F→作業G）の所要日数は5＋6＋8＋4＝23日となり，全体の工期には影響はないことになる。

・この工程全体の工期は，（ニ）23日間である。

したがって，2が正答である。

No.58　安全管理（型枠支保工）

【正答　3】

型枠支保工の安全管理に関する規定は，労働安全衛生規則第2編第3章「型わく支保工」等に記載されている。

①○　事業者は，**型枠支保工を組み立てるときは，組立図を作成し，かつ，当該組立図により組み立てなければならない**と定められている。（労働安全衛生規則第240条第1項）

②×　事業者は，**型枠支保工に使用する材料は，著しい損傷，変形または腐食があるものを**使用してはならないと定められている。（同規則第237条）

③○　事業者は，**型枠支保工については，**

型枠の形状，コンクリートの打設の方法等に応じた**堅固な構造**のものでなければ，使用してはならないと定められている。（同規則第239条）

④○　事業者は，**型枠支保工の組立て等作業主任者**に，次の事項を行わせなければならないと定められている。（同規則第247条）

一　**作業の方法を決定し，作業を直接指揮すること。**

二　材料の欠点の有無並びに器具及び工具を点検し，不良品を取り除くこと。

三　作業中，**要求性能墜落制止用器具等及び保護帽の使用状況を監視する**こと。

したがって，**型枠支保工の組立て等作業主任者**は，作業を直接指揮しなければならない。

したがって，①～④の4つの記述のうち適当なものは①③④の3つであり，3が正答である。

No.59　安全管理（車両系建設機械を用いた作業）
【正答　3】

車両系建設機械の安全管理に関する規定は，労働安全衛生規則第2編第2章第1節「車両系建設機械」等に記載されている。

①○　事業者は，**岩石の落下等により労働者に危険が生ずるおそれのある場所で**車両系建設機械を使用して作業を行う場合は，**堅固なヘッドガードを装備した機械を使用させなければならない**と定められている。（労働安全衛生規則第153条）

②○　事業者は，**転倒や転落により運転者**に危険が生ずるおそれのある場所では，転倒時保護**構造を有し，かつ，シートベルトを備えたもの以外の車両系建設機械を使用しないように努めなければならない**と定められている。（同規則第157条の2）

③○　事業者は，**車両系建設機械の修理や****アタッチメントの装着や取り外しの作業を行う場合は，作業指揮者を定め，作業手順を決めさせる**とともに，作業の指揮等を行わせなければならないと定められている。（同規則第165条）

④×　事業者は，**車両系建設機械のブームやアームを上げ，その下で修理等の作業を行う場合**は，不意に降下することによる危険を防止するため，当該作業に従事する労働者に安全支柱や安全ブロック等を使用させなければならないと定められている。（同規則第166条）

したがって，①～④の4つの記述のうち正しいものは①②③の3つであり，3が正答である。

No.60　品質管理（$\bar{x}$-R管理図）
【正答　2】

①○　$\bar{x}$-R管理図は，統計的事実に基づき，**ばらつきの範囲の目安となる中心線及び上方・下方管理限界線**を決めてつくった図表である。

②○　$\bar{x}$-R管理図の管理線として，①でも触れた**中心線及び上方・下方管理限界線がある。**$\bar{x}$-R管理図上に記入したデータが管理限界線の外に出た場合は，その工程に異常があると判断される。

③×　$\bar{x}$-R管理図は，通常，**測定データの平均値**$\bar{x}$と，**ばらつきの範囲R**を設定し，測定値をプロットした折れ線グ

ラフで示される。連続した棒グラフで示されるのはヒストグラムである。

④× 建設工事では，$\bar{x}$-R管理図を用いて，非連続的な量として測定される計数値を扱うことが多い。

したがって，①～④の4つの記述のうち適当なものは①②の2つであり，2が正答である。

No.61 品質管理（盛土の締固めにおける品質管理）

【正答　1】

①○ 締固めの品質規定方式は，盛土の締固め度や乾燥密度，空気間隙率などといった盛土の締固めに必要な品質を仕様書で規定する方式である。一方，使用する締固め機械の機種や締固め回数，敷均し厚さなど，施工方法を仕様書で規定する方式は締固めの工法規定方式と呼ばれる。

②× 盛土の締固めの効果や特性は，土の種類や含水比，施工方法によって大きく変化する。例えば，土の締固めでは，同じ土を同じ方法で締め固めても，得られる土の密度は含水比により異なる。

③× 盛土が最もよく締まる含水比は，最大乾燥密度が得られる含水比で最適含水比と呼ばれる。最適含水比と対照される指標としては，所要の締固め度が得られる範囲内における最適値の含水比を指す施工含水比がある。要求される締固め度の程度によっては，施工含水比と最適含水比は常に一致するとは限らない点に注意を要する。

④○ 土の乾燥密度の測定方法には，砂置換法やRI計器による測定方法がある。砂置換法は，掘出し跡の穴を乾燥砂で置換えすることにより，掘り出した土の体積を知ることによって，乾燥密度（湿潤密度）を測定する方式である。

RI（ラジオアイソトープ）計器を用いた現場での土の乾燥密度（湿潤密度）の測定は，現場密度試験（単位体積重量試験）の一種で，非破壊で短時間のうちに測定結果を出すことが可能という特徴がある。

したがって，①～④の4つの記述のうち適当なものは①④であり，1が正答である。

令和４年度　後期

第 一 次 検 定

No.1　土工作業の種類と使用機械
【正答　3】

1× 　バックホゥは，バケットを車体側に引き寄せて掘削する方式の建設機械である。法面仕上げや溝掘りのように，**機械の位置する地盤よりも低い場所の掘削に用いられる**。

2× 　主に**狭い場所での深い掘削**に用いられるのはクラムシェルである。

　　　トラクタショベルは，ローダとも呼ばれ，前部に装着したバケットで**土砂を掘削**し，すくい，**積込みを行う建設機械**である。トラクタの形式によって，ホイール式（車輪式）とクローラ式に分類される。**トラクタショベル**は，車体の形状から，狭い場所での深い掘削には適さない。

3○ 　ブルドーザは，トラクタに土砂を押す排土板を取り付けた建設機械である。掘削，押土，**短距離の運搬作業**に用いられる他，**敷均しや伐開・除根**にも使用される。

4× 　スクレーパは，大規模な土工作業で用いられる建設機械で，土砂の掘削，積込み，長距離運搬，まき出し，敷均しを一貫して行う高い作業性能を持つが，締固め作業には用いられない。

No.2　土質試験
【正答　1】

1× 　砂置換法による土の密度試験は，掘り出し跡の穴を乾燥砂で置換えすることにより，掘り出した土の体積を知ることによって，湿潤密度を測定する方式である。試験結果は，盛土の締固め度や締まり具合の判定など，土の締固め管理に利用される。**地盤改良工法の設計に用いられるのは，ボーリング孔を利用した透水試験**である。

2○ 　ポータブルコーン貫入試験は，原位置の地表やボーリング孔などを利用し，地盤の性質を直接調べる**土の原位置試験**の一種である。試験結果は，**建設機械の走行性（トラフィカビリティー）の判定**などに用いられる。

3○ 　土の一軸圧縮試験は，円筒形に成形した粘性土を上下方向に圧縮することでせん断強さを求める試験である。試験結果は，**飽和した粘性土地盤の強度，盛土及び構造物の安定性の検討**や**原地盤の支持力の推定**に用いられる。

4○ 　コンシステンシー試験は，別名**土の液性限界・塑性限界試験**とも呼ばれ，ボーリング調査などにより採取した試料の物理特性・力学特性などを，室内において，測定，解析する室内試験の一種である。その名のとおり，**液性限界**や**塑性限界**の値を求めるのに用いられ，さらに求められた液性限界や塑性限界の値によって土の状態を判定し，**盛土材料の適否の判定**に用いられる。

No.3　盛土の施工
【正答　4】

1○ 　盛土の施工に先立っては，その**基礎地盤**が，盛土の完成後に**不同沈下や破壊を生ずる**おそれがないか検討する。特に，軟弱地盤や地すべり地の盛土に

は注意しなければならない。

2 ○ 盛土の敷均し厚さは，盛土の目的，締固め機械と施工法，及び要求される締固め度などの条件によって左右される。道路盛土の場合，路体では 35 〜 45cm 以下，路床では 25 〜 30cm 以下としている。河川堤防では，35 〜 45cm 以下としている。

3 ○ 盛土の締固めの効果や特性は，土の種類及び含水状態，施工方法によって大きく変化する。例えば，土の締固めでは，同じ土を同じ方法で締め固めても，得られる土の密度は含水比により異なる。そのため，盛土の締固めに際しては，施工環境や土の状態などに応じて適切な建設機械や締固め方法を選択する必要がある。

4 × 盛土工における構造物縁部の締固めは，盛土部の基礎地盤の沈下及び盛土自体の沈下等により段差が生じやすいため，ランマなどの小型の締固め機械を用いて入念に行う。

No.4　地盤改良工法
【正答　1】

1 ○ プレローディング工法は，軟弱地盤上にあらかじめ盛土等によって載荷を行って沈下を促し，構造物沈下を軽減させる工法で，載荷工法に該当する。

2 × ディープウェル工法は，井戸用の鋼管を地中深くに設置し，井戸の中に流入した地下水をポンプでくみ上げることで地盤中の地下水位を低下させる工法で，地下水位低下工法に該当する。地下水位の低下により，それまで受けていた浮力に相当する荷重を下層の軟弱層に載荷して，圧密促進や地盤の強

度増加を図る。

3 × サンドコンパクションパイル工法は，軟弱地盤の中に振動によって砂を圧入し，密度の高い砂杭を形成することによって軟弱層を締め固める工法で，締固め工法に該当する。

4 × 深層混合処理工法は，軟弱地盤の表面から深層までの土とセメントや石灰などの処理安定材とを混合することで地盤強度の増大を図る工法で，固結工法に該当する。

No.5　コンクリート用セメント
【正答　1】

1 × セメントは，水和・硬化する過程において水酸化カルシウムが生成され，水酸化物イオンが発生するため，pH12 〜 13 程度の高いアルカリ性である。

2 ○ セメントは，風化すると密度が小さくなる。セメントの風化の程度を知る方法としてセメントの密度試験がある。

3 ○ 早強ポルトランドセメントは，セメント中のエーライト（C_3S）等のケイ酸三カルシウム化合物の含有率やセメントの粉末度を高める等の調整を施すことにより，普通ポルトランドセメントよりも早期の高強度発現を可能にしたセメントである。早強ポルトランドセメントは，普通ポルトランドセメントでは標準 3 日かかる強度発現が 1 日に短縮可能で，その後の強度発現進行も早いため，所定の強度到達までの標準養生期間も短い。そのため，初期強度を要するプレストレストコンクリート工事に適している。

4 ○ 中庸熱ポルトランドセメントは，ケイ酸三カルシウム化合物の一種である

エーライト（C$_3$S）や間隙質相の一種であるアルミネート相（C$_3$A）の含有量を少なくしたセメントである。中庸熱ポルトランドセメントは，**水和熱が低い**，**乾燥収縮が小さい**，**硫酸塩に対する抵抗性が大きい**などの特徴を持つため，ダム工事等の**マスコンクリート**に適している。

No.6　コンクリートの締固め
【正答　3】

1 ○　**棒状バイブレータ**（内部振動機）で締固めを行う際の**挿入時間の目安**は，**5〜15秒程度**とする。

2 ○　**棒状バイブレータ**で締固めを行う際は，下層のコンクリート中に振動機を**10cm程度挿入**し，一般に**挿入間隔は50cm以下**とする。

3 ×　締固めを行う際は，あらかじめ棒状バイブレータの挿入間隔及び1箇所当たりの振動時間を定める。振動時間が経過した後は，コンクリートに穴が残らないよう，**棒状バイブレータをゆっくりと引き抜く**。

4 ○　コンクリートを横移動させると，材料分離が生じる可能性がある。そのため，**棒状バイブレータはコンクリートを横移動させる目的で用いないように**する。

No.7　フレッシュコンクリートの性質
【正答　3】

1 ○　**ブリーディングとは，コンクリートの練混ぜ水の一部が遊離してコンクリート表面に上昇する現象**である。ブリーディングの発生に関係する要因としては，単位水量（多いほど発生しやすい），セメント量（少ないほど発生し

やすい），細骨材の微粒分（少ないほど発生しやすい），温度（低いほど発生しやすい）などがある。

2 ○　**ワーカビリティーとは，コンクリートの一連の作業**（運搬から打込み，締固め，仕上げまで）**のしやすさを示す性質**のことを指す。一般的には，**ワーカビリティーの判定にはスランプ試験**が用いられる。

3 ×　**スランプとは，コンクリートの軟らかさの程度を示す指標**である。スランプ試験により測定されるスランプ値によって判断される。レイタンスとは，ブリーディングに伴い，**フレッシュコンクリートの表面に浮かび上がって沈殿・形成される微細な物質**のことである。

4 ○　**コンシステンシー**（材料分離抵抗性）とは，**コンクリート中の材料の分離や，コンクリートの変形または流動に対する抵抗性**のことを指す。一般に，コンクリートの単位水量が大きくなると，コンシステンシーは低下する。

No.8　コンクリートの仕上げ・養生
【正答　4】

1 ○　**コンクリートの表面を密実なものとする必要がある場合**は，作業が可能な範囲でできるだけ遅い**時期に，表面を金ごてで仕上げる**。

2 ○　コンクリートの仕上げ後，コンクリートが固まり始める前にひび割れが発生した場合は，**タンピングや再仕上げ**によって修復する。

3 ○　**コンクリートの養生**に際しては，散水，湛水，湿布で覆う等の手段で，コンクリートを一定期間湿潤**状態に保つ**

ことが重要である。

4 ×　日平均気温が 15℃以上の場合，コンクリートの湿潤養生期間の標準は，混合セメントB種の使用時で7日，普通ポルトランドセメント使用時で5日，早強ポルトランドセメント使用時で3日である。したがって，混合セメントの湿潤養生期間は，早強ポルトランドセメントよりも長くする。

No.9　既製杭工法の杭打ち機の特徴
【正答　1】

1 ×　ウインチによって巻き上げたドロップハンマ（モンケン）を自由落下させることで杭頭を打撃し，杭を地中に打ち込む工法をドロップハンマ工法という。この工法におけるドロップハンマは，杭の重量以上のハンマであることが望ましい。

2 ○　ディーゼルハンマは，燃料の噴射・爆発による圧縮空気によって杭を打ち込むためのハンマで，打撃力が大きいため，硬い地盤への杭打ちにも適する。その反面，打撃による騒音・振動が大きく，燃料の噴射・爆発による油の飛散も発生する。

3 ○　バイブロハンマは，振動工法の一種であるバイブロハンマ工法に用いられ，既製杭の杭頭部に取り付けて，振動機の自重と杭の重量，振動によって地盤に押し込む型式の杭打ち機である。引抜きも可能であり，傾斜の修正が容易という特徴を持つ。

4 ○　油圧ハンマは，油圧によってラム（ピストン）を持ち上げ，油圧の解放によってラムを落下させ，杭頭に打撃を加え打ち込む形式のハンマである。ラム

の高さを自由に設定できるため，打込み時の打撃力も調整可能で，杭打ち時の騒音を小さくすることができる。

No.10　場所打ち杭工法の特徴
【正答　1】

1 ×　場所打ち杭工法は，施工箇所に孔を開けて鉄筋を組み，コンクリートを打ち込んで杭を形成する工法で，杭の打込みは行わない。したがって，打撃工法と比較すると，施工時の騒音・振動が小さいという特徴がある。

2 ○　場所打ち杭では，既製杭のように，現場にあらかじめ所定の杭径の杭を搬入するわけではないため，削孔時の孔径を大きくして大口径の杭を施工することで，大きな支持力を得ることも可能である。

3 ○　場所打ち杭は，既製杭のように，現場にあらかじめ所定の長さの杭を搬入するわけではない。したがって，杭材料の運搬等の取扱いや長さの調節は比較的容易である。

4 ○　場所打ち杭では，施工箇所の削孔を行うため，掘削土による中間層や支持層等の基礎地盤の確認が可能である。

No.11　土留め工法
【正答　4】

1 ○　アンカー式土留め工法は，引張材を用い，土留めアンカーの定着と掘削側の地盤の抵抗によって土留め壁を支持する工法である。

2 ○　切梁式土留め工法は，切梁や腹起し等の支保工と掘削側の地盤の抵抗によって土留め壁を支持する工法である。支保工には，中間杭や火打ち梁を用いる場合もある。

3○　ボイリングとは，砂質地盤で地下水位以下を掘削し遮水性の土留め壁を用いた際に，土留め壁の両側の水位差により上向きの浸透流が生じ，**沸騰したように砂が吹き上がる現象**である。ボイリングによって掘削底面の土がせん断抵抗を失い，急激に土留めの安定性が損なわれる。

4×　**パイピング**とは，砂質土地盤の弱い箇所の土粒子が浸透流により洗い流されることで地中に水みちが拡大し，最終的に**ボイリングがパイプ状に発生する現象**である。ヒービングとは，軟弱な粘土質地盤を掘削した時に，土留め背面の土の重量や土留めに接近した地表面での上載荷重等により，**掘削底面が盛り上がり，最終的には土留め崩壊に至る現象**である。

No.12　鋼材の特性，用途
【正答　2】

1○　鉄鋼は，炭素含有量により**低炭素鋼**，中炭素鋼，高炭素鋼に分類される。**炭素鋼は，炭素含有量が少ないほど延性や展性は向上し，多いほど硬さや強さが向上する。低炭素鋼は，炭素含有量が少なく延性（伸び），展性（圧縮に対する変形性）に富み，溶接など加工性が優れている**ため，橋梁等に広く用いられている。

2×　気象や化学的な作用による**鋼材の腐食が予想される**場合には，耐候性鋼材等の**防食性の高い鋼材**を用いる。疲労とは，鋼材が繰返し荷重を受けて強度が減少する現象である。**鋼材の疲労が懸念される**場合は，発生が予想される部位の状況に応じ，鋼材にかかる応力

が分散，軽減できるような継手，溶接方法等を選択する。

3○　鋼材は応力度が弾性限度に達するまでは弾性（応力を加えられた際に生じる歪みを元に戻そうとする性質）を示すが，弾性限度を超えると塑性（変形したその形状を保持する性質）を示す。

4○　継続的な荷重の作用による摩耗（疲労摩耗）は，腐食などと並ぶ，鋼材の耐久性を劣化させる原因の１つである。

No.13　橋梁の架設工法
【正答　4】

1×　ケーブルクレーンによる直吊り工法は，鉄塔で支えられたケーブルクレーンで橋桁を直接吊り込んで架設する工法で，河川や谷などの地形で桁下空間が使用できない場所で用いられる。

2×　全面支柱式支保工架設工法は，架橋地点に支保工を組立てて主桁を場所打ちする固定支保工架設工法の一種で，桁下空間は工事の際には使用できず，橋梁下を河川や道路が横断している等，架橋地点の桁下空間を確保する必要がある場合，支保工高が高い場合，地盤が軟弱な場合などに支保工材として支柱材を用いて架設を行う。

3×　手延べ桁による押出し工法は，架設地点に隣接する場所であらかじめ橋桁の組み立てを行い，その橋桁を手延べ機で所定の位置に送り出して架設する工法である。橋桁の組み立てを隣接地で行うため，市街地や平坦地などで，桁下の空間やアンカー設備が使用できない現場で用いられ，桁下の地上を走行する自走クレーン車は一般的には用

いられない。

4 ○　クレーン車によるベント式架設工法は，橋桁部材を自走クレーン車で吊り上げ，ベント（仮設備で架設桁を支持する構台）で仮受けしながら組み立てて架設する工法で，自走クレーン車が進入できる場所での施工に適し，市街地や平坦地で桁下空間が使用できる現場において一般に用いられる。

No.14　コンクリートの劣化機構
【正答　2】

1 ○　中性化は劣化機構の一種で，空気中の二酸化炭素の浸入などにより，コンクリートのアルカリ性が中性にシフトして失われていく現象である。中性化すると，コンクリート中の鉄筋を覆っている不動態被膜が失われ，鉄筋の腐食等が生じる。

2 ×　化学的侵食の説明である。塩害は劣化機構の一種で，コンクリート中に浸入した塩化物イオンとの接触が劣化要因となり，鉄筋の腐食を引き起こす現象である。

3 ○　疲労は劣化機構の一種で，部材に作用する繰返し荷重が劣化要因となり，コンクリート中に微細なひび割れが先に発生し，これが大きな損傷に発展する現象である。疲労が発生すると，静的強度以下の応力であっても破壊に至ることがある。

4 ○　凍害は劣化機構の一種で，寒冷地においてコンクリート中の水分が凍結・膨張と融解を繰り返し（凍結融解作用），その際に発生する凍結膨張圧がコンクリートの破壊をもたらす現象である。凍害により，コンクリートのひ

び割れやスケーリング（コンクリート表面のセメントペーストがはく離する現象），ポップアウト（コンクリートの表面が薄い皿状にはがれ落ちる現象）などが発生する。

No.15　河川
【正答　3】

1 ×　河川において，上流から下流を見て右側を右岸，左側を左岸という。

2 ×　河川には，浅くて流れの速い瀬と，深くて流れの緩やかな淵と呼ばれる部分がある。

3 ○　河川堤防においては，河川の流水がある側を堤外地，堤防で守られる側を堤内地という。内と外を逆に覚えてしまいがちであるが，海岸堤防と同様（堤防で守られる側が「内」）に考えると勘違いを起こしにくい。

4 ×　河川堤防の天端の高さは，計画高水位に余裕高を加えた高さ以上を確保するものとする。ただし，堤防に隣接する堤内の土地の地盤高が計画高水位より高く，かつ地形の状況等により治水上の支障がないと認められる区間にあってはこの限りではない。

No.16　河川護岸
【正答　2】

1 ○　基礎工は，法覆工の法尻部に設置し，法覆工を支えるための基礎であり，洗掘に対する保護や裏込め土砂の流出を防ぐために設置するものである。

2 ×　法覆工における間知ブロック積工は，一般に法勾配が急で流速が大きい場所で用いられる。緩勾配で，流速が小さい場所では平板ブロック等の張り護岸とする場合が多い。

3○　根固工は，流水による河床の洗掘の防止や，基礎工や法覆工の保護を目的として，護岸の基礎工の前面に設置される構造物のことを指す。

4○　低水護岸の天端保護工は，流水によって護岸の裏側から破壊しないように保護するものである。屈とう性のある構造にすることがポイントである。

No.17　砂防えん堤
【正答　1】

1×　前庭保護工は，本えん堤を越流した落下水による洗掘を防ぐために設けられる構造物であり，副えん堤→側壁護岸→水叩きの順番で施工する。

2○　砂防えん堤の袖は，洪水を越流させないために設けられるもので，水通し側から両岸に向かって上り勾配で設けられる。勾配は上流の計画堆砂勾配と同程度またはそれ以上として設計する。また，土石などの流下による衝撃に対して強固な構造とする。

3○　側壁護岸は，越流部からの落下水による左右の法面の侵食を防ぐための構造物である。側壁護岸の下流端の天端の高さは，副えん堤や垂直壁の袖天端と同一とする。

4○　水通しは，えん堤上流側からの水流を越流させることを目的として堤体に設置される構造物である。水通しは，流量を越流させるのに十分な大きさとすることが必要で，形状は一般に逆台形断面とする。

No.18　地すべり防止工
【正答　4】

1×　杭などの構造物を設けることにより，地すべり運動の一部または全部を停止させる工法は抑止工である。抑止工には，杭工やシャフト工などがある。

2×　通常，地すべり防止工では，まず抑制工でできる限り地すべり運動の発生自体を緩和させることに努め，抑制工だけでは地すべり運動のすべてを防ぎきれない場合に，抑止工を施工する。つまり，施工順としては抑制工→抑止工の順に実施するのが一般的である。

3×　地すべりの地形や地下水の状態などの自然条件を変化させることにより，地すべり運動を緩和させる工法は抑制工である。抑制工には，水路工，横ボーリング工，集水井工などがある。

4○　集水井工とは，地下水が集水できる堅固な地盤に，井筒を設けて集水孔や集水ボーリングで地下水を集水し，原則として排水ボーリングによる自然排水を行い，間隙水圧を低下させるための工法である。

No.19　アスファルト舗装における路床の施工
【正答　1】

1×　盛土路床では，1層の敷均し厚さを仕上り厚で20cm以下を目安とする。盛土路床は，使用する盛土材の性質をよく把握して敷き均し，均一かつ過転圧により強度を低下させない範囲で十分に締め固めて仕上げる。

2○　安定処理工法は，現状路床土と安定処理材を混合し構築路床を築造する工法である。一般に粘性土には石灰系安定処理材を，砂質土にはセメント系安定処理材が用いられる。

3○　切土路床では，路床の均一性を著しく損なう土中の木根，転石などは取り

除いて仕上げる。取り除く範囲は，表面から30cm程度以内とする。

4○ 置き換え工法は，現状路床土の一部または全部を良質土に置き換える工法である。軟弱な現状路床土を所定の深さまで掘削し，掘削面以下の層をできるだけ乱さないように留意しながら，良質土を現状路床土の上に盛り上げて構築路床を築造する。

No.20 アスファルト舗装の締固め
【正答　2】

1○ アスファルトの転圧時に転圧温度が高過ぎる場合に，ヘアクラックや変形等が生じることがある。ヘアクラックとは，縦・横・斜め不定形に，幅1mm程度に生じる比較的短いひび割れで，主に表層に生じる破損である。

2× 二次転圧は，一般にタイヤローラで行うが，振動ローラを用いることもある。振動ローラは，比較的小型でも高い効果を上げることができ，1台で路盤から表面仕上げまでの一連の締固め作業に適用でき，締固め回数が少なくてすむ。

3○ 仕上げ転圧は，不陸整正やローラマークの消去を主な目的として行うもので，8〜20tのタイヤローラまたはロードローラで2回(1往復)程度行う。

4○ 加熱アスファルト混合物は，敷均し終了後，所定の密度が得られるように締め固める。締固め作業は，継目転圧，初転圧，二次転圧，仕上げ転圧の順序で行う。

No.21 アスファルト舗装の補修工法
【正答　4】

1× オーバーレイ工法は，既設アスファルト等に摩耗や亀裂などの損傷が生じた場合に，損傷部分のみに加熱アスファルト混合物を舗設し修復する工法である。

2× 打換え工法は，既設舗装のひび割れの程度が大きい場合に，不良な舗装の一部分または全部を取り除き，路盤若しくは路盤の一部まで新しい舗装で打ち換える工法である。

3× 切削工法は，アスファルト舗装の路面に連続的な凸凹が発生し，平坦性が極端に悪くなった場合などに，路面の凸部を切削して不陸や段差を解消し，路面形状とすべり抵抗性を回復させる工法である。

4○ パッチング工法は，既設舗装の路面に局部的なポットホールやくぼみ，段差やひび割れ破損部分に，アスファルト混合物などの舗装材料を応急的に穴埋め・充填する工法である。

No.22 コンクリート舗装
【正答　1】

1○ 普通コンクリート舗装版の版厚や版の構造（鉄網や縁部補強鉄筋の有無）に応じて一定の間隔を設定し，車線に直交方向に設ける目地を横目地，車線方向に設ける目地を縦目地という。コンクリート版が温度変化に対応するようにするためには，横目地を設ける。

2× コンクリートの打込みは，一般的には施工機械を用いて行う。また，舗装用コンクリートは，コンクリートが材料分離を起こさないように，一般的にはスプレッダによって，均一に隅々まで敷き均す。

3× コンクリート舗装において，敷き広

げたコンクリートは，コンクリートフィニッシャで一様かつ十分に締め固める。コンクリートフィニッシャは，スプレッダによって敷き広げられた生コンクリートの余盛の規整，締固め及び仕上げ作業を行う機械のことである。

4 ×　コンクリート舗装において，表面仕上げの終わった舗装版は，所定の強度になるまで湿潤状態を保つ。

No.23　ダムの施工
【正答　2】

1 ○　転流工は，ダム本体工事を確実かつ容易に施工するため，工事期間中河川の流れを迂回させるもので，比較的川幅が狭く，流量が少ない日本の河川では仮排水トンネル方式が多く用いられている。

2 ×　コンクリートダムのコンクリート打設に用いる RCD 工法は，単位水量が少なく，超硬練りに配合されたコンクリートを振動ローラで締め固める工法である。

3 ○　グラウチングは，ダム基礎岩盤の弱部の補強を目的とした，最も一般的な基礎処理工法である。重力式コンクリートダムにおけるグラウチングには，基礎地盤及びリム部の地盤における高透水部の遮水性の改良を目的とするカーテングラウチングと，コンクリートダムの着岩部付近の遮水性改良と岩盤の一体化を目的とするコンソリデーショングラウチングがある。

4 ○　ダム工事におけるベンチカット工法は，ダム本体の基礎掘削に用いられ，最初に平坦なベンチ盤を造成し，せん孔機械で穴をあけて爆破し順次上方から下方に階段状に切り下げていく掘削工法である。全断面では切羽が安定しない場合に用いられる。

No.24　トンネルの山岳工法の掘削
【正答　2】

1 ○　吹付けコンクリートは，鋼アーチ式（鋼製）支保工の支保機能を高めるため，鋼アーチ式（鋼製）支保工と一体化するように注意する。また，吹付けの際は，吹付けノズルを吹付け面に対して直角に向けて吹き付ける。

2 ×　ロックボルトは，掘削によって緩んだ岩盤を緩んでいない地山に固定し，落下を防止するなどの効果があるほか，内圧効果，アーチ形成効果なども認められている。ロックボルトは，特別な場合を除いて，トンネル掘削面に対して直角に設ける。

3 ○　発破掘削は，地山の地質が硬岩質である場合などに適用される。発破のための爆薬にはダイナマイトや ANFO（硝安油剤爆薬 / アンホ爆薬）等が用いられる。

4 ○　機械掘削は，爆破掘削と比較して騒音や振動が少ないため，都市部のトンネルにおいて多く用いられている掘削方法である。機械掘削には，全断面掘削機による全断面掘削方式と自由断面掘削機による自由断面掘削方式がある。

No.25　傾斜型海岸堤防の構造
【正答　3】

設問の図の各構造物の名称は以下のとおりである。

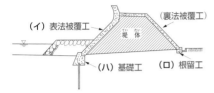

したがって、3の組合せが正答である。

No.26　ケーソン式混成堤の施工
【正答　3】

1 ○　ケーソンは，浮かせておいたままでは，波浪の影響で破損するおそれがある。そのため，波浪や風などの影響で，えい航直後の据付けが難しいときには，**引船で近くの仮置き場にえい航し，波浪のない安定した時期まで注水して沈設して仮置きする。**

2 ○　進水したケーソンは，波浪や風などの影響で，えい航直後の据付けが難しいときに浮かせておいたままでいると，波浪の影響で破損するおそれがある。ただし，**海面が常におだやかで，大型起重機船が使用できる場合**は，進水したケーソンを**据付け場所までえい航して据え付けることが可能**である。

3 ×　ケーソンの注水は中断することなく連続して行うのではなく，着底前に一旦中止し据付け位置の確認や修正を実施した後に注水を再開して着底させる。

4 ○　ケーソン式混成堤の施工では，**中詰め後は，中詰め材が波によって洗い出されないように，速やかにふたとなるコンクリートを打設する。**中詰め材としては，土砂，割り石，**コンクリート**，プレパックドコンクリートなどが用いられる。

No.27　鉄道に関する用語
【正答　4】

1 ○　**線路閉鎖工事**とは，線閉工事とも呼ばれ，**線路内で，列車や車両の進入を中断して行う工事**のことである。鉄道における大規模保線工事などにおいて，線路閉鎖の手続きなどを主な職務とする者を線閉責任者という。

2 ○　**軌間**とは，レールの車輪走行面より下方の所定距離以内における左右レール頭部間，つまり**列車の車輪が両側のレールに接する位置の最短距離**のことである。標準軌間は 1,435mm とされ，これより広い軌間を広軌といい，狭い軌間を狭軌という。

3 ○　**緩和曲線**とは，鉄道車両の走行を円滑にするために**直線と円曲線，または二つの曲線間に設けられた特殊な線形**である。緩和曲線の長さは，車両の3点支持による浮き上がり脱線防止，旅客の乗り心地などを考慮し，いくつかの計算式を使って得られた数値以上の長さに定めることになっている。

4 ×　鉄道における**路盤**とは，**自然地盤や盛土で構築され，道床を支持する部分**のことである。鉄道における路床とは，**路盤をアスファルトや盛土などで構築**する場合の路盤を支える部分を指す。

No.28　鉄道の営業線近接工事
【正答　3】

1 ○　鉄道の営業線近接工事においては，**保安管理者は，工事指揮者と相談しながら事故防止責任者を指導**し，列車の安全運行の確保に努める。

2○　重機械の運転者は，重機械安全運転の講習会修了証の写しを添えて，監督員などの承認を得る。使用していない工事用重機械は，安全な場所に留置して施錠し，鍵は工事管理者または軌道工事管理者が保管する。

3×　複線以上の路線での材料等の積みおろしの場合は，列車見張員を配置しなければならない。また，建築限界をおかさないように材料を置かなければならない。なお，鉄道における建築限界とは，線路上の障害物を自由に避けることができない鉄道の運行の安全確保上，線路に対して建造物等が入ってはならない空間のことを指す。

4○　列車見張員は，信号炎管・合図灯・呼笛・時計・時刻表・緊急連絡表を携帯しなければならない。また，列車見張員は，工事現場ごとに専任の者を配置し，他の作業従事員が兼務することはできない。

No.29　シールド工法
【正答　3】

1○　シールド工法は，シールドと呼ばれるトンネル掘削機を地中に設置し，シールドの外殻やセグメントなどで坑壁の崩壊を防止しながら，掘削，覆工を行いトンネルを構築していく工法である。開削工法が困難な都市部の下水道，地下鉄，地下の道路工事，及び海底道路トンネルや地下河川の工事などで多く用いられる。

2○　シールド工法に使用されるシールドマシンは，フード部，ガーダー部及びテール部の３つからなる。シールドのフード部は，切削機構を備えている。

ガーダー部は，フード部とテール部を結び，シールド全体の構造を保持する。テール部は，シールド鋼殻後部のセグメントを組み立てる部分を指し，覆工作業ができる機構を備えている。また，安全性が高く，坑内の作業環境も良好に保てる。

3×　ずりがベルトコンベアによる輸送となるのは泥土圧式シールド工法である。泥水式シールド工法は，切削された土砂を泥水とともに坑外まで流体輸送し，地上で土砂と泥水を分離するため，ずりの運搬にベルトコンベアは使用しない。また，安全性が高く，坑内の作業環境も良好に保てる。

4○　土圧式シールド工法は，切羽の土圧と掘削した土砂の平衡を保ちながら掘進する工法で，シールドの推進力によって掘削土に圧力を加えることで切羽の安定を図る。一般に，粘性土地盤に適している。

No.30　上水道の管布設工
【正答　4】

1○　管の布設は，原則として低所から高所に向けて行い，受口のある管は受口を高所に向けて配管する。

2○　ダクタイル鋳鉄とは，組織中のグラファイト（黒鉛）の形を球状にして強度や延性を改良した鋳鉄である。ダクタイル鋳鉄管の据付けにあたっては，必ず管体の表示記号を確認する。また，管径，年号の記号を上に向けて据え付け，事後の確認が容易になるように配慮する。

3○　管の布設にあたっては，１日の作業完了後，管端部を木蓋等でふさぎ，管

内に土砂，汚水等が流入しないようにする。

4 × 鋳鉄管の切断は，直管は切断機で行うことを標準とするが，異形管は管内面ライニング等への悪影響を及ぼすため，**変形させたり，切断して使用してはならない。**

No.31 下水道管渠の接合方式
【正答　1】

1 × 管渠の中心を接合部で一致させる方式は，管中心**接合**である。水面接合は，**上下流の管渠の水面位を水理計算によって算出し，計画水位が一致するような据付高を設定して接合する方式である。**最も合理的な接合方式である反面，煩雑な水理計算を要するデメリットもある。

2 ○ 管頂接合は，**管渠の内面の管頂部の高さを一致させ接合する方式**である。下流が**下り勾配**の地形に適し，**流水は円滑**であるが，**下流ほど深い掘削が必要**となり，**工事費が割高になる場合がある。**

3 ○ 管底接合は，**管渠の内面の管底部の高さを一致させ接合する方式**である。上流が上り勾配の地形に適し，ポンプ排水の場合は有利である。一方，**接合部の上流側の水位が高くなり，動水勾配線が管頂より上昇した結果，圧力管となるおそれがある。**

4 ○ 段差接合は，**管渠を階段状に接合する方式**である。急な勾配の地形でのヒューム管の管渠などの接続に用いられる。**適当な間隔を考慮しながらマンホールを設置し，マンホール内で段差をつけて，地表面勾配に合わせる。**

No.32　労働基準法（労働時間，休憩，休日，年次有給休暇）
【正答　3】

1 ○ 使用者は，**労働時間が6時間を超える場合においては少なくとも45分，8時間を超える場合においては，少なくとも1時間の休憩時間を労働時間の途中に与えなければならない**と定められている。また，この**休憩時間は一斉に与えられなければならない**。（労働基準法第34条第1項，第2項）

2 ○ 使用者は，労働者に対して，**毎週少なくとも1回の休日を与えなければならない**と定められている。（同法第35条第1項）

ただし，**4週間を通じ4日以上の休日を与える使用者については，上記の項を適用しない**とも定められている。（同法第35条第2項）

3 × 使用者は，労働者の過半数で組織する労働組合がある場合にはその**労働組合**，ない場合には**労働者の過半数を代表する者との書面による協定をし，行政官庁に届け出た場合においては，協定で定めるところにより労働時間を延長し，労働させることができる**と定められている。（同法第36条第1項）

ただし，その場合でも，延長して労働させた時間は，原則として**月45時間，年360時間を超えてはならない**。（同法第36条第3項，第4項）

また，臨時的な特別の事情があって**労使が合意する場合でも，時間外労働は年720時間，複数月平均80時間以内**（休日労働を含む），**月100時間未満**（休日労働を含む）を超えること

はできない。(同法第 36 条第 5 項，第 6 項)

4○　使用者は，その雇い入れの日から起算して **6 箇月間継続勤務し，全労働日の 8 割以上出勤した労働者**に対して，原則として継続し，または分割した **10 労働日の有給休暇を与えなければならない**と定められている。(同法第 39 条第 1 項)

No.33　労働基準法（災害補償）
【正答　2】

1○　使用者は，**労働者が業務上負傷し，または疾病にかかった場合は，必要な療養を行い，または必要な療養の費用を負担しなければならない**と定められている。(労働基準法第 75 条第 1 項)

2×　使用者は，**労働者が重大な過失によって業務上負傷し，かつ使用者がその過失について**行政官庁の認定を受けた場合においては，**休業補償または障害補償を行わなくてもよい**と定められている。(同法第 78 条)

3○　補償を受ける権利は，**労働者の退職によって変更されることはない**と定められている。(同法第 83 条第 1 項)

4○　**業務上の負傷，疾病または死亡の認定，療養の方法，補償金額の決定その他補償の実施に関して異議のある者は，**行政官庁に対して，**審査または事件の仲裁を申し立てることができる**と定められている。(同法第 85 条第 1 項)

No.34　労働安全衛生法（作業主任者の選任を必要としない作業）
【正答　3】

作業主任者の選任を必要とする作業については，労働安全衛生法施行令第 6 条の各

号に定められている。

1○　**土止め支保工の切りばりまたは腹起こしの取付けまたは取り外しの作業**は，地山の掘削及び土止め支保工作業主任者技能講習を修了した者のうちから，**土止め支保工作業主任者を選任しなければならない**と定められている。(同法施行令第 6 条第 10 号，同規則第 374 条)

2○　**掘削面の高さが 2m 以上となる地山の掘削**（ずい道及びたて坑以外の坑の掘削を除く）の作業は，地山の掘削及び土止め支保工作業主任者技能講習を修了した者のうちから，**地山の掘削作業主任者を選任しなければならない**と定められている。(同法施行令第 6 条第 9 号，同規則第 359 条)

3×　道路のアスファルト舗装の転圧の作業は，**作業主任者の選任を必要としない作業**である。

4○　高さ 5m 以上のコンクリート造の工作物の解体または破壊の作業は，コンクリート造の工作物の解体等作業主任者技能講習を修了した者のうちから，**コンクリート造の工作物の解体等作業主任者を選任しなければならない**と定められている。(同法施行令第 6 条第 15 号の 5，同規則第 517 条の 17)

No.35　建設業法
【正答　4】

1○　建設業法上，「**建設業とは，元請，下請その他いかなる名義をもってするかを問わず，**建設工事の完成を請け負う営業をいう」と定義づけられている。(建設業法第 2 条第 2 項)

2○　**建設業者が請け負った建設工事を施**

工するときは，当該工事現場における建設工事の施工の技術上の管理をつかさどるもの（主任技術者）を置かなければならないと定められている。（同法第 26 条第 1 項）

3 ○ 工事現場における建設工事の施工に従事する者は，主任技術者または監理技術者がその職務として行う指導に従わなければならないと定められている。（同法第 26 条の 4 第 2 項）

4 × 主任技術者または監理技術者が工事現場ごとに専任の者でなければならない要件は，以下の①②の両方を満たす場合に限られる。

　①公共性のある施設若しくは工作物または多数の者が利用する施設若しくは工作物に関する重要な建設工事である場合（実質上，戸建ての個人住宅を除くほとんどの工事が該当する）（同法第 26 条第 3 項）

　②請負代金の額が 4,000 万円以上（建築一式工事の場合は 8,000 万円以上）の工事（建設業法上の「重要な建設工事」）（同法施行令第 27 条第 1 項）

No.36　道路法（車両制限令）
【正答　2】

車両制限令第 3 条第 1 項の各号では，道路の構造を保全し，または交通の危険を防止するため，車両の幅，重量，高さ，長さ及び最小回転半径等の最高限度が以下のように定められている。

1 ○ 最小回転半径…（車両の最外側のわだちについて）12m

2 × 長さ…12m

3 ○ 軸重…10t

4 ○ 幅…2.5m

No.37　河川法
【正答　2】

1 ○ 1 級及び 2 級河川以外の河川は準用河川と呼ばれ，原則として市町村長が管理を行う。（河川法第 100 条第 1 項）

2 × 河川法上の河川には，ダム，堰，水門，堤防，護岸等の河川管理施設も含まれるとされる。（同法第 3 条第 1 項，第 2 項）

　なお，河川管理施設とは，上記の他，床止め，樹林帯など，河川の流水によって生ずる公利を増進し，または公害を除却し，若しくは軽減する効用を有する施設と定められている。（同法第 3 条第 2 項）

3 ○ 河川区域内の土地において工作物を新築，改築，または除却しようとする場合には，河川管理者の許可を受けなければならないと定められている。（同法第 26 条第 1 項）

　この規定は，一時的な仮設工作物であっても適用されるため，河川区域内の土地における工事資材置場等の設置の際は，許可を取得する必要がある。

4 ○ 河川保全区域とは，河岸または河川管理施設の保全のために河川管理者が指定した，河川区域に隣接する一定の区域を指す。（同法第 54 条第 1 項）

　法尻や官民境界から 20m 以内，50m 以内といった一定の区域を河川保全区域として指定することが一般的である。河川区域が河川保全区域を含むわけではないことに注意を要する。

No.38　建築基準法
【正答　3】

1○　道路の定義としては，**幅員4m以上**（ただし，特定行政庁がその地方の気候若しくは風土の特殊性または土地の状況により必要と認めて都道府県都市計画審議会の議を経て指定する区域内においては6m以上）と定められている。（建築基準法第42条第1項）

2○　容積率は，建築物の**延べ面積の敷地面積に対する割合**であると定められている。（同法第52条第1項）

3×　建築物の敷地については，「道路（中略）に2m以上接しなければならない」と定められている。（同法第43条第1項）

4○　建ぺい（建蔽）率は，建築物の**建築面積の敷地面積に対する割合**であると定められている。（同法第53条第1項）

No.39　火薬類取締法（火薬類の取扱い）
【正答　2】

1○　火工所以外の場所においては，雷管（工業雷管，電気雷管または導火管付き雷管）を薬包に取り付ける作業を行わないことと定められている。（火薬類取締法施行規則第52条の2第3項第6号）

2×　消費場所において火薬類を取り扱う場合，**固化したダイナマイト等はもみほぐすこと**と定められている。（同法施行規則第51条第7号）

3○　火工所に火薬類を存置する場合には，必要に応じてではなく，**見張人を常時配置すること**と定められている。（同法施行規則第52条の2第3項第3

号）

4○　火薬類の取扱いには，**盗難予防に留意すること**と定められている。（同法施行規則第51条第18号）

No.40　騒音規制法（特定建設作業）
【正答　1】

騒音規制法施行令第2条別表第2では，特定建設作業として，以下の作業が定められている。（解答に関連するもののみ抜粋）

三　さく岩機を使用する作業（作業地点が連続的に移動する作業にあっては，**1日における当該作業に係る2地点間の最大距離が50mを超えない作業に限る。**）

六　バックホゥ（一定の限度を超える大きさの騒音を発生しないものとして環境大臣が指定するものを除き，**原動機の定格出力が80kW以上のものに限る。**）を使用する作業

八　ブルドーザ（一定の限度を超える大きさの騒音を発生しないものとして環境大臣が指定するものを除き，**原動機の定格出力が40kW以上のものに限る。**）を使用する作業

ロードローラを使用する作業は，騒音規制法では特定建設作業には含まれていない。

したがって，1が正答である。

No.41　振動規制法（特定建設作業）
【正答　1】

振動規制法施行令第2条別表第2では，特定建設作業として，以下の作業が定められている。

一　くい打機（もんけん及び圧入式くい打機を除く。），くい抜機（油圧式くい抜機を除く。）またはくい打くい抜機（圧入式くい打くい抜機を除く。）を使用する

作業

二　鋼球を使用して建築物その他の工作物を破壊する作業

三　舗装版破砕機を使用する作業（作業地点が連続的に移動する作業にあっては，1日における当該作業に係る2地点間の最大距離が50mを超えない作業に限る。）

四　ブレーカー（手持式のものを除く。）を使用する作業（作業地点が連続的に移動する作業にあっては，1日における当該作業に係る2地点間の最大距離が50mを超えない作業に限る。）

ジャイアントブレーカを使用する作業は，振動規制法上は上記のブレーカーに該当するため，特定建設作業には含まれる。

したがって，1が正答である。

No.42　港則法（船舶の航路及び航法）
【正答　2】

1○　船舶は，航路内においては，他の船舶を追い越してはならないと定められている。（港則法第13条第4項）

2×　汽艇等以外の船舶は，特定港に出入し，または特定港を通過するときは，国土交通省令で定める航路を通らなければならない，と定められている。ただし，海難を避けようとする場合その他やむを得ない事由のある場合は，この限りでない。（同法第11条）

3○　船舶は，航路内においては，投びょうし，またはえい航している船舶を放してはならないと定められている。（同法第12条）

　　ただし，以下の各号の場合は例外としている。

一　海難を避けようとするとき。

二　運転の自由を失ったとき。

三　人命または急迫した危険のある船舶の救助に従事するとき。

四　港長の許可を受けて工事または作業に従事するとき。

4○　船舶は，航路内においては，並列して航行してはならないと定められている。（同法第13条第2項）

No.43　トラバース測量
【正答　3】

トラバース測量（基準点測量）は，基準点から順を追って測量して得られた測点を結合し，測点間の各辺の長さと方位角（北を基準とした角度）や方向角を算出することにより各点の位置を決めていく測量方法である。「トラバース」とは，測線を連ねた折れ線のことをいう。トラバースの種類には，以下のようなものがある。

・閉合トラバース（測量の出発点と到着点が同一。多角形になる）

・結合トラバース（2点以上の既知の基準点を折れ線状に結ぶ）

・開放トラバース（折れ線状のトラバースで，結合トラバースのように既知の基準点がないもの）

・トラバース網（2つ以上のトラバースをX字，H字，Y字，A字状のいずれかに組み合わせたもの）

本問は，測点がA～Eの5箇所で，測線はAB，BC，CD，DE，EAの5本あり，測点Aから出発して測点Aに回帰しているため，閉合トラバースであることがわかる。2つの測点を結ぶ測線は，測線の距離 l（m），基準点からの方位角（北を0度とし，時計回りに計測する），基準点から見た各測点の北方向（下図のX軸方向）への距離を緯距 L（m），東方向（下図のY軸方向）

への距離を経距 D （m）とする。

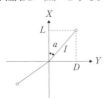

トラバース測量の場合，正確な観測ができていれば，緯距 L の合計，経距 D の合計はそれぞれ０になる。しかし，本問では L，D ともに，それぞれ－0.005mの誤差が生じ，実際の測量で誤差が生じた場合，測点 A→B→C→D→E（A）と測量した結果の誤差を含む測点は下図の A' のように示される。

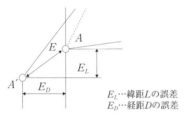

E_L…緯距 L の誤差
E_D…経距 D の誤差

この時の，測点 A と誤差を含む測点 A' との間の距離を「閉合誤差」と呼ぶ。

本問で問われている閉合比とは，**測量の精度を表す**指標で，トラバースの大きさに対する閉合誤差の大きさの比を分数の形で表すものである。

閉合比 $\frac{1}{P}$ は，以下の数式で表すことができる。

$$\frac{1}{P} = \frac{E}{\Sigma l_i}$$

ここで，E は**閉合誤差**のことを指すため，$E = 0.007$ （m）である。…①

Σl_i は**全測線長**を指し，本問では AB～EA の５本の測線の距離 I の合計を指す。

つまり，

$\Sigma l_i = 197.257$ （m）である。…②

上記の閉合比の数式に①，②を代入すると，

$$\frac{1}{P} = \frac{E}{\Sigma l_i} = \frac{0.007}{197.257}$$

$$= \frac{7}{197257} = \frac{1}{28{,}179.57\cdots} \fallingdotseq \frac{1}{28{,}100}$$

（問題の指示に従い，有効数字４桁目を切り捨てて３桁に丸める）

したがって，３が正答である。

No.44　公共工事標準請負契約約款
【正答　4】

設計図書とは以下に示す書類の総称を指す。（公共工事標準請負契約約款第１条第１項）

・（設計）図面

・（特記）仕様書

・現場説明書

・**現場説明に対する質問回答書**

上記のとおり，見積書は設計図書には含まれない。

したがって，４が正答である。

No.45　道路橋の構造名
【正答　3】

（イ）の構造名称は**橋長**，（ロ）の構造名称は**桁長**，（ハ）の構造名称は**支間長**，（ニ）の構造名称は**径間長**である。

したがって，３の組合せが正しい。

No.46　建設機械
【正答　3】

1 ○　**ランマ**は，土などの締固めに使われる建設機械である。**振動や打撃を与えて**，路肩や狭い場所などの締固めや建築物の基礎，埋設物の埋戻しなどに使

用される。

2 ○ **タイヤローラ**は，路盤などの締固めに使用される建設機械で，大型ゴムタイヤによって土を締め固める。**土質に合わせて接地圧の調節や自重を加減することができる**。

3 × **ドラグライン**は，ワイヤロープに繋がれたバケットを長いブームを用いて放り投げ，手前に引き寄せて掘削を行う機械である。掘削半径が大きく，軟らかい地盤の掘削など，**機械の位置より低い場所の掘削に適する**。また，ブームのリーチより遠い所まで掘削が可能である。水中掘削も可能で，**水路の掘削や浚渫，砂利の採取などにも使用される**。

4 ○ **クラムシェル**は，ロープに吊り下げられたバケットを重力により落下させて土をつかみ取る建設機械である。**シールド工事の立坑掘削や水中掘削など，狭い場所での深い掘削に用いられる**。

No.47 仮設工事
【正答　1】

1 × **直接仮設工事**とは，足場工，土留め工，型枠支保工など，**本工事の施工のために必要な仮設備を設置する工事**を指す。これに対し，**間接仮設工事（共通仮設工事）**とは，本工事とは直接関係しない，**工事の遂行のために間接的に必要な設備を設置する工事**のことを指す。**現場事務所や労務宿舎**などの設備は，間接仮設工事である。

2 ○ **仮設備**は，使用期間が短いために**安全率は多少割り引いて設計することが多い**。ただし，強度については使用目

的や期間に応じて構造計算を的確に行い，**労働安全衛生規則の基準に合致するかそれ以上の計画としなければならない**。

3 ○ **仮設工事には，指定仮設と任意仮設**がある。**指定仮設**は，発注者が設計図書でその構造や仕様を指定するため，施工業者独自の技術と工夫や改善の余地は少ない。一方，**任意仮設**は，指定**仮設以外の仮設物**で，設計図書などへ指定せず，規模や構造などを受注者の自由裁量に任せている仮設のため，**施工業者独自の技術と工夫や改善の余地が多い**。そのため，**より合理的な計画を立てることが重要**である。

4 ○ **仮設工事の材料**は，一般の市販品を**使用して可能な限り規格を統一**し，その**主要な部材については他工事にも転用できるような計画**にするなど，経済性に最大限考慮する必要がある。

No.48　安全管理（地山の掘削作業の安全確保）
【正答　3】

地山の掘削作業の安全管理に関する規定は，労働安全衛生規則第2編第6章「掘削作業等における危険の防止」等に記載されている。

1 ○ 事業者は，**掘削面の高さが2m以上となる地山の掘削**（ずい道及びたて坑以外の坑の掘削を除く）の作業については，地山の掘削及び土止め支保工作業主任者技能講習を修了した者のうちから，**地山の掘削作業主任者を選任しなければならない**と定められている。（同規則第359条，同法施行令第6条第9号）

2○　事業者は，**地山の崩壊または土石の落下により労働者に危険を及ぼすおそれのあるときは，土止め支保工や防護網を設け，労働者の立入りを禁止する等の措置を講じなければならない**と定められている。（同規則第 361 条）

3×　事業者は，掘削の作業に伴う**運搬機械等が労働者の作業箇所に後進して接近するときは，誘導者を配置し，その者にこれらの機械を誘導させなければならない**と定められている。（同規則第 365 条第 1 項）

4○　事業者は，**明り掘削の作業を行う場所**については，当該作業を安全に行うため**必要な照度の保持を行わなければならない**と定められている。（同規則第 367 条）

No.49　安全管理（コンクリート構造物の解体作業）
【正答　2】

コンクリート構造物の解体作業における安全管理に関する規定は，労働安全衛生規則第 2 編第 8 章の 5「コンクリート造の工作物の解体等の作業における危険の防止」等に記載されている。

1○　事業者は，高さ 5m 以上のコンクリート造の工作物の解体または破壊の作業において，**外壁，柱等の引倒し等の作業を行うときは，引倒し等について一定の合図を定め，関係労働者に周知させる**ことと定められている。（同規則第 517 条の 16 第 1 項）

2×　事業者は，**解体用機械を用いて高さ5m 以上のコンクリート造の工作物の解体または破壊の作業の作業を行うとき**は，物体の飛来等により労働者に危険が生ずるおそれのある箇所にその解体用機械の運転者**以外の労働者を立ち入らせないこと**と定められている。（同規則第 171 条の 6 第 1 号）

3○　事業者は，高さ 5m 以上のコンクリート造の工作物の解体または破壊の作業を行う際に，**強風，大雨，大雪等の悪天候のため，作業の実施について危険が予想されるときは，当該作業を中止しなければならない**と定められている。（同規則第 517 条の 15 第 2 号）

4○　事業者が，高さ 5m 以上のコンクリート造の工作物の解体または破壊の作業を行う際に定める**作業計画**には，以下の事項が示されていなければならないとされている。
・**作業の方法及び順序**
・**使用する機械等の種類及び能力**
・**控えの設置，立入禁止区域の設定等，倒壊または落下による労働者の危険を防止するための方法**
（同規則第 517 条の 14 第 2 項）

No.50　品質管理（用語の意味）
【正答　1】

1×　**ロットとは，同一の条件下で生産された品物の集まり**である。

2○　**採取したサンプルをある特性について測定した値をデータ値（測定値）**という。**品質管理**では，主観的な情報ではなく，**品質に関する特性をデータ値化した，客観的事実による管理を重視する**。

3○　平均値のデータの山が最も大きく，平均値を離れて上限，下限に近付くにつれ，データの山が均等に減少していく。こうしたデータの度数分布の形状

を正規分布と呼ぶ。ばらつきの状態が安定の状態にあるとき，測定値の分布は正規分布になる。

4 ○ 試験や検査，分析の材料とする目的で，その対象の母集団全体からある特性を調べるため一部を取り出したものをサンプル（試料）という。

No.51　品質管理（レディーミクストコンクリート）
【正答　4】

1 ○ レディーミクストコンクリートの強度については，「1回の試験結果が，購入者が指定した呼び強度の値の85％以上」である必要がある。設問における呼び強度が24であるのに対し，1回の圧縮強度試験結果は，$21N/mm^2$，つまり呼び強度の87.5％である。したがって，判定基準を満足している。

2 ○ レディーミクストコンクリートの強度については，「3回の試験の平均値が，購入者が指定した呼び強度の値以上」である必要がある。設問における呼び強度は24，3回の圧縮強度試験結果の平均値は，$24N/mm^2$である。したがって，判定基準を満足している。

3 ○ 購入者が指定したスランプが8cm以上18cm以下の場合，スランプ試験の結果のスランプの許容差は，±2.5cm以内である。

　　本肢の場合，指定されたスランプ12cmに対しスランプ試験の結果は10.0cmであれば，差は 10.0 － 12.0 ＝ － 2.0cm となり，許容差を満たしている。したがって，判定基準を満足している。

4 × 空気量試験の結果の許容差は，空気量4.5％（普通，舗装，高強度コンクリートの場合），5.0％（軽量コンクリートの場合）いずれの場合でも±1.5％以内である。本肢の場合，許容差は 5.0 ± 1.5 ％ ＝ 3.5 ～ 6.5 ％ に対し，試験結果3.0％のため，判定基準を満足していない。

No.52　環境保全対策（騒音・振動対策）
【正答　3】

1 × 舗装版の取壊し作業にあたっては，騒音による地域住民の生活環境への影響を最小限に抑えるため，破砕時の騒音，振動の小さい油圧ジャッキ式舗装版破砕機（ブレーカ）の使用，低騒音型のバックホゥの使用など，低騒音・低振動の工法や機械の選定を基本とする発生源対策を原則とする。大型ブレーカは破砕時の騒音も大きくなる傾向がある。

2 × 掘削土をバックホゥ等でダンプトラックなどに積み込む場合，落下高を低くして掘削土の放出をスムースに行う。落下高を高くすると，騒音だけでなく，砂塵や粉塵による周囲の環境への悪影響の原因にもなる。

3 ○ 土工機械の選定では，足回りの構造で振動の発生量が異なる。一般的には車輪式（ホイール式）の機械の方が履帯式（クローラ式）の機械より騒音振動のレベルは小さいが，機械と地盤との相互作用も考慮し，できるだけ振動の発生量が低い機種を選定する。

4 × 建設機械の騒音はエンジンの回転音によるものが多い。また，不必要なエンジンの回転は，悪臭やCO_2発生の原

因にもなる。したがって，作業待ち時には，**建設機械のエンジンは必ず切り，アイドリング状態にしてはいけない。**

No.53　建設リサイクル法（特定建設資材）

【正答　4】

　建設リサイクル法（「建設工事に係る資材の再資源化等に関する法律」）に定められている**特定建設資材**としては，以下の4品目が定められている。(同法施行令第1条)

①コンクリート

②コンクリート及び鉄から成る建設資材

③木材

④アスファルト・コンクリート

　したがって，正答は4である。

1× 　**建設発生土（土砂）**は，リサイクル法（「資源の有効な利用の促進に関する法律」）に定められている「再生資源」（同法施行令別表第2）や「指定副産物」（同別表第7）には含まれているが，上記の**「特定建設資材」**には含まれていない。

2× 　**建設汚泥**は，廃棄物処理法（「廃棄物の処理及び清掃に関する法律」）における「産業廃棄物」の一種と定められている。(同法第2条第4項)

　　　しかし，上記の**「特定建設資材」**には含まれていない。

3× 　**廃プラスチック類**も，2の建設汚泥と同様，廃棄物処理法（「廃棄物の処理及び清掃に関する法律」）における「産業廃棄物」の一種と定められている。(同法第2条第4項)

　　　しかし，上記の**「特定建設資材」**には含まれていない。

No.54　建設機械（コーン指数）

【正答　2】

　建設機械の作業能力（コーン指数）に関する語句の空所補充問題である。

・**ダンプトラック**より**普通ブルドーザ（15t級）**の方が**コーン指数**は（イ）**小**さい。

・**スクレープドーザ**より（ロ）**超湿地ブルドーザ**の方が**コーン指数は小さい。**

・**超湿地ブルドーザ**より**自走式スクレーパ（小型）**の方が**コーン指数**は（ハ）**大きい。**

・**普通ブルドーザ（21t級）**より（ニ）**ダンプトラック**の方が**コーン指数は大きい。**

　したがって，2が正答である。

※**コーン指数**は，建設機械の**走行性**を示すトラフィカビリティーを表す指標である。**コーン指数** q_c が大きいほど，**劣悪な地盤での走行が困難な機械である**ということになる。

　各建設機械が走行するのに必要なコーン指数は，以下のとおりである。（単位：$q_c = \mathrm{kN/m^2}$）

1　超湿地ブルドーザ…200 以上

2　湿地ブルドーザ　…300 以上

3　普通ブルドーザ（15t級）
　　　　　　　　　　…500 以上

4　普通ブルドーザ（21t級）
　　　　　　　　　　…700 以上

5　スクレープドーザ
　　　　　　　　　　…600 以上

6　自走式スクレーパ（小型）
　　　　　　　　　　…1,000 以上

7　ダンプトラック　…1,200 以上

No.55 建設機械
【正答 4】

建設機械の作業内容に関する語句の空所補充問題である。

・（イ）トラフィカビリティーとは，**建設機械の走行性**をいい，一般に**コーン指数**で判断される。

・リッパビリティーとは，（ロ）大型ブルドーザに装着されたリッパによって作業できる程度をいう。

・建設機械の作業効率は，現場の地形，（ハ）土質，工事規模等の各種条件によって変化する。

・建設機械の作業能力は，単独の機械又は組み合わされた機械の（ニ）時間当たりの平均作業量で表される。

したがって，4 が正答である。

No.56 工程管理（工程表の種類）
【正答 4】

各種工程表の種類と特徴に関する語句の空所補充問題である。

・（イ）バーチャートは，**各工事の必要日数を棒線で表した図表**である。

※バーチャートは，作業の流れが左から右へ移行しているため，**作成が簡単で各工事の工期がわかりやすい**という特徴がある。反面，作業間の関連は漠然としかわからず，工期に影響する作業がどれであるかはつかみにくい。

・（ロ）出来高累計曲線は，工事全体の出来高比率の累計を曲線で表した図表である。

※出来高累計曲線における上方，下方の管理限界曲線はバナナ曲線と呼ばれる。

・（ハ）グラフ式工程表は，**各工事の工程**を斜線で表した図表である。

・（ニ）ネットワーク式工程表は，**工事内容を系統だてて作業相互の関連，順序や日数を表した図表**である。

したがって，4 が正答である。

No.57 工程管理（ネットワーク式工程表）
【正答 2】

ネットワーク式工程表は，作業をアクティビティ（矢線→）で，各作業の結節点をイベント（○）で表す。各作業の関連性を矢線と結節点で明確に表現できるため，**クリティカルパス**の確認が容易である。

クリティカルパスとは，ネットワーク式工程表における各ルートのうち，**最も長い日数を要する経路**のことである。最も長い日数を要する経路上の作業が遅延した場合，全体工期の遅延に直結してしまう。クリティカルパスがどのルートになるのか，日数が何日になるのかを特定，算出したうえで，クリティカルパスをいかに順守するかが，工程管理の重要な管理項目になる。

以上を踏まえ，本問のネットワーク式工程表のクリティカルパスを算出すると，最長の経路は ⓪→①→③→⑤→⑥（作業 A→C→E→G）となり，作業日数の合計，つまり**工期は 3 ＋ 6 ＋ 9 ＋ 3 ＝ 21 日**となる。

※なお，表中の点線で示されている矢線はダミーアローといい，**各作業間の前後関係のみを示す**。日数は 0 として計算する。

したがって，（イ）～（ニ）はそれぞれ以下のようになる。

・（イ）作業 C 及び（ロ）作業 E は，クリティカルパス上の作業である。

・作業 B が（ハ）2 日遅延しても，全体の

工期に影響はない。

※クリティカルパス上にある**作業Ｃ（①→③）**の日数は６日である。一方、**クリティカルパス上にない作業Ｂ（①→②→③）**の日数は４日であり、６－４＝２日の余裕日数がある。

・この工程全体の工期は、**（ニ）21 日間**である。

したがって、**2** が正答である。

No.58　安全管理（墜落・落下の防止）
【正答　　1】

墜落・落下の防止に関する語句の空所補充問題である。

墜落・落下の防止に関する規定は、労働安全衛生規則第２編第９章「墜落、飛来崩壊等による危険の防止」等に記載されている。

・作業床の端、開口部には、必要な強度の**囲い、（イ）手すり、（ロ）覆い**を設置する。（同規則第 519 条第 1 項）

・囲い等の設置が困難な場合は、安全確保のため**（ハ）安全ネット**を設置し、**（ロ）要求性能墜落制止用器具を使用させる**等の措置を講ずる。（同規則第 519 条第 2 項）

したがって、**1** が正答である。

No.59　安全管理（車両系建設機械の災害防止）
【正答　　3】

車両系建設機械の安全管理に関する語句の空所補充問題である。

車両系建設機械の安全管理に関する規定は、労働安全衛生規則第２編第２章第１節「車両系建設機械」等に記載されている。

・運転者は、運転位置を離れるときは、**原動機を止め、（イ）かつ、走行ブレーキをかける。**（同規則第 160 条第 2 項）

・転倒や転落のおそれがある場所では、**転倒時保護構造を有し、かつ、（ロ）シートベルト**を備えた機種の使用に努める。（同規則第 151 条の 93）

・**（ハ）乗車席以外の箇所に労働者を乗せてはならない。**（同規則第 162 条）

・**（ニ）その日の作業開始前にブレーキやクラッチの機能について点検する。**（同規則第 170 条）

したがって、**3** が正答である。

No.60　品質管理（x̄-R 管理図）
【正答　　2】

x̄-R 管理図に関する語句の空所補充問題である。

・データには、**連続量として測定される（イ）計量値**がある。

※なお、計数値とは、**非連続的な量として測定されるデータ**のことである。

・**x̄ 管理図**は、工程平均を各組ごとのデータの**（ロ）平均値**によって管理する。

・**R 管理図**は、工程のばらつきを各組ごとのデータの**（ハ）最大・最小の差**によって管理する。

・x̄-R 管理図の管理線として、**（ニ）中心線及び上方・下方管理限界**がある。

※上方管理限界は、英訳 Upward Control Limit の頭文字をとって「UCL」と表記される。また、下方管理限界は英訳 Lower Control Limit の頭文字をとって「LCL」と表記される。

※管理図上に記入した点が**管理限界線の外に出た場合**は、原則としてその工程に異常があると判断しなければならない。また、**連続７点以上の点の偏りや上昇・下降、周期的な点の上下**など、点の並び方にクセがある場合も、工程

の異常が疑われる。

したがって，2 が正答である。

No.61　品質管理（盛土の締固め）
【正答　1】

盛土の締固め管理に関する語句の空所補充問題である。

・盛土の締固めの品質管理の方式のうち**（イ）品質**規定方式は，**盛土の締固め度等を規定するもので，（ロ）工法規定方式は，使用する締固め機械の機種や締固め回数等を規定する方法**である。

・盛土の締固めの効果や性質は，**土の種類や含水比，（ハ）施工方法によって変化する。**

・**盛土が最もよく締まる含水比は，最大乾燥密度が得られる含水比で（ニ）最適含水比**である。

※所要の締固め度が得られる範囲内における最適値の含水比を**施工含水比**と呼ぶ。要求される締固め度の程度によっては，**施工含水比と最適含水比は常に一致するとは限らない。**

したがって，1 が正答である。

第 二 次 検 定 （解 答 例）

必須問題

問題１　土木工事の経験

【重点解説】

　受検者が施工管理に関する経験，知識を十分に有し，それを的確に表現する能力があるか
を判別するための問題である。趣旨を把握して，具体的に簡潔かつ的確に記述することを心
掛ける。例年ほぼ同じ内容の出題形式なので，十分に準備をしておくこと。

〔設問１〕

(1)　**工事名**は，受検者自身が実際に従事して経験した工事，あるいは，受検者が工事請負
　　者の技術者の場合は，受検者の所属会社が受注した工事の名称を記述する。

(2)　**工事の内容**は，問題に指示があるとおり，①発注者名，②工事場所，③工期，④主な
　　工種，⑤施工量，を具体的に，明確に記述する。なお，主な工種とは，路体盛土工，コ
　　ンクリート擁壁工，基礎工，アスファルト舗装工，法面工等，具体的な工事の工種を記
　　述する。

(3)　**工事現場における施工管理上のあなたの立場**とは，工事現場における施工管理者とし
　　ての肩書きのことであり，例えば現場代理人，主任技術者，現場監督員，発注者監督員
　　等のように記述する。会社内での役職，つまり課長，係長，工事担当等ではないので，
　　注意すること。

〔設問２〕

　過去の問題では，例年「品質管理」「安全管理」「工程管理」の各テーマから２テーマが提
示され，そのいずれかを選んだ上で，特に留意した技術的課題など，限定した状況のなかで，
その課題を解決するために検討した内容と採用に至った理由及び現場で実施した対応措置
を，具体的に記述する問題であった。

　令和４年度は，設問１の工事で実施した**「現場で工夫した品質管理」**または**「現場で工夫
した工程管理」**のいずれかを選び，**特に留意した技術的課題，技術的課題を解決するために
検討した項目と検討理由及び検討内容，技術的課題に対して現場で実施した対応処置とその
評価**を具体的に記述するものであった。

　それぞれの現場ごとに技術的課題があるはずで，工事を進めるにあたり，その技術的課題
を解決するために，「品質管理」，あるいは「工程管理」の面でどのようなことを検討し，そ
の検討の結果，自らの判断によってどのような対応処置を実施し，対応処置に対してどのよ
うな評価を下したかを簡潔に要領よくまとめる。単に施工の状況説明に終始しないように，
注意する必要がある。

必須問題

問題2　工程管理

　工程表の特徴に関する文の空所補充問題である。

　第一次検定レベルの知識をしっかり定着させることが重要である。

(1)　横線式工程表には，バーチャートとガントチャートがあり，バーチャートは縦軸に部分工事をとり，横軸に必要な (イ) 日数を棒線で記入した図表で，各工事の工期がわかりやすい。ガントチャートは縦軸に部分工事をとり，横軸に各工事の (ロ) 出来高比率を棒線で記入した図表で，各工事の進捗状況がわかる。

(2)　ネットワーク式工程表は，工事内容を系統的に明確にし，作業相互の関連や順序，(ハ) 施工時期を的確に判断でき，(ニ) 全体工事と部分工事の関連が明確に表現できる。また，(ホ) クリティカルパスを求めることにより重点管理作業や工事完成日の予測ができる。

(イ)	(ロ)	(ハ)	(ニ)	(ホ)
日数	出来高比率	施工時期	全体	クリティカルパス

必須問題

問題3　施工計画（事前調査）

　土木工事の施工計画を作成するにあたって実施する事前の調査に関する記述問題である。①契約書類の確認，②自然条件の調査，③近隣環境の調査のうちから2つを選び，調査の実施内容についておおよそ以下のような主旨の記述ができればよい。

　解答に関連する技術基準を記した資料としては，国土交通省「土木工事安全施工技術指針」などがある。

番　号	実施内容
①	・工事の目的，工期，契約金額，支払い条件や契約変更の際の条件など，工事契約の内容の確認 ・設計図書，及び設計図書と現場との相違点の確認
②	・現場における地形，地質，土質，地下水の状況等の調査 ・現場での施工に影響があると予測される水文気象のデータ等の調査
③	・騒音，振動発生などに関する規制基準の内容等の調査 ・文化財や地下埋設物などの有無，及び内容等の調査 ・隣接する建物や構造物の工事の状況等の調査

必須問題
問題4　コンクリート

コンクリートの養生に関する文の空所補充問題である。

解答に関連する技術基準を記した資料としては，土木学会「コンクリート標準示方書」，日本規格協会「JIS ハンドブック（生コンクリート）」などがある。

(1)　養生とは，仕上げを終えたコンクリートを十分に硬化させるために，適当な (イ) 温度と湿度を与え，有害な (ロ) 外力等から保護する作業のことである。
(2)　養生では，散水，湛水，(ハ) 湿布で覆う等して，コンクリートを湿潤状態に保つことが重要である。
(3)　日平均気温が (ニ) 低いほど，湿潤養生に必要な期間は長くなる。
(4)　(ホ) 混合セメントを使用したコンクリートの湿潤養生期間は，普通ポルトランドセメントの場合よりも長くする必要がある。

(イ)	(ロ)	(ハ)	(ニ)	(ホ)
温度	外力	湿布	低い	混合

必須問題
問題5　土工（盛土材料）

盛土材料に関する記述問題である。盛土の安定性や施工性を確保し良好な品質を保持するため，盛土材料として望ましい条件について，任意に2つ，おおよそ以下のような主旨の記述ができればよい。

解答に関連する技術基準を記した資料としては，国土交通省「土木工事共通仕様書」，日本道路協会「道路土工構造物技術基準・同解説」などがある。

盛土材料として望ましい条件
・盛土完成後のせん断強度が高いこと
・盛土完成後の圧縮性が小さいこと
・盛土完成後の沈下量が小さいこと
・敷均しが行いやすいこと
・所定の締固めが行いやすいこと
・建設機械のトラフィカビリティーが確保しやすいこと
・膨潤性が低いこと
・草や木といった有機物を含まないこと

選択問題 (1)

問題6　土工（土の原位置試験）

土の原位置試験とその結果の利用に関する文の空所補充問題である。

解答に関連する技術基準を記した資料としては，国土交通省「土木工事共通仕様書」，日本道路協会「道路土工構造物技術基準・同解説」などがある。

(1)　標準貫入試験は，原位置における地盤の硬軟，締まり具合又は土層の構成を判定するための (イ) N値を求めるために行い，土質柱状図や地質 (ロ) 断面図を作成することにより，支持層の分布状況や各地層の連続性等を総合的に判断できる。

(2)　スウェーデン式サウンディング試験は，荷重による貫入と，回転による貫入を併用した原位置試験で，土の静的貫入抵抗を求め，土の硬軟又は締まり具合を判定するとともに (ハ) 軟弱層の厚さや分布を把握するのに用いられる。

(3)　地盤の平板載荷試験は，原地盤に剛な載荷板を設置して垂直荷重を与え，この荷重の大きさと載荷板の (ニ) 沈下量との関係から，(ホ) 地盤反力係数や極限支持力等の地盤の変形及び支持力特性を調べるための試験である。

(イ)	(ロ)	(ハ)	(ニ)	(ホ)
N値	断面図	軟弱層	沈下量	地盤反力

選択問題 (1)

問題7　品質管理（レディーミクストコンクリート）

レディーミクストコンクリートの受入れ検査に関する文の空所補充問題である。

解答に関連する技術基準を記した典拠としては，JIS A 5308（レディーミクストコンクリート）が挙げられる。

(1)　スランプの規定値が 12cm の場合，許容差は± (イ) 2.5cm である。

(2)　普通コンクリートの (ロ) 空気量は 4.5％であり，許容差は± 1.5％である。

(3)　コンクリート中の (ハ) 塩化物含有量は 0.30kg/m³ 以下と規定されている。

(4)　圧縮強度の1回の試験結果は，購入者が指定した (ニ) 呼び強度の強度値の (ホ) 85％以上であり，3回の試験結果の平均値は，購入者が指定した (ニ) 呼び強度の強度値以上である。

(イ)	(ロ)	(ハ)	(ニ)	(ホ)
2.5	空気量	塩化物	呼び	85

選択問題（2）
問題8　安全管理（墜落等による危険の防止対策）

　高さ 2m 以上の高所作業を行う場合において，労働安全衛生法で定められている事業者が実施すべき墜落等による危険の防止対策を記述する問題である。

　高所作業における墜落の防止に関する規定は，労働安全衛生規則第 2 編第 9 章第 1 節「墜落等による危険の防止」等に記載されている。

　解答については，以下のような内容の解答を 2 つ記述できればよい。

　解答に関連する典拠としては，各文末尾に付した労働安全衛生規則の各条項が挙げられる。（カッコ内については解答に記載する必要はない）

墜落等による危険の防止対策
①足場を組み立てる等の方法により作業床を設ける。（労働安全衛生規則第 518 条第 1 項） ②作業床の設置が困難な場合は，防網を張る，労働者に要求性能墜落制止用器具を使用させる。（同規則第 518 条第 2 項） ③高さ 2m 以上の作業床の端や開口部等に，囲い，手すり，覆い等を設ける。（同規則第 519 条第 1 項） ④仮設通路で墜落の危険のある箇所には，高さ 85cm 以上の手すりまたは同等以上の機能を有する設備を設ける。（同規則第 552 条第 1 項第 4 号イ） ⑤強風，大雨，大雪等の悪天候で危険が予想される場合は作業を中止する。（同規則第 522 条） 　他

選択問題（2）
問題9　環境保全対策（騒音防止対策）

　ブルドーザまたはバックホゥを用いて行う建設工事における具体的な騒音防止対策に関する記述問題である。

　解答については，以下のような内容の解答を 2 つ記述できればよい。

具体的な騒音防止対策
①ブルドーザまたはバックホゥを用いて行う建設工事における建設機械の選定にあたっては，低騒音型建設機械の使用を優先的に検討する。 ②ブルドーザまたはバックホゥを用いて行う建設工事においては，できる限り衝撃力による施工を避け，不必要な高速運転やむだな空ぶかしを行わないよう丁寧に運転する。 ③ブルドーザを用いて掘削押土を行う場合，無理な負荷をかけないようにし，後進時の高速走行を避けて，丁寧に運転する。 ④ブルドーザまたはバックホゥを用いて行う建設工事においては，騒音の発生源に近い地点に遮音壁や遮音シートを設置する。 　他

No.1　建設機械（土の締固め作業）
【正答　4】

1○　タイヤローラは，路盤などの締固めに使用される建設機械で，大型ゴムタイヤによって土を締め固める。土質に合わせて接地圧の調節や自重を加減することができ，**細粒分を適度に含んだ山砂利の締固めに適している**。

2○　振動ローラは，鉄輪を振動させながら転圧を行う機械で，**砂や砂利のほか，岩塊や砂質土**（ただし含水比の高い砂質土には不向き）**など，適応土質は幅広く，路床の締固めに適している**。

3○　タンピングローラは，**土塊や岩塊などの破砕や締固めや土工作業での重転圧に用いられる建設機械**であり，低含水比の関東ロームの締固めに適している。

4×　ランマは，振動や打撃によって，**路肩や狭い場所などの締固めや建築物の基礎，埋設物の埋戻しなどに使用される建設機械**である。タンパは，小型エンジンの駆動によって振動板に連続的な振動を与えることで，**大型の締固め機械が使用できないような狭い場所の土の締固めに用いられる建設機械**である。いずれも，**大規模な締固めに適していない**。

No.2　土質試験名称と結果の活用
【正答　1】

1×　**標準貫入試験**は，標準貫入試験用サンプラーをロッドに接続してボーリング孔に降ろし，重量 $63.5 \pm 0.5\mathrm{kg}$ のハンマにより落下高 $76 \pm 1\mathrm{cm}$ で $30\mathrm{cm}$ 貫入させるのに要する打撃回数，すなわちＮ値を測定する試験である。**試験結果は，地層の判別や地盤の支持力の判定に利用される**。地盤の透水性の判定に利用される試験としては，ボーリング孔を利用した透水試験などが挙げられる。

2○　砂置換法による土の密度試験は，掘出し跡の穴を乾燥砂で置換えすることにより，掘り出した土の体積を知ることによって，湿潤密度を測定する方式である。試験結果は，盛土の締固め度や締まり具合の判定など，**土の締固め管理に利用される**。

3○　ポータブルコーン貫入試験は，原位置の地表やボーリング孔などを利用し，地盤の性質を直接調べる**土の原位置試験**の一種である。試験結果は，**建設機械の走行性（トラフィカビリティー）の判定**などに用いられる。

4○　**ボーリング孔**を利用した透水試験は，対象となる地盤に設置した測定用パイプの中の水位を経時的に測定する試験で，測定内容から透水係数が求められる。試験結果は，1の解説で触れた地盤の透水性の判定の他，**地盤改良工法の設計**，地盤掘削時の補助工法の検討などに用いられる。

No.3　道路土工の盛土材料
【正答　3】

道路土工を含めた盛土材料として望ましい条件としては，以下が挙げられる。

・盛土完成後のせん断強度が高いこと
・盛土完成後の圧縮性が小さいこと
　（沈下量が小さいこと）
・敷均しが行いやすいこと
・所定の締固めが行いやすいこと
・建設機械のトラフィカビリティーが確保しやすいこと
・透水性が小さいこと（ただし，裏込め材や埋戻し土の場合は，透水性がよく雨水等が浸透しても強度低下が起こりにくい方が望ましい）
・水の吸着による体積増加が小さい（膨潤性が低い）こと
・草や木といった有機物を含まないこと

3の「盛土完成後のせん断強度が低いこと」は，盛土材料として望ましい条件として適当でない。したがって，3が正答である。

No.4　軟弱地盤の改良工法（固結工法）
【正答　2】

1 ○　**深層混合処理工法**は，軟弱地盤の表面から深層までの土とセメントや石灰などの処理安定材とを混合することで地盤強度の増大を図る工法である。**大きな強度が短期間で得られ，沈下防止に効果が大きい**という特徴がある。

2 ×　**薬液注入工法**は，地盤中に**薬液を注入**し，土粒子を結合させることによって**透水性の減少**や**地盤強度の増大を図る工法**である。

3 ○　深層混合処理工法には，**安定材と軟弱土を深層混合処理機によって混合する**機械攪拌方式と，高圧ジェットで地盤を破砕し，切削部分に安定材を充填させる高圧噴射方式がある。

4 ○　**薬液注入工法**では，周辺地盤等の沈下や隆起が発生し，埋設物や構造物が変状を受けることのないよう，**地盤の状態の監視**，及び地盤の状態に応じた薬液注入圧力や速度，注入量等の調整が必要である。

No.5　コンクリート用混和剤
【正答　3】

1 ×　流動化剤は，高性能減水剤の一種である。**減水率が特に高く，流動化コンクリート用として流動性の改善に使用される。耐凍害性を向上する目的で使用されるものではない。**

2 ×　収縮低減剤は界面活性剤の一種で，コンクリート $1m^3$ 当たり $5 \sim 10kg$ 程度添加することで**コンクリートの乾燥収縮ひずみを低減することが可能である。耐凍害性を向上する目的で使用されるものではない。**

3 ○　AE剤は，**コンクリート中に微細な独立した気泡を一様に分布させる混和剤**である。AE剤の使用により，コンクリートのワーカビリティーがよくなり，分離しにくくなる効果が期待でき，**凍結や融解に対する抵抗性も高まるため，耐凍害性も向上する。**

4 ×　鉄筋コンクリート用防錆剤は，鉄筋の防錆効果を期待する混和剤である。**耐凍害性を向上する目的で使用されるものではない。**

No.6　レディーミクストコンクリートの配合
【正答　4】

1 ○　レディーミクストコンクリートの単

位水量は，所要のワーカビリティーが得られる範囲内で，できるだけ少なくするのが原則である。

2 ○　水セメント比は，値が小さくなるほど，強度，耐久性，水密性は高くなる。ただし，値があまり小さくなりすぎると，単位セメント量が大きくなり，水和熱や自己収縮が増大する。したがって，水セメント比は，**強度や耐久性等を満足する値の中から最も小さい値を選定する。**

3 ○　スランプは，円滑かつ密実に型枠内へ打ち込めるよう，運搬，打込み，締固めなど施工ができる範囲内で，できるだけ小さくなるように設定する。

4 ×　凍結融解作用（コンクリート中の水分が凍結・膨張と融解を繰り返すこと）を受けるような場合には，レディーミクストコンクリートには，**強度に影響を及ぼさない範囲内で所定の空気量を連行させる**のがよい。

No.7　フレッシュコンクリートの性質
【正答　3】

1 ○　材料分離抵抗性とは，**フレッシュコンクリート中の材料が分離することに対する抵抗性**のことを指す。一般に，コンクリートの**単位水量が大きくなると，材料分離抵抗性が低下**する。

2 ○　ブリーディングとは，**コンクリートの練混ぜ水の一部が遊離してコンクリート表面に上昇する現象**である。ブリーディングの発生に関係する要因としては，単位水量（多いほど発生しやすい），セメント量（少ないほど発生しやすい），細骨材の微粒分（少ないほど発生しやすい），温度（低いほど発

生しやすい）などがある。

3 ×　**変形または流動に対する抵抗性**を指すのはコンシステンシーである。**ワーカビリティーとは，コンクリートの一連の作業（運搬，打込み，締固め，仕上げ等）のしやすさを示す性質**のことを指す。

4 ○　レイタンスとは，ブリーディングに伴い，**フレッシュコンクリートの表面に浮かび上がって沈殿・形成される微細な物質**のことである。硬化後のコンクリートの表面に地色の薄皮状に発生する。レイタンスは固まっても強度はほとんどなく，**打継ぎ面のぜい弱点になるため，必ず除去する必要がある。**

No.8　コンクリートの運搬と打込み
【正答　2】

1 ○　コンクリートの現場内での運搬方法としては，ポンプ，バケット，コンクリートタワー，ベルトコンベア，シュート，手押し車などの方法がある。**バケットをクレーンで運搬する方法は，**運搬中のコンクリートの振動を少なくできるため，**コンクリートの材料分離を起こしにくい**という特徴がある。

2 ×　コンクリートポンプで圧送する前に送る**先送りモルタルの水セメント比**は，ポンプ車の配管内を潤滑にするため，**使用するコンクリートの水セメント比よりも小さくする。**

3 ○　型枠内にたまった水は，コンクリートに脆弱な層が形成される可能性があるため，**コンクリートの打込み前に取り除かなければならない。**

4 ○　**コンクリートを2層以上に分けて打ち込む場合**には，上層と下層のコンク

リートの打継目が極力一体となるように，**下層のコンクリート中に棒状バイブレータ（内部振動機）を10cm程度挿入する**。

No.9　既製杭の中掘り杭工法
【正答　3】

　既製杭の中掘り杭工法とは，先端が開放されている既製杭の内部にオーガを通すことで**地盤の掘削・杭の沈設を行う工法**である。

1 ○　地盤の掘削は，上記のとおり，一般に**既製杭の内部にアースオーガを通して掘削を行う**。

2 ○　中掘り杭工法の**先端処理方法**には，**セメントミルク噴出攪拌方式**とハンマで打ち込む**最終打撃方式**，コンクリート打設方式等がある。

3 ×　**中掘り杭工法**は，一般に打込み杭工法に比べて，**得られる杭の支持力が小さい。打込み杭工法は**，一般にプレボーリング杭工法や中掘り杭工法など，**他の工法に比べ締固め効果が高く，杭の支持力が大きい**。

4 ○　掘削中に杭先端部や杭周辺の地盤の緩みが生じると十分な支持力が得られなくなるおそれがある。そのため，緩みを最小限に抑えるために**過大な先掘り及び拡大掘りは行わない**。

No.10　場所打ち杭の工法名と資機材
【正答　2】

1 ×　**深礎工法**は，掘削孔が自立する程度掘削して，山留め材（ライナープレート）を用いて孔壁の崩壊を防止しながら，**人力又は機械で掘削する工法**である。

2 ○　**オールケーシング工法**は，ケーシングチューブを挿入して孔壁の崩壊を防止しながら，**ハンマグラブ**と掘削機で掘削し，支持層に達したことを確認した後，スライム除去や鉄筋かごの建込みを行い，**トレミー管**でコンクリートの打設を行う工法である。

3 ×　**リバースサーキュレーション工法**は，**スタンドパイプ**を建て込み，スタンドパイプ以深の地下水位を高く保ちつつ孔壁を保護・安定させながら，水を循環させて削孔機で掘削する工法である。

4 ×　**アースドリル工法**は，比較的崩壊しやすい地表部に長さ2～4mの表層ケーシングチューブを建て込み，以深はベントナイト等を主材料とする安定液によって形成されるマッドケーキと，地下水との水位及び比重の差による相互作用で孔壁を安定させる工法である。

No.11　土留め工法
【正答　1】

1 ×　**自立式土留め工法**は，主として掘削側の地盤の抵抗により土留め壁を支持する工法である。切梁や腹起しを用いる工法は切梁式土留め工法である。切梁や腹起し等の支保工と掘削側の地盤の抵抗により土留め壁を支持する。

2 ○　**アンカー式土留め工法**は，引張材を用い，土留めアンカーの定着と掘削側の地盤の抵抗によって土留め壁を支持する工法である。

3 ○　**ヒービング**とは，軟弱な粘土質地盤を掘削した時に，土留め背面の土の重量や土留めに接近した地表面での上載荷重等により，掘削底面が盛り上がり，

最終的には土留め崩壊に至る現象である。

4○ ボイリングとは，砂質地盤で地下水位以下を掘削し遮水性の土留め壁を用いた際に，土留め壁の両側の水位差により上向きの浸透流が生じ，**沸騰したように砂が吹き上がって掘削底面の土がせん断抵抗を失い，急激に土留めの安定性が損なわれる現象**である。

No.12　鋼材の溶接継手
【正答　3】

1○ 溶接を行う部分については，ブローホールや割れが発生するおそれのある黒皮，さび，塗料，油等があってはならないため除去する。

2○ 溶接を行う際は，**溶接線近傍を十分に乾燥させなければならない。**

3× **応力を伝える溶接継手には，完全溶込開先溶接，部分溶込開先溶接，または連続すみ肉溶接を用いるのを原則とする。**

4○ **開先溶接**(グルーブ溶接)においては，溶接欠陥が生じやすいため**エンドタブを取付ける。**エンドタブは，溶接の始端及び終端が溶接する部材上に入らないようにしなければならない。

No.13　鋼道路橋に用いる高力ボルト
【正答　2】

1○ **高力ボルト軸力の導入は，ナットを回して行う**のが原則である。やむを得ず頭部を回す場合は，トルク係数値の変化を確認することが必要である。

2× **高力ボルトの締付けは，継手の端部のボルトから行うと，中央の連結板が浮き上がってしまう。したがって，連結板の中央のボルトから順次端部のボ**ルトに向かって実施し，2度締めを行うものとする。

3○ **高力ボルトの長さは，部材を十分に締め付けられる長さとする**必要がある。例えば，呼び径が M22 のトルシア形高力ボルトの長さは，締付け長さに 35mm を加えた値を標準とし，M16 の場合は同 25mm，M20 の場合は同 30mm を加えた値が標準となる。

4○ **高力ボルトの摩擦接合は，高力ボルトの締付けで生じる部材相互の摩擦抵抗で応力を伝達する。**摩擦接合においては，接合面で所定のすべり係数 (0.4) を確保する必要がある。

No.14　コンクリートの劣化機構
【正答　2】

1○ 塩害はコンクリートの劣化機構の一種で，コンクリート中に侵入した**塩化物イオンが劣化要因となり，鉄筋の腐食を引き起こす現象**である。塩害対策として，**水セメント比をできるだけ小さくし，コンクリートの密度を上げる**ことで塩化物イオンの侵入を防止する方法がある。

2× ブリーディングとは，**コンクリートの練混ぜ水の一部が遊離してコンクリート表面に上昇する現象**であり，コンクリートの劣化機構には含まれない。

3○ アルカリシリカ反応（アルカリ骨材反応）はコンクリートの劣化機構の一種で，**反応性骨材中に含まれるシリカ分が劣化要因となり，コンクリート中に含まれるアルカリ性の水分が反応する現象**を指す。アルカリシリカ反応により，骨材の表面に膨張性の物質が生成されて吸水膨張することでコンクリ

ートにひび割れが生じる。

4○　凍害はコンクリートの劣化機構の一種で，寒冷地において**コンクリート中に含まれる水分が凍結し，その際に生成された氷によって発生する凍結膨張圧が劣化要因となり，コンクリートを破壊する現象**である。

本問で取り上げられていないコンクリートの劣化機構としては，空気中の二酸化炭素 CO_2 が劣化因子となり引き起こされる中性化がある。

No.15　河川堤防に用いる土質材料
【正答　3】

1○　河川堤防の土質材料としては，**堤体の安定に支障を及ぼすような圧縮変形や膨張性がない**材料が求められる。

2○　河川堤防に用いる土質材料としては，浸水，乾燥等の環境変化に対して，**法すべりやクラック等が生じにくい**材料が求められる。

3×　河川堤防の土質材料としては，締固めにおいて，単一な粒度ではなく，高い密度を与えるような粒度分布を有する材料の方が好ましい。

4○　河川堤防に用いる土質材料としては，できるだけ**不透水性で，透水性は外水位の変動に対して許容しうる範囲内にある**ことが望ましい。透水性の高い土は，堤体の漏水などによる破壊のおそれがあるため，使用は忌避される。

No.16　河川護岸
【正答　2】

1×　**高水護岸**は，橋梁や堰などの構造物の上下流における流れの強くなる場所に設置され，**複断面の河川において高水時に堤防の表法面を保護する**ために

施工する。裏法面や天端の保護の機能はない。

2○　**法覆工**は，堤防の法面をコンクリートブロック等で被覆し保護する構造物である。堤防の法勾配が緩く流速が大きな場所では，積ブロックで施工する。

3×　**基礎工**は，法覆工の法尻部に設置し，**法覆工を支えるための基礎**であり，洗掘に対する保護や裏込め土砂の流出を防ぐために設置するものである。

4×　**小口止工**は，法覆工の上下流の端部に設けられ，**護岸を侵食破壊から保護**する構造物である。

No.17　砂防えん堤の施工
【正答　4】

1○　**水抜き**は，一般に**本えん堤施工中の流水の切替えや，堆砂後の浸透水を抜いて水圧を軽減する**ために設けられる構造物である。水通し中心線で対称となるよう千鳥に配置することを標準とする。

2○　**袖**は，洪水を越流させないために設けられるもので，**両岸に向かって上り勾配で設けられる**。勾配は上流の計画堆砂勾配と同程度またはそれ以上として設計し，**土石などの流下による衝撃に対して強固な構造**とする。

3○　**水通し**は，えん堤上流からの流水の**越流部として設置**され，その形状は一般に逆台形で，本えん堤を越流する流量に対して十分な大きさとする。越流水深をできるだけ小さくし，水通しの最小の幅は土石流や流木等を考慮し3m程度に設定する。

4×　**水叩き**は，**本えん堤を越流した落下**水の衝撃による洗掘の防止を目的に，

前庭部に設けられるコンクリート構造物である。

No.18 地すべり防止工
【正答 1】

1 ○ 排土工は抑制工の一種で，地すべり頭部の不安定な土塊を排除し，土塊の滑動力を減少させる工法である。

2 × 横ボーリング工は，帯水層をねらってボーリングを行い，浅層の地下水を排除することで地塊の安定化を図る抑制工に区分される工法である。横ボーリングは，地すべり斜面に向かって水平よりやや上向きに施工する。

3 × 排水トンネル工は，内部からの集水ボーリングによって排水トンネルを設け，深層地下水を排除することで地塊の安定化を図る抑制工の一種であり，地すべり規模が大きい場合に用いられる工法である。

4 × 杭工は，杭の挿入によって地すべり運動の一部または全部の停止を図る工法であり，抑止工に区分される。

No.19 アスファルト舗装における路盤の施工
【正答 1】

1 × 上層路盤に用いる粒度調整路盤材料は，材料分離に留意しながら粒度調整路盤材料を均一に敷き均す。材料が乾燥しすぎている場合は適宜散水し，最適含水比付近の状態で締め固める。

2 ○ 下層路盤に用いるセメント安定処理路盤材料は，一般に路上混合方式により製造する。路上混合方式の安定処理工を使用した下層路盤では，1層の仕上り厚さを 15～30cm を標準とする。

3 ○ 下層路盤材料は，施工現場近くで経済的に入手できるものの中から品質規格を満足するものを用いるのが一般的である。

4 ○ 上層路盤の瀝青安定処理工法は，骨材に瀝青材料を添加して処理する工法である。平坦性がよく，たわみ性や耐久性に富むという特長がある。

No.20 アスファルト舗装の施工
【正答 4】

1 ○ 加熱アスファルト混合物の舗設前には，路盤または基層表面のごみ，泥，浮き石等を清掃して取り除く。さらに，路盤に結合材の過不足のため安定していない所や地下水等により部分的に軟化している所や不陸などがないかを点検し，路盤に欠陥が生じていた場合には手直しを行う。

2 ○ 現場に到着したアスファルト混合物は，ただちに均一に敷き均す。敷均しには原則としてアスファルトフィニッシャを用いるが，機械を使用できない狭い所や小規模工事等では，人力によることもある。

3 ○ 加熱アスファルト混合物は，敷均し終了後，所定の密度が得られるように締め固める。締固め作業は，継目転圧，初転圧，二次転圧，仕上げ転圧の順序で行う。

4 × 継目の施工は，継目または構造物との接触面にタックコートを施工後，敷き均した混合物を舗設し，締め固めて密着させる。

No.21　アスファルト舗装の破損の種類
【正答　3】

1× 　道路縦断方向の凹凸は，道路の延長方向に，比較的長い波長で生じる凹凸で，どこにでも生じる破損である。切削オーバーレイが修繕の基本となるが，詳細な調査を実施する必要がある。

2× 　ヘアクラックは，縦・横・斜め不定形に，幅1mm程度に生じる比較的短いひび割れで，主に表層に生じる破損である。アスファルトの初転圧時に生じる場合がある。

3○ 　わだち掘れは，通行車両の影響により路床・路盤の圧縮変形が促進され，アスファルト混合物の塑性変形が加わって，車両の通過位置が同じところにおいて道路の横断方向に生じる凹凸状の破損である。主な原因は，渋滞などにより，車両の荷重がかかることである。特に温度の高い夏場は進行が早くなる傾向がある。

4× 　線状ひび割れは，縦・横に幅5mm程度で長く生じるひび割れである。路盤の支持力が不均一な場合や舗装の継目に生じる破損であり，路盤も損傷している可能性があるため，詳細な調査を実施して修繕計画を立てる。

No.22　コンクリート舗装
【正答　4】

1○ 　アスファルト舗装と同様に，コンクリート舗装でも，きわめて軟弱な路床は置換工法や安定処理工法等によって支持力を改善する。

2○ 　コンクリート舗装は，路盤の厚さが30cm以上の場合，設計・施工の経済

性の観点から，上層路盤と下層路盤に分けて施工する。

3○ 　コンクリート舗装の施工に先立ち実施した地盤調査で地盤の状態がよくないと判定された場合，普通コンクリート版の中に鉄網を敷設する。鉄網を用いる場合は，表面から版の厚さの1/3程度のところに配置する。

4× 　コンクリート舗装の最終仕上げは，表面仕上げや目地の設置の終了後，コンクリート舗装版表面の水光りが消えてから，ほうきやブラシを横方向に引いて粗面仕上げを行う。

No.23　ダムの施工
【正答　3】

1○ 　ダム工事は，一般的に大規模で工期が長期間にわたる。そのため，工事に必要な設備，機械を十分に把握し，施工設備を適切に配置することが安全で合理的な工事を行ううえで必要である。

2○ 　転流工は，ダム本体工事を確実かつ容易に施工するため，工事期間中河川の流れを迂回させるもので，比較的川幅が狭く，流量が少ない日本の河川では仮排水トンネル方式が多く用いられている。

3× 　長孔ボーリングで穴をあけて爆破し，順次上方から下方に切り下げ掘削する工法は長孔発破工法である。ベンチカット工法は，最初に平坦なベンチ面を造成し，階段状に切り下げる工法である。

4○ 　重力式コンクリートダムにおいて基礎岩盤の補強・改良を行うグラウチングには，コンクリートダムの着岩部付

近の遮水性改良と岩盤の一体化を目的とするコンソリデーショングラウチングと，基礎地盤及びリム部の地盤における高透水部の遮水性の改良を目的とするカーテングラウチングがある。

No.24 トンネルの山岳工法における覆工コンクリート
【正答　2】

1○　覆工コンクリートのつま型枠は，打込み時のコンクリートの圧力に耐えられる構造とする。また，つま型枠の取り付けの際は，コンクリートの品質低下の原因となるモルタル漏れなどが起きないように留意する必要がある。

2×　覆工コンクリートの打込みは，一般に地山の変位の収束が確認された後に行う。また，型枠に偏圧が作用しないように，左右に分割し，覆工の両側から左右均等に，できるだけ水平に連続して打ち込む必要がある。

3○　覆工コンクリートの型枠の取外しは，打ち込んだコンクリートが自重などに耐えられる強度に達した後に行う。また，型枠の取外し時期を決定するコンクリートの材齢強度は，現場条件に養生条件を合わせた供試体を用いた試験によって確認する。

4○　覆工コンクリートの養生は，打込み後，硬化に必要な温度及び湿度を保ち，適切な期間を設定して行う。また，養生の際には，夏期には湿度低下を抑制するための散水，冬期には温度低下を防止するためのシート養生やジェットヒーターによる加熱など，施工環境に応じた付加的な対策を講じる。

No.25 海岸における消波工
【正答　3】

1×　乱積みは，異形ブロックを投げ込みのまま積み上げる手法である。層積みに比べて据付けが容易であるが，据付け当初の安定性は悪い。

2×　層積みは，異形ブロックを整然と規則正しく配列する積み方である。外観が美しく，据付け当初から安定性がよいといった特徴がある。

3○　乱積みは，荒天時の高波を受けるたびに沈下し，徐々にブロック同士のかみ合わせがよくなるため安定性は高まる。

4×　層積みは，乱積みに比べて据付けに手間がかかる弱点がある。また，海岸線の曲線部等の施工性については，ブロックを投げ込みのまま積み上げるため配列時の細かい調整を必要としない乱積みの方が良好である。

No.26 グラブ浚渫船による施工
【正答　4】

1×　グラブ浚渫船は，ポンプ浚渫船に比べ，底面を平坦に仕上げるのには向かない。ポンプ浚渫船は，先端にカッターヘッドのついた吸入管を海底に下ろし，カッターヘッドで切り取った土砂をポンプで吸い上げながら浚渫を行う浚渫船で，大量の浚渫に適しており，底面を平坦に仕上げるのが容易である。

2×　グラブ浚渫船は，グラブバケットで海底の砂をつかみ，ウインチとワイヤーでつり上げて浚渫するタイプの浚渫船である。作業半径を小さくとることができるため，岸壁や防波堤など構造

物前面の浚渫や，狭い場所での浚渫にも使用できるという特徴がある。

3 × 非航式グラブ浚渫船は，自力航行ができないため，標準的な船団は，グラブ浚渫船と非自航式土運船の他，引船及び自航揚錨船で構成される。

4 ○ グラブ浚渫後の出来形確認測量は，原則として音響測深機を用いて行う。測量作業は，出来形に不具合があった場合に速やかに修正ができるよう，工事現場にグラブ浚渫船がいる間に行う。

No.27 鉄道工事における砕石路盤
【正答　2】

1 ○ 路盤とは，道床を直接支持する部分のことを指し，使用する材料により，土路盤と砕石路盤に大別される。砕石路盤は，軌道を安全に支持し，路床へ荷重を分散伝達し，有害な沈下や変形を生じない等の機能を有するものでなければならない。

2 × 砕石路盤では，締固めの施工がしやすく，外力に対して安定を保ち，かつ，有害な変形が生じないよう，圧縮性が小さい材料を用いるものとする。

3 ○ 砕石路盤の施工は，材料の均質性や気象条件などを考慮して，所定の仕上り厚さや締固めの程度が得られるように入念に行う。締固めにあたっては，ローラで一通り軽く転圧した後に再び整形し，整形後にロードローラ，振動ローラ，タイヤローラなどを併用して十分に締め固める。

4 ○ 砕石路盤の施工管理においては，路盤の層厚，平坦性，締固めの程度等が確保できるよう留意するものとする。

例えば，表面の仕上り精度は，設計高さに対して±25mm以内を標準とし，有害な不陸がないようにできるだけ平坦に仕上げることとなっている。

No.28 鉄道の営業線近接工事
【正答　1】

1 ○ 線閉責任者は，工事または作業終了時における列車または車両の運転に対する支障の有無の工事管理者等への確認が主な職務である。

2 × 停電作業者は，停電責任者の下，電力供給用の架空線に近接しての工事・作業時における停電作業の実施が主な職務である。

3 × 列車見張員は，線路に近接している作業現場における列車の進来の監視や，列車の安全運行，作業員の安全確保を職務とする。工事現場ごとに専任の者を配置することが義務づけられており，他の作業従事者がこれらを兼任することはできない。

4 × 踏切警備員は，踏切を横断する歩行者や自動車と通過する列車が接触しないよう監視すること，及び歩行者や自動車の安全誘導や注意喚起が主な職務である。列車見張員の資格取得が必須である。

No.29 シールド工法の施工
【正答　3】

1 ○ セグメントをシールド機の中で組み立てるために，セグメントの外径は，シールドで掘削される掘削外径より小さくなる。

2 ○ 覆工に用いるセグメントの種類は，コンクリート製や鋼製のものがある。鋼製セグメントは，材質が均質で強度

も保証されており，比較的軽量である
ため施工性も良好である。一方，(鉄筋)
コンクリート製セグメントは，鋼製セ
グメントより施工の影響による座屈や
変形が起こりにくいという特徴があ
る。

3 × シールドマシンは，フード部（切削
機構を備えている），ガーダー部及び
テール部の３つに区分される。シール
ドを推進させるジャッキを備えている
のは，ガーダー部である。シールドの
テール部は，シールド鋼殻後部のセグ
メントを組み立てる部分のことを指
し，覆工作業ができる機構を備えてい
る。

4 ○ シールド推進後は，セグメントの外
周に空隙が生じ，地山や掘削壁面が崩
落するおそれがあるため，その空隙に
はモルタルなどを注入する。

No.30　上水道の管布設工
【正答　3】

1 ○ 塩化ビニル管は，軽量かつ施工性に
優れている一方，鉄筋コンクリート管
や強化プラスチック複合管などと比し
て強度は劣り，湿気や直射日光により
劣化しやすい。したがって，塩化ビニ
ル管は，なるべく風通しのよい直射日
光の当たらない場所で保管する。

2 ○ 各地方自治体の「土木工事共通仕様
書」では，受注者は，管のつり下ろし
にあたって土留め用切梁を一時取り外
す場合は，必ず適切な補強を施し，安
全を確認のうえ施工しなければならな
いと定められている。

3 × 上水道管渠の鋼管の据付けは，管体
保護のため，基礎に良質の砂を敷き均

して据付けを行う。

4 ○ 管周辺の埋戻しは，片埋めによって
偏心及び偏圧がかからないように注意
しながら締め固める。また，１層の仕
上り厚が20cm以下となるように各
層ごとに敷き均し，現地盤と同程度以
上の密度となるように締固めを行う。

No.31　下水道管渠の剛性管の施工
【正答　2】

1 ○ 硬質粘土，礫混じり土及び礫混じり
砂といった硬質土の地盤では，砂基礎
や砕石基礎，コンクリート基礎が用い
られる。

2 × 砂，ローム及び砂質粘土といった普
通土の地盤では，砂基礎や砕石基礎，
コンクリート基礎，またはまくら木に
よって管を支持するまくら木基礎が用
いられる。鳥居基礎は，はしご胴木の
下部を，支持力に応じて所定の間隔で
打ち込まれた杭で支える鳥居型の構造
の基礎であり，ほとんど地耐力を期待
できない極軟弱地盤で採用される。

3 ○ シルト及び有機質土といった軟弱土
の地盤では，砂基礎や砕石基礎，コン
クリート基礎の他，はしご状に組んだ
木枠を基礎とするはしご胴木基礎が用
いられる。

4 ○ 非常に緩いシルト及び有機質土とい
った極軟弱土の地盤では，はしご胴木
基礎や鳥居基礎，鉄筋コンクリート基
礎が用いられる。

No.32　労働基準法（就業規則）
【正答　1】

1 × 常時10人以上の労働者を使用する
使用者は，就業規則を作成し，行政官
庁に届け出なければならないと定めら

れている。(労働基準法第 89 条第 1 項)

2○　就業規則は，法令または当該事業場について適用される労働協約に反してはならないと定められている。(同法第 92 条第 1 項)

3○　使用者は，就業規則の作成または変更について，労働者の過半数で組織する労働組合がある場合にはその労働組合の意見を聴かなければならないと定められている。(同法第 90 条第 1 項)

4○　同法第 89 条の第 1 号～第 10 号の各号には，就業規則に掲げる事項について記載されている。上記には，賃金（臨時の賃金等を除く）の決定，計算及び支払の方法等に関する事項が含まれており（同法第 89 条第 2 号），就業規則に必ず記載しなければならない事項と定められている。

No.33　労働基準法（年少者の就業）
【正答　4】

1×　使用者は，児童が満 15 歳に達した日以後の最初の 3 月 31 日が終了するまで，児童を使用することはできないと定められている。(労働基準法第 56 条第 1 項)

つまり，児童が 15 歳になった学年の年度が終了するまでは，児童を使用することができない。

2×　親権者は，労働契約が未成年者に不利であると認める場合においては，将来に向ってその労働契約を解除することができると定められている。(同法第 58 条第 2 項)

3×　未成年者は，独立して賃金を請求することができる。未成年者の親権者または後見人は，未成年者の賃金を未成

年者に代って請求し受け取ってはならないと定められている。(同法第 59 条)

4○　使用者は，満 18 才に満たない者に，運転中の機械や動力伝導装置の危険な部分の掃除，注油をさせてはならないと定められている。(同法 62 条第 1 項)

同項では他に，運転中の機械や動力伝導装置の危険な部分の検査や修繕，ベルト・ロープの取付け・取りはずし，動力によるクレーンの運転，厚生労働省令で定める危険な業務や重量物を取り扱う業務に就かせてはならないと定められている。

No.34　労働安全衛生法（技能講習を修了した作業主任者でなければ就業させてはならない作業）
【正答　1】

作業主任者の選任を必要とする作業については，労働安全衛生法施行令第 6 条の各号に定められている。

1×　高さ 5m 以上の構造の足場の組立て，解体または変更の作業は，足場の組立て等作業主任者技能講習を修了した者のうちから，足場の組立て等作業主任者を選任しなければならないと定められている。(同法施行令第 6 条第 15 号，同規則第 565 条)

2○　掘削面の高さが 2m 以上となる地山の掘削（ずい道及びたて坑以外の坑の掘削を除く）の作業は，地山の掘削及び土止め支保工作業主任者技能講習を修了した者のうちから，地山の掘削作業主任者を選任しなければならないと定められている。(同法施行令第 6 条第 9 号，同規則第 359 条)

3○　土止め支保工の切りばりまたは腹起

こしの取付けまたは取り外しの作業は，地山の掘削及び土止め支保工作業主任者技能講習を修了した者のうちから，土止め支保工作業主任者を選任しなければならないと定められている。（同法施行令第6条第10号，同規則第374条）

4 ○ 型枠支保工の組立てまたは解体の作業は，型枠支保工の組立て等作業主任者技能講習を修了した者のうちから，型枠支保工の組立て等作業主任者を選任しなければならないと定められている。（同法施行令第6条第14号，同規則第246条）

No.35 建設業法（主任技術者・監理技術者の職務）
【正答 4】

主任技術者及び監理技術者の職務については，建設業法第26条の4に以下の項目が規定されている。

・当該建設工事の施工計画の作成
・当該建設工事の工程管理
・当該建設工事の品質管理その他の技術上の管理
・当該建設工事の施工に従事する者の技術上の指導監督

したがって，当該工事に関する下請代金の見積書の作成は，事業者の職務であり，主任技術者及び監理技術者の職務に含まれていない。よって，4が正答である。

No.36 道路法（占用許可）
【正答 1】

道路に次の各号のいずれかに掲げる工作物，物件または施設を設け，継続して道路を使用しようとする場合においては，道路管理者の許可（道路の占用の許可）を受け

なければならないと定められている。（道路法第32条第1項）

一 電柱，電線，変圧塔，郵便差出箱，公衆電話所，広告塔その他これらに類する工作物

二 水管，下水道管，ガス管その他これらに類する物件

三 鉄道，軌道，自動運行補助施設その他これらに類する施設

四 歩廊，雪よけその他これらに類する施設

五 地下街，地下室，通路，浄化槽その他これらに類する施設

六 露店，商品置場その他これらに類する施設

七 前各号に掲げるもののほか，道路の構造または交通に支障を及ぼすおそれのある工作物，物件または施設で政令で定めるもの

上記の第7号に該当する工作物，物件または施設については，同法施行令第7条第9号において「トンネルの上又は高架の道路の路面下に設ける事務所，店舗，倉庫，住宅，自動車駐車場，自転車駐車場，広場，公園，運動場その他これらに類する施設」があると定められている。

したがって，1の「道路の維持又は修繕に用いる機械，器具又は材料の常置場を道路に接して設置する場合」は，占用の許可を必要とするものに該当しない。

No.37 河川法（河川管理者の許可）
【正答 3】

1 ○ 河川区域内において土地の掘削，盛土など土地の形状を変更する行為は，河川管理者から許可を受けなければならないと定められている。（河川法第

27 条第 1 項）

したがって，河川区域内の土地において民有地に堆積した土砂などを採取する時は，**許可を取得する必要がある**。

2 ○　1 の解説にあるように，**河川区域内において土地の掘削，盛土など土地の形状を変更する行為は，河川管理者から許可を受けなければならない**と定められている。ただし，同法施行令第 15 条の 4 において，**許可を必要としない「軽易な行為」**が定められている。その中には，「許可を受けて設置された取水施設又は排水施設の機能を維持するために行う**取水口又は排水口の付近に積もった土砂等の排除**」が**含まれて**いる。したがって，河川区域内の土地において農業用水の取水機能維持のため，取水口付近に堆積した土砂を排除する時は，**許可を取得する必要がない**。

3 ×　**工作物の新築等の許可に関する**同法第 26 条の規定は，**河川の上空や地下に建設されるものに対しても適用される**と解釈されている。

したがって，河川区域内の土地において推進工法で**地中に水道管を設置する時も，許可を取得する必要がある**。

4 ○　河川区域内の土地において工作物を新築，改築，または除却しようとする場合には，**河川管理者の許可を受けなければならない**と定められている。（同法第 26 条第 1 項）

この規定は，**一時的な仮設工作物であっても適用される**。

したがって，河川区域内の土地における道路橋工事のための**現場事務所や工事資材置場等**の設置の際は，**許可を**取得する必要がある。

No.38　建築基準法（用語の定義）
【正答　4】

1 ○　建築基準法上の**特殊建築物**とは，「学校，体育館，病院，劇場，観覧場，集会場，展示場，**百貨店**，市場，ダンスホール，遊技場，公衆浴場，**旅館**，**共同住宅**，寄宿舎，下宿，**工場**，**倉庫**，自動車車庫，危険物の貯蔵場，と畜場，火葬場，汚物処理場その他これらに類する用途に供する建築物をいう。」と定義されている。（建築基準法第 2 条第 2 号）

2 ○　建築基準法上の**主要構造部**とは，①壁，②柱，③床，④はり，⑤屋根，⑥階段と定義されている。

なお，建築の構造上重要でない付け柱や間仕切壁，**局部的な小階段**，**屋外階段**等は，**主要構造部から除く**と規定されている。（同法第 2 条第 5 号）

3 ○　建築基準法上の**建築**とは，**建築物を新築し，増築し，改築し，または移転すること**と定義されている。（同法第 2 条第 13 号）

4 ×　建築基準法上の**建築主**とは，建築物に関する工事の**請負契約の注文者**または請負契約によらないで**自らその工事をする者**と定義されている。（同法第 2 条第 16 号）

したがって，請負契約によらないで**自らその工事をする者が含まれる**。

No.39　火薬類取締法
【正答　3】

1 ○　**火薬庫の境界内**には，**必要がある者のほかは立ち入らないこと**と定められている。（火薬類取締法施行規則第 21

条第1項第1号）

2 ○ **爆発，発火，または燃焼しやすい物は，火薬庫の境界内にはたい積しないこと**と定められている。（同法施行規則第21条第2号）

3 × **火工所に火薬類を存置する場合**には，**見張人を常時配置すること**と定められている。（同法施行規則第52条の2第3項第3号）

4 ○ 消費場所において火薬類を取り扱う場合，**固化したダイナマイト等はもみほぐすこと**と定められている。（同法施行規則第51条第7号）

No.40　騒音規制法（特定建設作業）
【正答　4】

騒音規制法施行令第2条別表第2では，特定建設作業として，以下の作業が定められている。

一　くい打機（もんけんを除く。），くい抜機またはくい打くい抜機（圧入式くい打くい抜機を除く。）を使用する作業（くい打機をアースオーガーと併用する作業を除く。）

二　びょう打機を使用する作業

三　さく岩機を使用する作業（作業地点が連続的に移動する作業にあっては，1日における当該作業に係る2地点間の最大距離が50mを超えない作業に限る。）

四　空気圧縮機（電動機以外の原動機を用いるものであって，その原動機の定格出力が15kW以上のものに限る。）を使用する作業（さく岩機の動力として使用する作業を除く。）

五　コンクリートプラント（混練機の混練容量が0.45m³以上のものに限る。）またはアスファルトプラント（混練機の混練重量が200kg以上のものに限る。）を設けて行う作業（モルタルを製造するためにコンクリートプラントを設けて行う作業を除く。）

六　バックホゥ（一定の限度を超える大きさの騒音を発生しないものとして環境大臣が指定するものを除き，原動機の定格出力が80kW以上のものに限る。）を使用する作業

七　トラクターショベル（一定の限度を超える大きさの騒音を発生しないものとして環境大臣が指定するものを除き，原動機の定格出力が70kW以上のものに限る。）を使用する作業

八　ブルドーザ（一定の限度を超える大きさの騒音を発生しないものとして環境大臣が指定するものを除き，原動機の定格出力が40kW以上のものに限る。）を使用する作業

舗装版破砕機を使用する作業は，振動規制法における特定建設作業には含まれているが，**騒音規制法では特定建設作業には含まれていない。**

したがって，4が正答である。

No.41　振動規制法（特定建設作業の規制基準）
【正答　4】

振動規制法施行規則別表第1（第11条関係）第1号では，特定建設作業の規制基準を「特定建設作業の振動が，**特定建設作業の場所の敷地の境界線において，75dBを超える大きさのものでないこと。**」と規定している。

したがって，「測定位置」は「**特定建設作業の場所の敷地の境界線**」，「振動の大きさ」は「**75dBを超えないこと**」となるた

め，4が正答である。

No.42　港則法（港長の許可または届出）
【正答　1】

1 ○　特定港内または特定港の境界附近で**工事または作業をしようとする者**は，**港長の許可を受けなければならない**と規定されている。（港則法第31条第1項）

2 ×　船舶は，**特定港内**または特定港の境界付近において**危険物を運搬しようとするとき**は，届出ではなく，**（事前に）港長の許可を受けなければならない**と定められている。（同法第22条第4項）

3 ×　船舶が，**特定港に入港，**または**特定港を出港しようとするとき**は，**港長に届出をしなければならない**が，**港長の許可までは必要ない。**（同法第4条）

4 ×　特定港内においては，**汽艇等以外の船舶を修繕し，または係船しようとする者**は，その旨を**港長に届出をしなければならない**と定められている。（同法第7条第1項）

No.43　トラバース測量
【正答　3】

トラバース測量（基準点測量）は，基準点から順を追って測量して得られた測点を結合し，**測点間の各辺の長さと方位角（北を基準とした角度）や方向角を算出する**ことにより各点の位置を決めていく測量方法である。

測線ABの方位角が183° 50′ 40″（180度50分40秒），測点Bの観測角が100° 5′ 32″（100度5分32秒）であることから，測線BCの方位角は，以下の式で算出することができる。

測線BCの方位角
＝測線ABの方位角＋測点Bの観測角－180°

したがって，測線BCの方位角は，
183° 50′ 40″＋100° 5′ 32″－180°
＝103° 56′ 12″

※角度の加減の際は，分（′）や秒（″）が60進法（1度＝60分，1分＝60秒）であることに注意する。

したがって，3が正答である。

No.44　公共工事標準請負契約約款
【正答　2】

1 ○　**設計図書**とは，図面，仕様書，現場説明書及び**現場説明に対する質問回答書**をいう。（公共工事標準請負契約款第1条第1項）

契約書は設計図書には含まれないので注意する。

2 ×　**工事材料の品質**については，設計図書にその品質が明示されていない場合は，**中等の品質**を有するものとすると定められている。（同約款第13条第1項）

3 ○　発注者は，工事完成検査において，**設計図書に適合しない施工部分があると認められる客観的事実がある場合**は，理由を明示した書面を受注者に示したうえで，**工事目的物を最小限度破壊して検査することができる**と定められている。（同約款第32条第2項）

4 ○　**現場代理人，監理技術者等（監理技術者，監理技術者補佐または主任技術者をいう。）及び**専門技術者は，**これを兼ねることができる**と定められている。（同約款第10条第5項）

No.45 土木工事の図面の見方（ブロック積擁壁の断面図）

【正答 3】

　ブロック積擁壁各部の名称は，以下のとおりである。

・L1…擁壁の直高
・L2…擁壁の地上高
・N1…裏込め材
・N2…裏込めコンクリート

　したがって，3の組合せが正しい。

No.46 建設機械

【正答 3】

1 ○ トラクターショベルは，トラクタの前部に装着したバケットで土砂を掘削しすくうことで，積込みや運搬を行う建設機械である。トラクタの形式によって，ホイール式（車輪式）とクローラ式に分類される。

2 ○ ドラグラインは，ワイヤロープにつながれたバケットを長いブームを用いて放り投げ，手前に引き寄せて掘削を行う機械である。掘削半径が大きく，軟らかい地盤の掘削など，機械の位置より低い場所の掘削に適する。また，ブームのリーチより遠い所まで掘削が可能である。水中掘削も可能で，水路の掘削や浚渫，砂利の採取などにも使用される。

3 × クラムシェルは，ロープにつり下げられたバケットを重力により落下させて土をつかみ取る建設機械である。シールド工事の立坑掘削など，狭い場所での深い掘削に用いられる。水中掘削など，広い場所での浅い掘削には向かない。

4 ○ バックホゥは，バケットを車体側に引き寄せて掘削する方式の建設機械である。固い地盤の掘削が可能で，法面仕上げや溝掘りのように，機械の位置より低い場所の掘削にも適する。

No.47 仮設工事

【正答 2】

1 ○ 仮設工事の材料は，一般の市販品を使用して可能な限り規格を統一し，その主要な部材については他工事にも転用できるような計画にするなど，経済性に最大限考慮することが必要である。

2 × 安全施設や材料置場などは，直接仮設工事に該当する。直接仮設工事とは，足場工，土留め工，型枠支保工など，本工事の施工のために必要な仮設備を設置する工事を指す。これに対し，間接仮設工事（共通仮設工事）とは，本工事とは直接関係しない，工事の遂行のために間接的な必要な設備を設置する工事のことを指す。間接仮設工事の例としては，現場事務所や労務宿舎などの設備が挙げられる。

3 ○ 仮設工事は，強度については使用目的や期間に応じて構造計算を的確に行い，労働安全衛生規則の基準に合致するかそれ以上の計画としなければならない。ただし，仮設は使用期間が短いため，安全率については多少割り引いて設計することが多い。

4 ○ 仮設工事には，任意仮設と指定仮設がある。指定仮設は，発注者が設計図書でその構造や仕様を指定するため，施工業者独自の技術と工夫や改善の余地は少ない。一方，任意仮設は，指定仮設以外の仮設物で，設計図書などで

指定せず，規模や構造などを受注者の自由裁量に任せている仮設のため，**施工業者独自の技術と工夫や改善の余地が多いため**，より合理的な計画を立てることが重要である。

No.48　安全管理（地山の掘削作業の安全確保）

【正答　2】

地山の掘削作業の安全管理に関する規定は，労働安全衛生規則第２編第６章「掘削作業等における危険の防止」等に記載されている。

1○　事業者は，地山の掘削の作業を行う場合において，**地山の崩壊，埋設物等の損壊等により労働者に危険を及ぼすおそれのあるときは**，あらかじめ，**作業箇所及びその周辺の地山について調査しなければならない**。（同規則第355条）

2×　事業者は，明り掘削の作業を行うときは，地山の崩壊または土石の落下による労働者の危険を防止するため，**点検者**を指名して，**作業箇所やその周辺の地山について**，①その日の作業を開始する前，②大雨の後，③中震以上の地震の後に，浮石及びき裂の有無及び状態，並びに含水，湧水及び凍結の状態の変化を**点検させる**ことと定められている。（同規則第358条第１号）

3○　事業者は，**掘削面の高さが2m以上となる地山の掘削**（ずい道及びたて坑以外の坑の掘削を除く）の作業については，地山の掘削及び土止め支保工作業主任者技能講習を修了した者のうちから，**地山の掘削作業主任者を選任しなければならない**と定められている。

（同規則第359条，同法施行令第6条第9号）

なお，**地山の掘削作業主任者に行わせなければならないと定められている事項**は以下のとおりである。

一　**作業の方法を決定し，作業を直接指揮すること。**

二　器具及び工具を点検し，不良品を取り除くこと。

三　要求性能墜落制止用器具等及び保護帽の使用状況を監視すること。

（同規則第360条第１号～第３号）

4○　事業者は，明り掘削の作業を行う際には，**あらかじめ運搬機械等の運行経路や土石の積卸し場所への出入りの方法を定め，これを関係労働者に周知させなければならない**と定められている。（同規則第364条）

No.49　安全管理（コンクリート構造物の解体作業）

【正答　1】

コンクリート構造物の解体作業における安全管理に関する規定は，労働安全衛生規則第２編第８章の5「コンクリート造の工作物の解体等の作業における危険の防止」等に記載されている。

1×　事業者は，**高さ5m以上のコンクリート造の工作物の解体または破壊の作業を行う際に，強風，大雨，大雪等の悪天候のため，作業の実施について危険が予想されるときは，当該作業を中止しなければならない**と定められている。（同規則第517条の15第2号）

2○　事業者は，**高さ5m以上のコンクリート造の工作物の解体または破壊の作業において，外壁，柱等の引倒し等の

103

作業を行うときは，引倒し等について一定の合図を定め，関係労働者に周知させることと定められている。（同規則第 517 条の 16 第 1 項）

3 ○　事業者は，高さ 5m 以上のコンクリート造の工作物の解体または破壊の作業を行う際に，器具，工具等を上げ，または下ろすときは，つり綱，つり袋等を労働者に使用させることと定められている。（同規則第 517 条の 15 第 3 号）

4 ○　事業者は，高さ 5m 以上のコンクリート造の工作物の解体または破壊の作業を行うときは，作業を行う区域内に関係労働者以外の労働者の立入りを禁止することと定められている。（同規則第 517 条の 15 第 1 号）

No.50　品質管理（アスファルト舗装の品質特性と試験方法）

【正答　4】

1 ○　CBR 試験とは，路床や路盤の支持力を直接測定する試験である。モールド内に入れた試料にピストンを貫入して測定する室内 CBR 試験と，施工現場の地盤に直接ピストンを貫入して測定する現場 CBR 試験とがある。路床の相対的な強さを求めるためには，CBR 試験を行い，測定された平均値と CBR を比較する。

2 ○　アスファルト舗装工の品質特性として，加熱アスファルト混合物の安定度を求める場合に実施されるのはマーシャル安定度試験である。

3 ○　アスファルト舗装の品質特性として舗装の厚さを確認するためには，コア採取による測定を行う。また，アスフ

ァルト舗装の表層・基層の締固め度の管理については，通常は採取した切取コアの密度を測定して行う。

4 ×　プルーフローリング試験は，路床や路盤の締固めが適切かどうかを確認するために，ローラ等で走行し，強度・変形の具合（たわみ具合）をみる試験である。平坦性を求める場合には，平坦性試験を実施する。

No.51　品質管理（レディーミクストコンクリート）

【正答　1】

1 ×　圧縮強度試験は，1 回の試験結果が購入者が指定した呼び強度の強度値の 85 ％以上であり，かつ，3 回の試験結果の平均値が購入者が指定した呼び強度の強度値以上であることを確認する。

2 ○　1 の解説のとおり，3 回の圧縮強度試験結果の平均値は，購入者が指定した呼び強度の強度値以上である必要がある。

3 ○　レディーミクストコンクリートの品質管理項目は，強度，スランプまたはスランプフロー，塩化物含有量，空気量の 4 つである。

4 ○　国土交通省「土木工事特記仕様書」によると，「請負者は，レディーミクストコンクリート圧縮強度試験については，材齢 7 日及び材齢 28 日についても行うものとし（以下省略）」とあり，一般的には，圧縮強度試験は材齢 28 日で行われている。ただし，購入者が指定した材齢で行うこともある。

No.52　環境保全対策
【正答　4】

1× 建設工事では，土砂，残土などを多量に運搬する場合，工事現場の内外を問わず運搬経路における騒音が問題となることがある。したがって，住宅地を迂回する運搬経路を検討するなど，施工計画の段階から騒音に対する対策を行う必要がある。

2× 騒音・振動の防止策として，騒音・振動の絶対値を下げること及び発生期間の短縮を検討する。

3× 広い土地の掘削や整地の作業において，粉塵の飛散を防止するために散水やシートで覆うことは，環境保全の対策として効果が高い。

4○ 土の運搬による土砂の飛散を防止するには，過積載の防止や荷台のシート掛けが環境保全の対策として効果が高い。

No.53　建設リサイクル法（特定建設資材）
【正答　3】

建設リサイクル法（「建設工事に係る資材の再資源化等に関する法律」）に定められている特定建設資材としては，以下の4品目が定められている。(同法施行令第1条)
①コンクリート
②コンクリート及び鉄から成る建設資材
③木材
④アスファルト・コンクリート

1× 土砂（建設発生土）は，リサイクル法（「資源の有効な利用の促進に関する法律」)に定められている「再生資源」（同法施行令別表第2）や「指定副産物」（同法施行令別表第7）には含まれてい

るが，上記の「特定建設資材」には含まれていない。

2× 廃プラスチック類は，廃棄物処理法（「廃棄物の処理及び清掃に関する法律」）における「産業廃棄物」の一種と定められている。(同法第2条第4項)
しかし，上記の「特定建設資材」には含まれていない。

3○ 木材は，上記の「特定建設資材」に含まれている。

4× 建設汚泥も，2の廃プラスチック類と同様，廃棄物処理法（「廃棄物の処理及び清掃に関する法律」）における「産業廃棄物」の一種と定められている。(同法第2条第4項)
しかし，上記の「特定建設資材」には含まれていない。

No.54　仮設備工事
【正答　1】

仮設備工事の直接仮設工事と間接仮設工事に関する語句の空所補充問題である。

直接仮設工事とは，足場工，土留め工，型枠支保工など，本工事の施工のために必要な仮設備を設置する工事を指す。これに対し，間接仮設工事（共通仮設工事）とは，本工事とは直接関係しない，工事の遂行のために間接的な必要な設備を設置する工事のことを指す。

・（イ）支保工足場は直接仮設工事である。
・労務宿舎は（ロ）間接仮設工事である。
・（ハ）現場事務所は間接仮設工事である。
・安全施設は（二）直接仮設工事である。
したがって，1が正答である。

No.55　建設機械
【正答　3】

ブルドーザの時間当たり作業量に関する

計算式の空所補充問題である。

ブルドーザの時間当たり作業量を Q（m³/h）とすると，Q の計算式は以下のとおりとなる。

$$Q = \frac{q \times f \times E}{Cm} \times 60 \quad \cdots ①$$

q：1 回当たりの掘削押土量（m³）
f：土量換算係数 1/L
　（L をほぐし土量とする土量の変化率）
E：作業効率
Cm：サイクルタイム（分）

問題より，
q = 3（m³）
f = 1/L = 1/1.25 = 0.8
E = 0.7
Cm = 2（分）
であるから，①の式に上記の数値を代入すると，以下のようになる。

$$Q = \frac{q \times f \times E}{Cm} \times 60$$

$$= \frac{(イ) 3 \times (ロ) 0.8 \times 0.7}{(ハ)2} \times 60$$

$$= \frac{1.68}{2} \times 60$$

$$= (ニ) 50.4 （m³/h）$$

したがって，3 が正答である。

No.56　工程管理
【正答　2】
工程管理に関する語句の空所補充問題である。

・**工程表**は，工事の**施工順序**と（イ）所要日数をわかりやすく図表化したものである。

・**工程計画と実施工程の間に差が生じた場合**は，その（ロ）原因を追及して改善する。

・工程管理では，（ハ）作業能率を高めるため，常に**工程の進行状況を全作業員に周知徹底する。**

・工程管理では，**実施工程が工程計画よりも（ハ）やや上回る**程度に管理する。

したがって，2 が正答である。

No.57　工程管理（ネットワーク式工程表）
【正答　1】
ネットワーク式工程表に関する空所補充問題である。

ネットワーク式工程表は，作業をアクティビティ（矢線→）で，各作業の結節点をイベント（○）で表す。各作業の関連性を矢線と結節点で明確に表現できるため，**クリティカルパスの確認が容易**である。

クリティカルパスとは，ネットワーク式工程表における各ルートのうち，**最も長い日数を要する経路**のことである。最も長い日数を要する経路上の作業が遅延した場合，全体工期の遅延に直結してしまう。クリティカルパスがどのルートになるのか，日数が何日になるのかを特定，算出したうえで，クリティカルパスをいかに順守するかが，工程管理の重要な管理項目になる。

以上を踏まえ，本問のネットワーク式工程表のクリティカルパスを算出すると，最長の経路は⓪→①→③→④→⑤→⑥（**作業 A → C → F→G**）となり，作業日数の合計，つまり**工期は 3 ＋ 6 ＋ 7 ＋（0）＋ 5 ＝ 21 日**となる。

※なお，表中の点線で示されている矢線は**ダミーアロー**といい，**各作業間の前後関係のみを示す。**日数は 0 として計算する。

したがって，（イ）〜（ニ）はそれぞれ以下のようになる。

・**（イ）作業Ｃ**及び**（ロ）作業Ｆ**は，クリティカルパス上の作業である。

・作業Ｄが**（ハ）５日**遅延しても，全体の工期には影響はない。

※作業Ｄ（②→⑤）の最早開始時刻は８日（作業Ａ＋作業Ｂ＝３＋５＝８）である。

一方，作業Ｄの最遅開始時刻は，全体工期の21日から作業Ｇと作業Ｄの日数を引いて，21－5－3＝13日である。

最遅開始時刻と最早開始時刻の差は13－8＝5日であるため，作業Ｄが５日遅延しても，作業Ｄを通るルート（作業Ａ→作業Ｂ→作業Ｄ→作業Ｇ）の所要日数は3＋5＋8＋5＝21日となり，全体の工期には影響はないことになる。

・この工程全体の工期は，**（ニ）21日間**である。

したがって，１が正答である。

No.58　安全管理（足場の安全）
【正答　４】

高さ2m以上の足場の安全管理に関する数値の空所補充問題である。

足場の安全管理に関する規定は，労働安全衛生規則第2編第10章第2「足場」等に記載されている。

・足場の作業床の手すりの高さは，**（イ）85cm以上**とする。（同規則第552条第1項第4号イ）

・足場の**作業床の幅**は，**（ロ）40cm以上**とする。（同規則第563条第1項第2号イ）

・足場の**床材間の隙間**は，**（ハ）3cm以下**とする。（同規則第563条第1項第2号ロ）

・足場の作業床より物体の落下を防ぐために設ける**幅木の高さ**は，**（ニ）10cm以上**とする。（同規則第563条第1項第6号）

したがって，4が正答である。

No.59　安全管理（移動式クレーンの災害防止）
【正答　１】

移動式クレーンの災害防止に関する語句の空所補充問題である。

移動式クレーンを用いた作業における事業者が行うべき事項については，クレーン等安全規則（クレーン則）等に記載がある。

・**クレーンの定格荷重**とは，**フック等のつり具の重量を（イ）含まない最大つり上げ荷重**である。（同規則第1条第6号）

・事業者は，**クレーンの運転者及び（ロ）玉掛け者が当該クレーンの定格荷重を常時知ることができるよう，表示その他の措置を講じなければならない**。（同規則第70条の2）

・**事業者**は，原則として**（ハ）合図を行う者を指名しなければならない**。（同規則第25条第1項）

・クレーンの**運転者**は，荷をつったままで，**運転位置を（ニ）離れてはならない**。（同規則第32条第2項）

したがって，1が正答である。

No.60　品質管理（ヒストグラム）
【正答　３】

ヒストグラムに関する語句の空所補充問題である。

・**ヒストグラム**は，**測定値の（イ）ばらつき**の状態を知るのに最も簡単で効率的な統計手法である。

※異常値を知る手段としては，$\bar{x}$-R管理図がある。$\bar{x}$-R管理図とは，測定データの平均値$\bar{x}$と，ばらつきとして範囲

R をプロットした折れ線グラフである。

・**ヒストグラム**は，データがどのような分布をしているかを見やすく表した（ロ）柱状図である。

・**ヒストグラム**では，**横軸**に測定値，**縦軸**に（ハ）度数を示している。

・**平均値が規格値の中央に見られ，左右対称**なヒストグラムは（ニ）良好な品質管理が行われている。

したがって，3 が正答である。

No.61 品質管理（盛土の締固め）
【正答 2】

盛土の締固め管理における品質管理に関する語句の空所補充問題である。

・盛土の締固めの品質管理の方式のうち（イ）**工法規定方式**は，使用する**締固め機械の機種**や**締固め回数**等を規定するもので，（ロ）**品質規定方式**は，**盛土の締固め度**等を規定する方法である。

・盛土の**締固めの効果や性質**は，**土の種類や含水比，施工方法**によって（ハ）**変化**する。

・盛土が**最もよく締まる含水比**は，（ニ）**最大乾燥密度が得られる含水比**で最適含水比である。

※所要の締固め度が得られる範囲内における最適値の含水比を**施工含水比**と呼ぶ。要求される締固め度の程度によっては，**施工含水比と最適含水比は常に一致するとは限らない**。

したがって，2 が正答である。

令和３年度 後期

第 一 次 検 定

No.1　土工作業の種類と使用機械
【正答　1】

1× 伐開・除根に用いられる建設機械としては、ブルドーザやレーキドーザ、バックホウなどが挙げられる。**タンピングローラ**は、土塊や岩塊などの破砕、締固めや土工作業での重転圧に用いられる。

2○ トラクターショベルは、ローダとも呼ばれ、トラクタの前部に装着したバケットで**土砂を掘削**し、すくい、**積込みを行う建設機械**である。トラクタの形式によって、ホイール式（車輪式）とクローラ式に分類される。

3○ スクレーパは、大規模な土工作業で用いられる建設機械で、**土砂の掘削**、積込み、**長距離運搬**、まき出し、敷均しを一貫して行う高い作業性能を持つ。

4○ バックホウは、バケットを車体側に引き寄せて掘削する方式の建設機械である。**法面仕上げや溝掘りのように、機械が設置された地盤より低い所を掘るのに適する。**

No.2　土質試験
【正答　2】

1○ 土の圧密試験は室内試験の一種で、供試体に圧密荷重をかけ、土の力学的性質の１つである**圧密特性**（沈下量と沈下時間との関係）を求める試験であ

り、試験結果は**粘性土地盤の沈下量・沈下速度の推定**に用いられる。

2× ボーリング孔を利用した透水試験は、測定対象の地盤に設置した測定用パイプ内の水位を変化させて回復水位を測定する試験で、**透水係数**を求めるために行われる。試験結果は、**地盤の透水性の測定**や**地盤掘削時の補助工法の検討**などに用いられる。

3○ 土の一軸圧縮試験は、円筒形に成形した粘性土を上下方向に圧縮することでせん断強さを求める試験である。試験結果は、飽和した粘性土地盤の強度、盛土及び構造物の安定性の検討や**支持力の推定**に用いられる。

4○ コンシステンシー試験は、別名**土の液性限界・塑性限界試験**とも呼ばれ、ボーリング調査などによって採取した試料の物理特性・力学特性などを、室内において、測定、解析する室内試験の一種である。その名のとおり、**液性限界**や**塑性限界**の値を求めるのに用いられ、さらに求められた液性限界や塑性限界の値によって土の状態を判定し、**盛土材料の選定**に用いられる。

No.3　盛土の施工
【正答　4】

1○ 盛土の施工に先立っては、その**基礎地盤**が盛土の完成後に**不同沈下や破壊**を生ずるおそれがないか検討する。特に、軟弱地盤や地すべり地の盛土には注意しなければならない。

2○ 軟弱地盤における盛土工で建設機械のトラフィカビリティーが得られない場合は、あらかじめ、**機械の変更を含めた適切な対策**を講じる。対策工の目

的としては，沈下対策，安定対策，地震時対策等がある。

3 ○ 盛土の敷均し厚さは，盛土の目的，締固め機械と施工法及び要求される締固め度などの条件によって左右される。道路盛土の場合，路体では 35 〜 45cm 以下，路床では 25 〜 30cm 以下としている。河川堤防では，35 〜 45cm 以下としている。

4 × 盛土工における構造物縁部の締固めは，盛土部の基礎地盤の沈下及び盛土自体の沈下等により段差が生じやすいため，ランマなどの小型の締固め機械を用いて入念に行う。

No.4 地盤改良工法
【正答 4】

1 ○ プレローディング工法は，載荷工法の一種に分類され，軟弱地盤上にあらかじめ盛土等によって載荷を行って沈下を促し，構造物沈下を軽減させる工法である。

2 ○ 薬液注入工法は，地盤中に薬液を注入することによって透水性の減少や地盤強度の増大を図る工法である。

3 ○ ウェルポイント工法は，掘削箇所の両側及び周辺をウェルポイントと呼ばれる吸水装置で取り囲み，先端の吸水部から地下水を真空ポンプによって強制的に排水し，地下水位を低下させることによって地盤の強度増加を図る地下水位低下工法の一種である。

4 × 置換工法の説明である。サンドマット工法は，軟弱地盤上に厚さ 0.5 〜 1.2m 程度の透水性の高い砂層（サンドマット）を施工する工法である。軟弱層の圧密のための上部排水層として

の役割を果たすとともに，地盤改良や盛土のまき出しに必要な重機のトラフィカビリティーを確保するための工法である。

No.5 コンクリートの混和材料
【正答 3】

1 × 流動化剤は，高性能減水剤の一種である。減水率が特に高く，流動化コンクリート用として使用されるが，耐凍害性を向上させる目的では使用されない。

2 × フライアッシュは，火力発電所で微粉炭を燃焼した際に発生する煙突ガスに含まれる塵から生成されるコンクリート用混和材料である。コンクリートのワーカビリティーの改善や単位水量の減少，初期強度ではなく長期材齢強度の増進などの効果がある。しかし，耐凍害性を向上させる目的では使用されない。

3 ○ AE 剤は，コンクリート中に微細な独立した気泡を一様に分布させる混和剤である。AE 剤の使用により，コンクリートのワーカビリティーがよくなり，分離しにくくなる効果が期待できる。凍結や融解に対する抵抗性も高まるため，耐凍害性も向上する。

4 × 膨張材は，硬化過程においてコンクリートを膨張させる混和材料である。初期の材齢においてコンクリートを膨張させることで収縮率を抑制し，乾燥収縮や硬化収縮などに起因するひび割れの発生を低減することができるが，耐凍害性を向上させる目的では使用されない。

No.6　コンクリートの配合設計
【正答　1】
1 ×　コンクリートの単位水量は，所要の強度や耐久性を持つ範囲において，できるだけ小さくするのが原則である。
2 ○　細骨材率とは，骨材全体の体積の中に占める細骨材の体積の割合を指す。細骨材率は，所要のワーカビリティーが得られる範囲内で単位水量ができるだけ小さくなるように設定する。
3 ○　打込みの最小スランプは，打込み時に円滑かつ密実に型枠内に打ち込むために必要な最小のスランプで，配筋条件や施工条件などにより決定される。締固め作業高さが高くなるほど，最小スランプの目安は大きくする。
4 ○　3の解説のとおり，最小スランプは配筋条件によっても決定される。一般に，鉄筋量が少ない場合は，最小スランプの目安は小さくなる。

No.7　フレッシュコンクリートの性質
【正答　3】
1 ○　スランプとは，コンクリートの軟らかさの程度を示す指標であり，スランプ試験により測定される。スランプ試験では，固まる前のコンクリートをスランプコーンに入れ，コーンを抜き取った後のコンクリート頂部の下がり具合を測定するが，これをスランプ値（スランプ）と呼ぶ。
2 ○　材料分離抵抗性とは，コンクリート中の材料が分離することに対する抵抗性のことを指す。一般に，コンクリートの単位水量が大きくなると，材料分離抵抗性が低下する。
3 ×　ブリーディングとは，コンクリートの練混ぜ水の一部が遊離してコンクリート表面に上昇する現象である。ブリーディングの発生に関係する要因としては，単位水量（多いほど発生しやすい），セメント量（少ないほど発生しやすい），細骨材の微粒分（少ないほど発生しやすい），温度（低いほど発生しやすい）などがある。
4 ○　ワーカビリティーとは，コンクリートの一連の作業（運搬，打込み，締固め，仕上げ等）のしやすさを示す性質のことを指す。一般的には，ワーカビリティーの判定にはスランプ試験が用いられる。

No.8　鉄筋の加工及び組立て
【正答　1】
1 ○　型枠に接するスペーサは，鋼製スペーサを用いると内部鉄筋の腐食の原因となる可能性があるため，原則としてモルタル製あるいはコンクリート製とする。
2 ×　鉄筋の継手箇所は，できるだけ大きな荷重がかかる位置で同一断面に集まることを避けるのが原則である。そのため，継手の長さに鉄筋の直径の25倍を加えた長さ以上，継手位置を軸方向に相互にずらすようにする。
3 ×　鉄筋表面に生じた浮きさびは，鉄筋とコンクリートの付着を害するおそれがあるため，清掃して除去する必要がある。
4 ×　鉄筋の加工は，原則として常温で行い，加熱加工は行わない。また，やむを得ず加熱加工する場合でも，急冷はせず，できるだけゆっくりと冷ます。

No.9　既製杭の施工
【正答　1】

1×　プレボーリング杭工法は，掘削ビット等を用いて掘削・泥土化した孔内の地盤に根固め液と杭周固定液を用いてソイルセメント状の掘削孔を築造した後，既成コンクリート杭を沈設する工法である。掘削孔の築造においては，地盤の掘削抵抗を減少させるため，掘削液を掘削ビットの先端部から吐出させるとともに，**孔内を泥土化して孔壁の崩壊を防止する。**

2○　**中掘り杭工法**とは，先端が開放されている既製杭の内部にオーガを通すことで地盤の掘削・杭の沈設を行う工法である。中掘り杭工法の**先端処理の方法**には，**最終打撃方式**とセメントミルク噴出かくはん方式，コンクリート打設方式がある。**最終打撃方式**は，ある深さまで中掘り沈設した杭を，打撃によって所定の深さまで打ち込む方式である。

3○　中掘り杭工法では，一般に**先端開放の既製杭の中空部にスパイラルオーガ等を通して掘削**しながら杭を地盤に貫入させていく。

4○　1の解説にあるように，プレボーリング杭工法は，掘削ビット等を用いて掘削・泥土化した孔内の地盤に根固め液と杭周固定液を用いて**ソイルセメント状の掘削孔を築造した後，既成コンクリート杭を沈設する工法**である。

No.10　場所打ち杭の各種工法
【正答　2】

1×　アースドリル工法に関する記述である。**深礎工法は，掘削孔が自立する程度掘削して，ライナープレートを用いて孔壁の崩壊を防止しながら，人力または機械で掘削する工法**である。

2○　**オールケーシング工法**は，掘削孔の全長に渡って**ケーシングチューブを挿入して孔壁を保護**しながら，ハンマグラブで掘削する工法である。

3×　リバースサーキュレーション工法に関する記述である。**アースドリル工法**は，ドリリングバケットの回転によって地盤を掘削し，掘削完了後に孔内に鉄筋かごを建て込み，コンクリートを打ち込んで杭を築造する工法である。**孔壁の保護・安定は，地下水位の保持ではなく，地表部にケーシングを建て込み，以深は安定液によって行う。**

4×　深礎工法に関する記述である。**リバース工法は，回転ビットによって掘削を行い，掘削孔に満たした水の圧力で孔壁を保護しながらポンプによって水を循環**させ，掘削後に鉄筋かごを建て込みコンクリートを打ち込む工法である。**孔壁に水圧をかけるため湧水が多い場所でも作業可能で，掘削に人力を用いず回転ビットを用いるので酸欠や有毒ガスの懸念もない。**

No.11　土留め工法の部材の名称
【正答　3】

設問の図は，矢板土留め工の構造図である。（イ）は「切ばり」，（ロ）は「腹起し」に該当する。

したがって，3の組合せが正しい。

No.12　鋼材
【正答　2】

1○　熱間圧延した**直径5〜38mm程度の細い鋼材を線材**という。主な用途と

しては，**ワイヤーケーブル，蛇かご**などが挙げられる。線材のうち，硬鋼線材を束ねたワイヤーケーブルは，吊橋や斜張橋等のケーブルとして用いられる。

2 ×　表面硬さが必要な**キー，ピン，工具**に用いられるのは高炭素鋼である。高炭素鋼は，炭素含有量が多いほど硬さや強さが向上する炭素鋼の性質を応用し，炭素量を増加させることによってじん性や硬度を強化した鋼材である。

3 ○　**棒鋼**は，単純な形状の断面で，棒状に圧延された鋼材の一種であり，主に**鉄筋コンクリート中の鉄筋**やPC（プレストレストコンクリート）のプレストレスの導入等に用いられる。

4 ○　型で鋳固めることで**製造された鋼材を鋳鋼**，プレスで圧力を加えて成型された**鋼材を鍛鋼**と呼ぶ。鋳鋼や鍛鋼は，耐衝撃性や耐摩耗性に優れるため，**橋梁の支承部や伸縮継手等に用いられる**。

No.13　鋼道路橋の架設工法
【正答　1】

1 ○　**トラベラークレーンによる片持式工法**は，既に架設した橋桁上に架設用クレーンを設置して部材をつり上げながら架設するもので，問題文にあるとおり，主に**深い谷など，桁下の空間が使用できない現場**において，トラス橋などの架設によく用いられる工法である。

2 ×　**フォルバウワーゲンによる張出し架設工法**は，フォルバウワーゲンと呼ばれる移動作業台車を橋脚に設置し，左右に張出していく工法である。**桁下の**

空間による制約に関係なく架設が可能であるが，**PC鋼板を用いた桁橋の架設によく用いられる**。

3 ×　**フローティングクレーンによる一括架設工法**は，船にクレーンを組み込んだ起重機船を用いる工法で，あらかじめ組み立てられた部材を台船で現場までえい航し，フローティングクレーンでつり込み一括して架設する工法である。**流れの緩やかな場所での架設に適している**。

4 ×　**押出し（送出し）工法**は，架設地点に隣接する場所であらかじめ橋桁の組み立てを行い，その橋桁を手延機で所定の位置に送り出して架設する工法である。橋桁の組み立てを隣接地で行うため，市街地や平坦地などで，**桁下の空間やアンカー設備が使用できない現場で用いられ，桁下の地上を走行する自走クレーン車は一般的には用いられない**。

No.14　コンクリートの劣化機構
【正答　4】

1 ○　中性化は劣化機構の一種で，空気中の二酸化炭素の侵入などにより，コンクリートの**アルカリ性が中性にシフトしていく現象**である。コンクリートが中性化すると，コンクリート中の鉄筋を覆っている不動態被膜が失われる。

2 ○　塩害は，コンクリート中に侵入した**塩化物イオンが劣化要因となり，鉄筋の腐食を引き起こす現象**である。塩害対策としては，**水セメント比をできるだけ小さくし**，コンクリートの密度を上げることで塩化物イオンの侵入を防止する方法がある。

3 ○ 疲労は劣化機構の一種で，部材に作用する**繰返し荷重が劣化要因となり，コンクリート中に微細なひび割れが先に発生し，これが大きなひび割れに発展する現象**である。疲労が発生すると，静的強度以下の応力であっても破壊に至ることがある。

4 × 凍害の説明である。**化学的侵食は，硫酸や硫酸塩などによりコンクリートの溶解や破壊が生じる現象**である。劣化要因の例としては，硫酸や硫酸塩の他に動植物油，無機塩類，腐食性ガスなどがある。

No.15 河川堤防の施工
【正答 2】

1 ○ 堤防の腹付け工事では，腹付けを行う接合面は弱点になりやすいため，**旧堤防の表層を階段状に段切り**し，腹付けと旧堤防との接合面の密着性を高めるようにする。

2 × 堤防の腹付け工事では，**一般に旧堤防の裏法面に腹付けを行う**。

3 ○ 河川堤防を施工した際の法面は，一般に総芝や筋芝などの**芝付けをはじめとする植生工を行って保護する**。植生工により，降雨や流水による法崩れや洗掘を抑止する。

4 ○ 引堤工事を行った場合の旧堤防については，新堤防が完成後，順次撤去する。その際，旧堤防は，新堤防の地盤が十分安定した後に撤去を行う。

No.16 河川護岸
【正答 1】

1 ○ **コンクリート法枠工**は，通常はコンクリートが現場打ちとなるため，**法勾配の急な場所では施工が難しい**。そのため，**一般的に法勾配が緩い場所で行われる**。

2 × **間知ブロック積工**は，一般に**法勾配が急で流速の大きい場所で用いられる**。緩勾配で，流速が小さい場所では平板ブロック等の張り護岸とする場合が多い。

3 × **石張工**は，一般的に勾配 1：1.5 〜 2 程度の**法勾配の緩い場所で用いられる**。

4 × **連結（連節）ブロック張工**はブロックを金具や鉄筋で連結（連節）して法面に張るもので，**一般的に法勾配が緩やかな場所で用いられる**。

No.17 砂防えん堤
【正答 4】

1 × 本えん堤の袖は，洪水を越流させないために設けられるもので，**両岸に向かって上り勾配で設けられる**。勾配は上流の計画堆砂勾配と同程度またはそれ以上として設計する。また，**土石などの流下による衝撃に対して強固な構造とする**。

2 × **本えん堤の堤体下流の法勾配は，越流土砂による損傷を受けないよう，一般に 1：0.2 を標準とする**。ただし，流出土砂の粒径が小さく，かつ質量が少ない場合は，必要に応じてより緩やかにすることができる。

3 × **水通しは，えん堤上流側からの水流を越流させることを目的として堤体に設置される構造物**である。水通しは，流量を越流させるのに十分な大きさとすることが必要で，形状は一般に逆台形断面とする。

4 ○ 本えん堤の堤体基礎の根入れは，基

礎の不均質性や風化速度を勘案し，一般的には基礎地盤が岩盤の場合で１～２m以上，砂礫層で２～３m以上行うのが通常である。

No.18　地すべり防止工
【正答　２】

１○　横ボーリング工とは，抑制工の一種で，帯水層に向けてボーリングを行い，地下水を排除する工法である。横ボーリングは，地すべり斜面に向かって水平よりやや上向きに施工する。

２×　通常，地すべり防止工では，まず抑制工でできる限り地すべり運動の発生自体を緩和させることに努め，抑制工だけでは地すべり運動のすべてを防ぎきれない場合に，抑止工を施工する。つまり，施工順としては抑制工→抑止工の順に実施するのが一般的である。

３○　抑止工は，杭などの構造物を設けることにより，地すべり運動の一部または全部を停止させる工法であり，杭工やシャフト工などがある。杭工とは，鋼管等の杭を地すべり斜面等に挿入することで斜面の安定を高める工法である。

４○　２の説明にあるように，通常，地すべり防止工では，まず抑制工でできる限り地すべり運動の発生自体を緩和させることに努め，抑制工だけでは地すべり運動のすべてを防ぎきれない場合に，抑止工を施工する。つまり，抑止工だけの施工は避けるのが一般的である。

No.19　アスファルト舗装における上層路盤の施工
【正答　３】

１○　アスファルト舗装の上層路盤の施工における粒度調整路盤では，材料の分離に留意しながら路盤材料を均一に敷き均し，締め固めて仕上げる。１層の仕上り厚は，15cm以下を標準とする。また，路盤材料が著しく水を含み締固めが困難な場合には晴天を待って曝気乾燥を行う。

２○　アスファルト舗装の上層路盤における加熱アスファルト安定処理路盤は，１層の仕上り厚を10cm以下で行う工法と10cm超の厚さで仕上げる工法とがある。また，下層の路盤面にはプライムコートを施す必要がある。

３×　石灰安定処理工法は，骨材中の粘土鉱物と石灰との化学反応により安定させる工法であり，セメント安定処理工法に比べて強度の発現が遅いが，長期的には耐久性や安定性が期待できる。石灰安定処理路盤の締固めは，最適含水比よりやや湿潤状態で行う。

４○　セメント安定処理路盤では，セメント量が多い場合に収縮ひび割れが生じることがある。したがって，敷き均した路盤材料の硬化が始まる前までに締固めを完了することが重要である。

No.20　アスファルト舗装の締固め
【正答　４】

１○　加熱アスファルト混合物は，敷均し終了後，所定の密度が得られるように締め固める。締固め作業は，継目転圧，初転圧，二次転圧，仕上げ転圧の順序で行う。

2 ○ 初転圧の際は、ロードローラへの混合物付着の防止のため、ローラに少量の水または軽油などを薄く塗布する。また、ヘアクラックが発生しないよう考慮しながら、なるべく高い温度（110～140℃）で行う。

3 ○ ヘアクラックは、主にアスファルト舗装の表層に縦・横・斜め不定形に、1mm程度の幅で生じる比較的短いひび割れであり、アスファルトの初転圧時に、転圧温度が高過ぎたり過転圧してしまったりする場合に多くみられる。

4 × アスファルト舗装の継目は、走行性の良さを確保するために平坦に仕上げる必要がある。したがって、下層の継目の上に上層の継目を重ねないようにしなければならない。

No.21　アスファルト舗装の補修工法
【正答　1】

1 × 打換え工法の説明である。オーバーレイ工法は、既設アスファルト等に摩耗や亀裂などの損傷が生じた場合に、損傷部分のみに加熱アスファルト混合物を舗設し修復する工法である。

2 ○ パッチング工法は、既設舗装の路面に局地的に生じたポットホールやくぼみ、ひび割れ破損部分を、アスファルト混合物などの舗装材料で応急的に穴埋め・充填する工法である。

3 ○ 切削工法は、アスファルト舗装の路面に連続的な凸凹が発生し、平坦性が極端に悪くなった場合などに、路面の凸部を切削して不陸や段差を解消し、路面形状とすべり抵抗性を回復させる工法である。

4 ○ シール材注入工法は、比較的幅の広いひび割れに注入目地材（シール材）を充填する工法である。ポリマー改質アスファルトやブローンアスファルト等の加熱して使用するシール材と、樹脂系、アスファルト乳剤系等の常温で使用するシール材を、ひび割れの幅や深さに応じて使い分ける。

No.22　コンクリート舗装
【正答　1】

1 × 普通コンクリート舗装版の版厚や版の構造（鉄網や縁部補強鉄筋の有無）に応じて一定の間隔を設定し、車線に直交方向に設ける目地を横目地、車線方向に設ける目地を縦目地という。コンクリート版の横目地には、収縮に対するダミー目地と膨張目地がある。

2 ○ コンクリートの打込みは、一般的には施工機械を用いて行う。また、舗装用コンクリートは、コンクリートが材料分離を起こさないように、一般的にはスプレッダによって、均一に隅々まで敷き広げる。

3 ○ コンクリート舗装の最終仕上げとして、粗仕上げ作業は、表面仕上げや目地の設置の終了後、コンクリート舗装版表面の水光りが消えてから、ほうきやブラシを横方向に引いて行う。

4 ○ コンクリート舗装の養生には、初期養生と後期養生があり、一般的にアスファルト舗装に比べ長い養生日数が必要である。一般的に、初期養生としては膜養生や屋根養生、後期養生としては被覆養生や散水養生が行われる。

No.23　ダム
【正答　3】

1 ○ 転流工は、比較的川幅が狭く、流量

が少ない日本の河川では**仮排水トンネ
ル方式**が多く用いられている。方式の
決定には，事前に流量調査を行い，デ
ータを溜めておいて検討に活用する。
2○　**ダム本体の基礎掘削**には全断面工法
とベンチカット工法があるが，全断面
工法は基礎岩盤に損傷を与える可能性
があるので，**基礎岩盤に損傷を与える
ことが少なく，大量掘削に適したベン
チカット工法**が一般的に採用されてい
る。
3×　**重力式コンクリートダムにおける基
礎処理のグラウチング**には，基礎地盤
及びリム部の地盤における高透水部の
遮水性の改良を目的とする**カーテング
ラウチング**と，コンクリートダムの着
岩部付近の遮水性改良と岩盤の一体化
を目的とする**コンソリデーショングラ
ウチング**がある。
　　　ブランケット**グラウチング**は，フィ
ルダムにおける遮水ゾーンと基礎岩盤
との連結部分で実施するグラウチング
のことである。
4○　重力式コンクリートダムの**堤体工**に
は，コンクリートの打込み方法により，
ブロック割して施工する**ブロック工法**
と，面状工法の一種で，超硬練りに配
合されたコンクリートをダムの堤体全
面に水平に連続して打ち込む**RCD工
法**がある。

No.24　トンネルの山岳工法の掘削
【正答　1】

1×　ベンチカット工法は，一般に全断面
を一度に掘削すると切羽が安定しない
場合に，**トンネル断面を上半分と下半
分に分けて掘削する工法**である。

2○　導坑先進工法は，トンネル全断面を
一度に掘削するのではなく，**トンネル
断面を数個の小断面に分け，導坑を先
行させて徐々に切り広げていく工法**で
ある。
3○　発破掘削は，**地山が硬岩から中硬岩
の岩質である場合**などに適用される。
発破のための爆薬には，**ダイナマイト**
や**ANFO**（硝安油剤爆薬／アンホ爆薬）
等が用いられる。
4○　**機械掘削**は，爆破掘削と比較して騒
音や振動が少ないため，**都市部のトン
ネルにおいて多く用いられている**掘削
方法である。機械掘削には，全断面掘
削機による**全断面掘削方式**と自由断面
掘削機による**自由断面掘削方式**があ
る。

No.25　海岸堤防の形式
【正答　4】

1○　緩傾斜型は，堤防前面の法勾配が1：
3より緩やかなものを指す。**堤防用地
が広く得られる場合や，海水浴等に利
用する場合に適している。**
2○　混成型は，傾斜型と直立型の両方の
特性を生かした形式であり，**水深が割
合に深く，比較的軟弱な基礎地盤に適
している。**
3○　直立型は，堤防前面の法勾配が1：1
より急なものを指し，**堅固かつ波によ
る洗掘のおそれがない比較的良好な地
盤で，堤防用地が容易に得られない場
合に適している。**
4×　傾斜型は，堤防前面の法勾配が1：1
以上1：3未満のものを指す。**比較的
軟弱な地盤で，堤体土砂が容易に得ら
れる場合**，また堤防直前で砕波が起こ

令和3年　後期　解説

る場合に適している。**海底地盤の凹凸に関係なく施工できる**という特徴がある。

No.26 ケーソン式混成堤の施工
【正答 **4**】

1○ ケーソン据付け直後は，比較的軽量で浮力が働くために**波浪の影響を受けやすい**。したがって，ケーソンは，設置後すぐにケーソン内部に中詰めを行って質量を増し，安定性を高めなければならない。

2○ **ケーソン**には，えい航，浮上，沈設の際の**水位調節**を容易にするために，それぞれの隔壁に**通水孔を設ける**。

3○ ケーソン式混成堤における**中詰め材**としては，**土砂，割り石，コンクリート，プレパックドコンクリート**などが用いられる。中詰め後は，**中詰め材が波によって洗い出されないように**，速やかに蓋コンクリートを打設する。

4× ケーソンの注水は中断することなく連続して行うのではなく，着底前にいったん中止し，**据付け位置の確認や修正を実施した後に注水を再開**して着底させる。

No.27 鉄道における道床バラスト
【正答 **2**】

1○ 道床の役割は，列車の荷重によってマクラギから受ける圧力を均等に広く**路盤に伝える**ことや，道床の劣化の原因となる噴泥を防止するために**排水を良好にする**ことである。

2× 道床に用いるバラストは，単位容積**重量が大きく**，吸水率が小さく，適当な粒径，粒度を持ち，かつ**安息角が大きい**角張った形状の材料を使用するの

が理想である。

3○ 道床バラストに砕石が使われる理由として，荷重の**分布効果**に優れていること，**マクラギの移動を抑える抵抗力**が大きいことが挙げられる。道床バラストの砕石には，主に**花崗岩，安山岩や硬砂岩**が用いられる。

4○ 道床バラストを集積・貯蔵する場合は，大小粒の**分離**を防ぐとともに，**異物が混入しないように留意**し，必要に応じて散水を行う。

No.28 建築限界と車両限界
【正答 **2**】

1○ 鉄道における**建築限界**とは，固定された線路の上を列車が通行する交通機関であり，線路上の障害物を自由に避けることができない鉄道の運行の安全確保上，**線路に対して建造物等が入ってはならない空間**のことを指す。

2× 曲線区間における**建築限界**は，カント（曲線における内軌と外軌とのレールの高低差）やスラック（曲線走行を円滑にするためにレールの間隔を広げること）などによって生じる**車両の偏い**に応じて線路の中心線から両側に適宜**拡大しなければならない**。

3○ **車両限界**とは，線路上を走行する**車両が超えてはならない車体断面の大きさの限界範囲（空間）**を示すものである。一般的に，車両限界は，単なる静的な車両の形状ではなく，車両の偏いや車体の振動といった，車両の動的な動きも考慮して設定される。

4○ **建築限界**は，線路上を走行する列車の動揺を考慮し，周辺の建造物等に列車が接触しないよう，**車両限界の外側**

に，最小限必要な余裕空間を確保したものである。

No.29 シールド工法
【正答　4】

1○　シールドマシンは，フード部，ガーダー部及びテール部の３つに区分される。シールドのフード部は，切削機構を備えている。

2○　シールドのガーダー部は，シールド鋼殻の中間部にあって，フード部とテール部を結び，シールド全体の構造を保持する。ガーダー部にはジャッキが備えられ，シールドを推進させる役割を持つ。

3○　シールドのテール部は，シールド鋼殻後部のセグメントを組み立てる部分のことを指し，覆工作業ができる機構を備えている。

4×　シールドは，切羽安定機構により開放型と密閉型に分類される。密閉型シールドとは，フード部とガーダー部が隔壁で仕切られているものを指す。開放型シールドは，隔壁を設けずに，掘削機械または人力によって地山を掘削する。スキンプレートとは，シールドマシンの外殻で，土水圧に抵抗する部分のことを指す。

No.30 上水道の導水管及び配水管
【正答　1】

1×　ステンレス鋼管は，管体強度が大きく，耐久性があり，ライニング，塗装を必要としないといった特徴を持つ。

2○　ダクタイル鋳鉄管は，管体強度が大きく，じん性に富み，衝撃に強く，継手の伸縮可とう性があるため施工性もよいといった特徴を持つ。一方で，重量が比較的重く，異形管防護を必要とする。

3○　硬質塩化ビニル管は，耐腐食性や耐電食性にすぐれる他，質量が小さいため施工性がよいという特徴がある。反面，低温時においては耐衝撃性が低下するというデメリットがあるため，接着した継手の強度や水密性に注意が必要である。

4○　鋼管は，管体強度が大きく，じん性に富み，衝撃に強いといった特徴を持つ。また，溶接継手により一体化でき，地盤の変動には管体強度及び変形能力で対応する。一方で，外面を損傷した場合に腐食しやすいため，電食，腐食の防止の配慮が必要である。

No.31 下水道管渠の基礎工
【正答　4】

1○　硬質粘土，礫混じり土及び礫混じり砂といった硬質土の地盤では，砂基礎や砕石基礎，コンクリート基礎が用いられる。

2○　シルト及び有機質土といった軟弱土の地盤では，コンクリートの受け台によって管を支持するコンクリート基礎が用いられる。

3○　不同沈下が起こりやすく地盤が軟弱な場合や土質が不均質な場合は，はしご状に組んだ木枠を基礎とするはしご胴木基礎が用いられる。

4×　非常に緩いシルト及び有機質土といった極軟弱土の地盤では，砕石基礎は沈下の原因となり適さないため，はしご胴木基礎や鳥居基礎，鉄筋コンクリート基礎が用いられる。

No.32　労働基準法（労働時間，休日，休憩）

【正答　3】

1 ×　使用者は，労働者に対して，**毎週少なくとも1回の休日を与えなければならない**と定められている。（労働基準法第35条第1項）

　　ただし，**4週間を通じ4日以上の休日を与える使用者については，上記の項を適用しない**とも定められている。（同法第35条第2項）

2 ×　**坑内労働**については，労働者が坑口に入った時刻から坑口を出た時刻までの時間を，**休憩時間を含め労働時間とみなす**と定められている。（同法第38条第2項）

3 ○　使用者は，**労働時間が6時間を超える場合においては少なくとも45分，8時間を超える場合においては，少なくとも1時間の休憩時間を労働時間の途中に与えなければならない**と定められている。また，**この休憩時間は一斉に与えられなければならない**。（同法第34条第1項，第2項）

4 ×　使用者は，原則として，労働者に，休憩時間を除き，**週40時間**を超えて労働させてはならないと定められている。（同法第32条第1項）

　　ただし，使用者は，労働者の過半数で組織する労働組合がある場合にはその**労働組合**，ない場合には**労働者の過半数を代表する者**との書面による**協定**をし，行政官庁に届け出た場合においては，協定で定めるところにより労働時間を延長し，労働させることができると定められている。（同法第36条）

いわゆる「**36（サブロク）協定**」に関する選択肢であるが，**36協定は口頭では無効**であるという点に注意を要する。

No.33　労働基準法（年少者の就業）

【正答　2】

1 ○　使用者は，満18歳に満たない者について，その年齢を証明する戸籍証明書を事業場に備え付けなければならないと定められている。（労働基準法第57条第1項）

2 ×　**親権者または後見人は，未成年者に代って労働契約を締結してはならない**と定められている。（同法第58条第1項）

3 ○　満18才に満たない者が解雇の日から14日以内に帰郷する場合においては，使用者は，**必要な旅費を負担しなければならない**と定められている。

　　ただし，その責めに帰すべき事由に基づいて解雇され，使用者がその事由について行政官庁の認定を受けたときは，この限りでないとも定められている。（同法第64条）

4 ○　**未成年者は，独立して賃金を請求することができる**。また，**親権者または後見人は，未成年者の賃金を代って受け取ってはならない**と定められている。（同法第59条）

No.34　労働安全衛生法（作業主任者の選任を必要としない作業）

【正答　1】

作業主任者の選任を必要とする作業については，労働安全衛生法施行令第6条の各号に定められている。

1 ×　**高さ5m以上の構造の足場の組立て，**

解体または変更の作業は，足場の組立て等作業主任者技能講習を修了した者のうちから，**足場の組立て等作業主任者を選任しなければならない**と定められている。(同法施行令第6条第15号，同規則第565条)

したがって，**高さが5m未満の場合は作業主任者の選任は必要としないの**で本肢は誤りである。

2 ○　**土止め支保工の切りばりまたは腹起こしの取付けまたは取り外しの作業**は，地山の掘削及び土止め支保工作業主任者技能講習を修了した者のうちから，**土止め支保工作業主任者を選任しなければならない**と定められている。(同法施行令第6条第10号，同規則第374条)

3 ○　**型枠支保工の組立てまたは解体の作業**は，型枠支保工の組立て等作業主任者技能講習を修了した者のうちから，**型枠支保工の組立て等作業主任者を選任しなければならない**と定められている。(同法施行令第6条第14号，同規則第246条)

4 ○　**掘削面の高さが2m以上となる地山の掘削**（ずい道及びたて坑以外の坑の掘削を除く）**の作業**は，地山の掘削及び土止め支保工作業主任者技能講習を修了した者のうちから，**地山の掘削作業主任者を選任しなければならない**と定められている。(同法施行令第6条第9号，同規則第359条)

No.35　建設業法
【正答　3】

1 ○　建設工事の請負契約の当事者は，**契約の締結**に際して法令で定められた事項を書面に記載し，署名または記名押印をして相互に交付しなければならないと定められている。(建設業法第19条第1項)

2 ○　建設業者は，その請け負った建設工事を，いかなる方法をもってするかを問わず，**原則として一括して他人に請け負わせてはならない**と定められている。(同法第22条第1項)

いわゆる「丸投げ」の禁止の規定である。

3 ×　**主任技術者**及び監理技術者は，工事現場における建設工事を適正に実施するため，当該建設工事の**施工計画の作成，工程管理，品質管理**その他の**技術上の管理を行わなければならない**と定められている。(同法第26条の4第1項)

ただし，そこに**労務管理は含まれていない**。

4 ○　建設業法には，建設業の許可（第2章），請負契約の適正化（第3章第1節），元請負人の義務（第3章第2節）の他，建設業者の責務としての施工技術の確保（第4章）などが定められており，建設業者は，建設工事の担い手の育成及び確保その他の施工技術の確保に努めなければならないと定められている。(同法第25条の27)

No.36　道路法（道路の掘削）
【正答　1】

道路を掘削する場合においては，溝掘，つぼ掘または推進工法その他これに準ずる方法によるものとし，えぐり掘の方法によらないことと定められている。(道路法施行令第13条第2号)

したがって，正答は1である。

No.37 河川法（河川管理者の許可）
【正答　2】

1 ○ 河川区域内の土地において工作物を新築，改築，または除却しようとする場合には，河川管理者の許可を受けなければならないと定められている。（河川法第26条第1項）

工事現場事務所や工事資材置き場といった一時的な仮設工作物であっても，この規定は適用される。

したがって，道路橋の橋梁架設工事に伴う河川区域内の工事資材置き場の設置は，河川管理者の許可を必要とする。

2 × 同法第27条で，河川区域内において土地の掘削，盛土など土地の形状を変更する行為は，河川管理者から許可を受けなければならないと定められている。ただし，同法施行令第15条の4において，許可を必要としない「軽易な行為」が定められている。その中には，「許可を受けて設置された取水施設又は排水施設の機能を維持するために行う取水口又は排水口の付近に積もった土砂等の排除」が含まれている。

したがって，河川区域内における下水処理場の排水口付近に積もった土砂の排除は，河川管理者の許可を必要としないものである。

3 ○ 河川管理者以外の者が所有する民有地であっても，河川区域内の土地において土地の掘削，盛土若しくは切土その他土地の形状を変更する行為または竹木の栽植若しくは伐採をしようとする者は，国土交通省令で定めるところにより，河川管理者の許可を受けな

ければならないと定められている。（同法第27条第1項）

4 ○ 工作物の新築等の許可に関する法第26条の規定は，河川の上空や地下に建設されるものに対しても適用されると解釈されている。（同法第26条）

したがって，河川区域内上空の送電線の架設は，河川管理者の許可を必要とする。

No.38 建築基準法（主要構造部）
【正答　3】

建築基準法上の主要構造部とは，①壁，②柱，③床，④はり，⑤屋根，⑥階段と定義されている。

なお，建築の構造上重要でない付け柱や間仕切壁等は，主要構造部ではないと規定されている。（建築基準法第2条第5号）

したがって，正答は3である。

No.39 火薬類取締法（火工所）
【正答　2】

火工所については，火薬類取締法施行規則第52条の2に規定されている。

1 ○ 消費場所においては，薬包に工業雷管，電気雷管若しくは導火管付き雷管を取り付け，またはこれらを取り付けた薬包を取り扱う作業をするために，火工所を設けなければならないと定められている。（同法施行規則第52条の2第1項）

2 × 火工所に火薬類を存置する場合には，必要に応じてではなく，見張人を常時配置することと定められている。（同法施行規則第52条の2第3項第3号）

3 ○ 火工所以外の場所においては，雷管（工業雷管，電気雷管または導火管付

き雷管）を薬包に取り付ける作業を行わないことと定められている。（同法施行規則第52条の2第3項第6号）

4○　火工所には，薬包に雷管を取り付けるために必要な火薬類以外の火薬類を持ち込まないことと定められている。（同法施行規則第52条の2第3項第7号）

No.40　騒音規制法（特定建設作業の実施の届出）
【正答　3】

騒音規制法第14条第1項には，「指定地域内において特定建設作業を伴う建設工事を施工しようとする者は，当該特定建設作業の開始の日の7日前までに，環境省令で定めるところにより，次の事項を市町村長に届け出なければならない。ただし，災害その他非常の事態の発生により特定建設作業を緊急に行う必要がある場合は，この限りでない。」と規定されている。

したがって，3が正答である。

No.41　振動規制法（特定建設作業）
【正答　4】

振動規制法施行令第2条別表第2では，特定建設作業として，以下の作業が定められている。

一　くい打機（もんけん及び圧入式くい打機を除く。），くい抜機（油圧式くい抜機を除く。）またはくい打くい抜機（圧入式くい打くい抜機を除く。）を使用する作業

二　鋼球を使用して建築物その他の工作物を破壊する作業

三　舗装版破砕機を使用する作業（作業地点が連続的に移動する作業にあっては，1日における当該作業に係る2地点間の

最大距離が50mを超えない作業に限る。）

四　ブレーカー（手持式のものを除く。）を使用する作業（作業地点が連続的に移動する作業にあっては，1日における当該作業に係る2地点間の最大距離が50mを超えない作業に限る。）

1×　上記に「くい打機（もんけん及び圧入式くい打機を除く。）」とあるため，特定建設作業に該当しない。（別表第2第1号）

2×　上記に「くい打くい抜機（圧入式くい打くい抜機を除く。）」とあるため，特定建設作業に該当しない。（別表第2第1号）

3×　上記に「くい抜機（油圧式くい抜機を除く。）」とあるため，特定建設作業に該当しない。（別表第2第1号）

4○　ディーゼルハンマのくい打機は，上記の例外に含まれていない。したがって，ディーゼルハンマのくい打機を使用する作業は，特定建設作業に該当する。

No.42　港則法（特定港内の船舶の航路及び航法）
【正答　2】

1○　航路外から航路に入り，または航路から航路外に出ようとする船舶は，航路を航行する他の船舶の進路を避けなければならないと定められている。（港則法第13条第1項）

2×　船舶は，港内においては，防波堤，ふとうその他の工作物の突端または停泊船舶を右げんに見て航行するときは，できるだけこれに近寄り，左げんに見て航行するときは，できるだけこれに遠ざかって航行しなければならな

いと定められている。(同法第 17 条)

3 ○ 　船舶は，航路内においては，投びょうし，またはえい航している船舶を放してはならないと定められている。(同法第 12 条)

　　　ただし，以下の各号の場合は例外としている。

　一　海難を避けようとするとき。

　二　運転の自由を失ったとき。

　三　人命または急迫した危険のある船舶の救助に従事するとき。

　四　港長の許可を受けて工事または作業に従事するとき。

4 ○ 　船舶は，航路内において，他の船舶と行き会うときは，右側を航行しなければならないと定められている。(同法第 13 条第 3 項)

No.43　水準測量
【正答　　3】

　標尺 No.0 の地点の地盤高が得られている場合，No.0 〜 No.1 間，No.1 〜 No.2 間，No.2 〜 No.3 間のそれぞれのレベルによって視準して得られた標尺面の高低差を算出し，No.0 の地点の地盤高からその高低差を加減することで，各標尺の地点の地盤高が算出できる。各地点間の高低差は，以下のとおりである。

・No.0 〜 No.1 間の高低差

　　$1.5m - 2.0m = -0.5m$ …①

・No.1 〜 No.2 間の高低差

　　$1.2m - 1.8m = -0.6m$ …②

・No.2 〜 No.3 間の高低差

　　$1.9m - 1.6m = 0.3m$ …③

　　よって，地点 No.3 の地盤高は，

　　$12.0m + ① + ② + ③$

　　$= 12.0m - 0.5m - 0.6m + 0.3m$

　　$= 11.2m$

　したがって，正答は 3 である。

No.44　公共工事標準請負契約約款
【正答　　3】

1 ○ 　受注者は，工事の完成，設計図書の変更等によって不用となった支給材料または貸与品を発注者に返還しなければならないと定められている。(公共工事標準請負契約約款第 15 条第 9 項)

2 ○ 　発注者は，工事完成検査において，設計図書に適合しない施工部分があると認められる客観的事実がある場合は，理由を明示した書面を受注者に示した上で，工事目的物を最小限度破壊して検査することができると定められている。(同約款第 32 条第 2 項)

3 × 　現場代理人，監理技術者等（監理技術者，監理技術者補佐または主任技術者をいう。）及び専門技術者は，これを兼ねることができると定められている。(同約款第 10 条第 5 項)

4 ○ 　発注者は，必要があると認めるときは，設計図書の変更内容を受注者に通知して，設計図書を変更することができると定められている。この場合，発注者は，必要があると認められるときは工期若しくは請負代金額を変更し，または受注者に損害を及ぼしたときは必要な費用を負担しなければならない。(同約款第 19 条)

No.45　道路橋の構造名称
【正答　　1】

　（イ）の構造名称は高欄，（ロ）の構造名称は地覆，（ハ）の構造名称は横桁，（ニ）の構造名称は床版である。

　したがって，1 の組合せが正しい。

No.46　建設機械の用途
【正答　3】

1 ○　バックホゥは，バケットを車体側に引き寄せて掘削を行う建設機械で，かたい地盤の掘削が可能で，掘削位置も正確に把握することができる。基礎の掘削に用いられるほか，水中掘削も可能であるため，溝掘りの作業にも使用される。機械が位置する地盤より低い位置の掘削に適している。

2 ○　トレーラーは，トラクタヘッド（トラクタ）によって牽引される，車輪の付いた荷台の部分を指す。鋼材や建設機械等の質量の大きな荷物を運ぶのに使用される。

3 ×　クラムシェルは，ロープにつり下げられたバケットを重力により落下させて土をつかみ取る建設機械である。シールド工事の立坑掘削など，狭い場所での深い掘削に用いられる。

4 ○　モーターグレーダは，主として平面均しの作業に用いられる整地用の建設機械である。GPS装置，ブレードの動きを計測するセンサーや位置誘導装置を搭載することにより，オペレータの技量に頼らなくても整地のムラやモレのない高い精度の敷均しが可能なため，路面の精密な仕上げに適しており，砂利道の補修，土の敷均しなどにも用いられる。

No.47　仮設工事
【正答　2】

1 ○　直接仮設工事とは，足場工，土留め工，型枠支保工など，本工事の施工のために必要な仮設備を設置する工事を指す。これに対し，間接仮設工事（共通仮設工事）とは，本工事とは直接関係しない，工事の遂行のために間接的に必要な設備を設置する工事のことを指す。現場事務所や労務宿舎などの設備は，間接仮設工事である。

2 ×　仮設備は，使用期間が短いために安全率は多少割り引いて設計することが多い。ただし，強度については使用目的や期間に応じて構造計算を的確に行い，労働安全衛生規則の基準に合致するかそれ以上の計画としなければならない。

3 ○　仮設工事には，指定仮設と任意仮設がある。指定仮設は，発注者が設計図書でその構造や仕様を指定するため，施工業者独自の技術と工夫や改善の余地は少ない。一方，任意仮設は，指定仮設以外の仮設物で，設計図書などへ指定せず，規模や構造などを受注者の自由裁量に任せている仮設のため，施工業者独自の技術と工夫や改善の余地が多い。そのため，より合理的な計画を立てることが重要である。

4 ○　仮設工事の材料は，一般の市販品を使用して可能な限り規格を統一し，その主要な部材については他工事にも転用できるような計画にするなど，経済性に最大限考慮することが必要である。

No.48　安全管理（地山の掘削作業の安全確保）
【正答　1】

地山の掘削作業の安全管理に関する規定は，労働安全衛生規則第2編第6章「掘削作業等における危険の防止」等に記載されている。

1 × 事業者は，**地山の掘削の作業を行う場合において，地山の崩壊，埋設物等の損壊等により労働者に危険を及ぼすおそれのあるときは，あらかじめ，作業箇所及びその周辺の地山について調査**しなければならない。(同規則第355条)

2 ○ 事業者は，**掘削面の高さが2m以上となる地山の掘削**（ずい道及びたて坑以外の坑の掘削を除く）の作業については，地山の掘削及び土止め支保工作業主任者技能講習を修了した者のうちから，**地山の掘削作業主任者を選任しなければならない**と定められている。(同規則第359条，同法施行令第6条第9号)

3 ○ 事業者は，**地山の崩壊または土石の落下により労働者に危険を及ぼすおそれのあるときは，土止め支保工や防護網を設け，労働者の立入りを禁止する**等の措置を講じなければならないと定められている。(同規則第361条)

4 ○ 事業者は，掘削の作業に伴う**運搬機械等が労働者の作業箇所に後進して接近するときは，誘導者を配置し**，その者にこれらの機械を誘導させなければならないと定められている。(同規則第365条第1項)

No.49 安全管理（コンクリート構造物の解体作業）

【正答 **3**】

コンクリート構造物の解体作業における安全管理に関する規定は，労働安全衛生規則第2編第8章の5「コンクリート造の工作物の解体等の作業における危険の防止」等に記載されている。

1 ○ 事業者は，**解体用機械を用いて高さ5m以上のコンクリート造の工作物の解体または破壊の作業の作業を行うときは**，物体の飛来等により労働者に危険が生ずるおそれのある箇所にその**解体用機械の運転者以外の労働者を立ち入らせないこと**と定められている。(同規則第171条の6第1号)

2 ○ 事業者は，**外壁，柱等の引倒し等の作業を行うときは**，引倒し等について**一定の合図を定め，関係労働者に周知させる**ことと定められている。(同規則第517条の16)

3 × 事業者は，高さ5m以上のコンクリート造の工作物の解体または破壊の作業を行う際に，**強風，大雨，大雪等の悪天候のため，作業の実施について危険が予想されるときは，当該作業を中止しなければならない**と定められている。(同規則第517条の15第2号)

4 ○ 事業者は，コンクリート構造物の解体作業における**作業主任者を選任するときは**，コンクリート造の工作物の解体等作業主任者技能講習を修了した者のうちから選任しなければならないと定められている。(同規則第517条の17)

No.50 品質管理（工種・品質特性と試験方法）

【正答 **4**】

1 ○ **突固めによる土の締固め試験は，土工**における**最適含水比**（最大乾燥密度が得られ，盛土が最もよく締まるとされる含水比）を測定する試験である。

2 ○ **ふるい分け試験は，コンクリート工**における**骨材**（粗骨材，細骨材）や路

盤工・アスファルト舗装工における**材
料の粒度を測定する試験**である。

3 ○　**コンクリート工**において，品質特性
として**スランプ**を求める場合，スラン
プ**試験**を実施する。

4 ×　**平板載荷試験**は，**土工**において，品
質特性として支持力値を求める場合に
実施される。**アスファルト舗装工**にお
いて品質特性として**安定度**を求める場
合に実施されるのは**マーシャル安定度
試験**である。

No.51　品質管理（レディーミクスト
　　　　コンクリート）
【正答　3】

1 ○　JIS A 5308 の規定により，**圧縮強度
試験**は，**スランプや空気量が許容値以
内に収まっている・いないにかかわら
ず実施する**と定められている。

2 ○　**圧縮強度試験**は，**1回の試験結果が
購入者が指定した呼び強度の強度値の
85％以上**であり，かつ，**3回の試験
結果の平均値が購入者が指定した呼び
強度の強度値以上**であることを確認す
る。

3 ×　JIS A 5308（レディーミクストコン
クリート）の規定においては，**塩化物
含有量**は，塩化物イオン（Cl⁻）量と
して 0.30kg/m³ 以下とすると定めら
れている。ただし，塩化物含有量の上
限値の指定があった場合は，その値と
する。また，購入者の承認を受けた場
合には，0.60kg/m³ 以下とすること
ができる。

4 ○　**空気量試験**の結果の許容差は，**空気
量4.5％**（普通，舗装，高強度コンク
リートの場合），5.0％（軽量コンクリ

ートの場合）いずれの場合でも±1.5％
以内である。

No.52　環境保全対策
【正答　2】

1 ○　**土工機械の騒音**は，**エンジンの回転
速度に比例する**。そのため，無用なふ
かし運転や機械の能力以上の**高負荷**に
なる運転は避ける。

2 ×　**ブルドーザ**による掘削運搬作業にお
いて発生する騒音は，**前進押土時より，
後進の速度が速くなるほど足回り騒音
や振動が大きくなる**傾向にある。ブル
ドーザで掘削押土を行う場合は，エン
ジンの過回転による騒音増大を防ぐた
め，能力以上の量の押土をするなど，
無理な負荷をかけないようにする。ま
た，後進時は低速で運転する。

3 ○　一般に，建設機械は，**老朽化**するに
つれて機械各部にゆるみや磨耗が生
じ，**騒音振動の発生量も大きくなる**。
また，覆工板などは，付属部品の据付
けの精度が悪い場合，ガタつきに起因
する騒音・振動が発生するため，据付
けの精度にも留意する。

4 ○　車両系建設機械だけでなく，**トラッ
クミキサ**などのコンクリート機械につ
いても，その騒音は**エンジンの回転速
度に比例する**。したがって，**不必要な
ふかし運転や機械の能力以上の高負荷
になる運転は避けなければならない。**

No.53　建設リサイクル法
【正答　4】

建設リサイクル法（「建設工事に係る資
材の再資源化等に関する法律」）に定めら
れている**特定建設資材**としては，以下の4
品目が定められている。(同法施行令第1条)

127

①コンクリート

②コンクリート及び鉄から成る建設資材

③木材

④アスファルト・コンクリート

土砂は，上記の「**特定建設資材**」には含まれていない。

したがって，正答は４である。

No.54　施工計画作成

【正答　４】

施工計画の作成に関する語句の空所補充問題である。

・事前調査は，契約条件・設計図書の検討，**（イ）現地調査**が主な内容であり，また調達計画は，労務計画，機械計画，**（ロ）資材計画**が主な内容である。

・管理計画は，品質管理計画，環境保全計画，**（ハ）安全衛生計画**が主な内容であり，また施工技術計画は，作業計画，**（ニ）工程計画**が主な内容である。

したがって，４が正答である。

No.55　建設機械（コーン指数）

【正答　３】

建設機械の作業能力（コーン指数）に関する語句の空所補充問題である。

・建設機械の走行に必要なコーン指数は，**（イ）普通ブルドーザ（21t級）**より**（ロ）湿地ブルドーザ**の方が小さく，**（イ）普通ブルドーザ（21t級）**より**（ハ）ダンプトラック**の方が大きい。

・走行頻度の多い現場では，より**（ニ）大**きなコーン指数を確保する必要がある。

したがって，３が正答である。

※**コーン指数**は，**建設機械の走行性を示すトラフィカビリティーを表す指標**である。**コーン指数 q_c が大きいほど，劣悪な地盤での走行が困難な機械であ**るということになる。

各建設機械が走行するのに必要なコーン指数は，以下のとおりである。（単位：$q_c = kN/m^2$）

1　普通ブルドーザ（21t級）

…700 以上

2　ダンプトラック　…1,200 以上

3　自走式スクレーパ（小型）

…1,000 以上

4　湿地ブルドーザ　…300 以上

No.56　工程管理

【正答　１】

工程管理の基本事項に関する語句の空所補充問題である。

・工程管理にあたっては，**（イ）実施工程**が，**（ロ）工程計画**よりも，やや上回る程度に管理することが最も望ましい。

・工程管理においては，常に工程の**（ハ）進行状況**を全作業員に周知徹底させて，全作業員に**（ニ）作業能率**を高めるように努力させることが大切である。

したがって，１が正答である。

※工程計画と実施工程の間に差が生じた場合は，あらゆる方面から検討し，また原因がわかったときは，速やかにその原因を除去する。**工程計画と実施のずれを把握する際に用いられる工程表**の例としては，工程管理曲線（バナナ曲線）が挙げられる。

No.57　工程管理（ネットワーク式工程表）

【正答　３】

ネットワーク式工程表の読み取りに関する語句の空所補充問題である。

ネットワーク式工程表は，作業をアクティビティ（矢線→）で，各作業の結節点を

イベント（○）で表す。各作業の関連性を矢線と結節点で明確に表現できるため、**クリティカルパスの確認が容易**である。

クリティカルパスとは、ネットワーク式工程表における各ルートのうち、**最も長い日数を要する経路**のことである。最も長い日数を要する経路上の作業が遅延した場合、全体工期の遅延に直結してしまう。クリティカルパスがどのルートになるのか、日数が何日になるのかを特定、算出した上で、クリティカルパスをいかに順守するかが、工程管理の重要な管理項目になる。

以上を踏まえ、本問のネットワーク式工程表のクリティカルパスを算出すると、最長の経路は⓪→①→③→④→⑤→⑥（**作業A→C→F→G**）となり、作業日数の合計、つまり**工期は３＋５＋８＋(0)＋３＝19日**となる。

※なお、表中の点線で示されている矢線は**ダミーアロー**といい、**各作業間の前後関係のみを示す**。日数は０として計算する。

したがって、（イ）～（ニ）はそれぞれ以下のようになる。

・（イ）作業Ｃ及び（ロ）作業Ｆは、クリティカルパス上の作業である。

・作業Ｂが（ハ）１日遅延しても、全体の工期に影響はない。

※クリティカルパス上にある**作業Ｃ（①→③）の日数は５日**である。一方、**クリティカルパス上にない作業Ｂ（①→②→③）の日数は４日**であり、5－4＝1日の余裕日数がある。

・この工程全体の工期は、（ニ）19日である。

したがって、３が正答である。

No.58　安全管理（足場の安全管理）
【正答　　２】

足場の安全管理に関する語句の空所補充問題である。

足場の安全管理に関する規定は、労働安全衛生規則第２編第10章第２節「足場」等に記載されている。

・足場の作業床より物体の落下を防ぐ、（イ）幅木を設置する。

　※足場の作業床より物体の落下を防ぐために設ける**幅木の高さは、10cm以上**と規定されている。（同規則第563条第１項第６号）

・足場の作業床の（ロ）手すりには（ハ）中さんを設置する。（同規則第563条第１項第３号ロ）

・足場の作業床の（ニ）すき間は、3cm以下とする。（同規則第563条第１項第２号ロ）

　※床材間のすき間は、3cm以下とすることと定められている。

したがって、２が正答である。

No.59　安全管理（車両系建設機械の安全管理）
【正答　　４】

車両系建設機械の安全管理に関する語句の空所補充問題である。

車両系建設機械の安全管理に関する規定は、労働安全衛生規則第２編第２章第１節「車両系建設機械」等に記載されている。

・車両系建設機械には、原則として（イ）前照燈を備えなければならず、また転倒又は転落の危険が予想される作業では運転者に（ロ）シートベルトを使用させるよう努めなければならない。（同規則第152条、第157条の2）

・岩石の落下等の危険が予想される場合，堅固な（ハ）ヘッドガードを装備しなければならない。（同規則第153条）

・運転者が運転席を離れる際は，原動機を止め，（ニ）かつ，走行ブレーキをかける等の措置を講じさせなければならない。（同規則第160条第1項）

したがって，4が正答である。

No.60　品質管理（管理図）
【正答　1】

2つの工区の管理図の読み取りに関する語句の空所補充問題である。

・管理図は，上下の（イ）管理限界を定めた図に必要なデータをプロットして作業工程の管理を行うものであり，A工区の上方（イ）管理限界は（ロ）30である。

　※上方管理限界は，英訳 Upper Control Limit の頭文字をとって「UCL」と表記される。また，下方管理限界は英訳 Lower Control Limit の頭文字をとって「LCL」と表記される。

・B工区では中心線より上方に記入されたデータの数が中心線より下方に記入されたデータの数よりも（ハ）多い。

　※上方に記入されたデータ数は7，下方に記入されたデータ数は5である。

・品質管理について異常があると疑われるのは，（ニ）A工区の方である。

　※管理図上に記入した点が**管理限界線の外に出た場合**は，原則としてその工程に**異常があると**判断しなければならない。また，**連続7点以上の点の偏りや上昇・下降，周期的な点の上下**など，点の並び方にクセがある場合も，工程の異常が疑われる。

　　B工区の方は，**全てのデータが上方**管理限界（UCL）及び**下方管理限界(LCL)の範囲内に収まっている**。また，点の並び方にも上記のようなクセはみられないため，**B工区の品質管理について異常は認められない**と判断できる。

　　これに対し，**A工区の方は，UCLを逸脱したデータが1つ，LCLを逸脱したデータが2つみられる**。このため，**A工区の品質管理については異常が疑われる**と判断できる。

したがって，1が正答である。

No.61　品質管理（盛土の締固め）
【正答　3】

盛土の締固め管理に関する語句の空所補充問題である。

・盛土の締固めの品質管理の方式のうち工法規定方式は，使用する締固め機械の（イ）機種や締固め回数等を規定するもので，品質規定方式は，**盛土の（ロ）締固め度**等を規定する方法である。

・盛土の締固めの効果や性質は，土の種類や含水比，施工方法によって（ハ）変化する。

・盛土が最もよく締まる含水比は，（ニ）**最大乾燥密度**が得られる含水比で最適含水比である。

　※所要の締固め度が得られる範囲内における最適値の含水比を施工含水比と呼ぶ。要求される締固め度の程度によっては，施工含水比と最適含水比は常に一致するとは限らない。

したがって，3が正答である。

第 二 次 検 定 （解 答 例）

必須問題
問題１　土木工事の経験
【重点解説】
　受検者が施工管理に関する経験，知識を十分に有し，それを的確に表現する能力があるか
を判別するための問題である。趣旨を把握して，具体的に簡潔かつ的確に記述することを心
掛ける。例年ほぼ同じ内容の出題形式なので，十分に準備をしておくこと。

〔設問１〕
(1)　**工事名**は，受検者自身が実際に従事して経験した工事，あるいは，受検者が工事請負
　　者の技術者の場合は，受検者の所属会社が受注した工事の名称を記述する。
(2)　**工事の内容**は，問題に指示があるとおり，①発注者名，②工事場所，③工期，④主な
　　工種，⑤施工量，を具体的に，明確に記述する。なお，主な工種とは，路体盛土工，コ
　　ンクリート擁壁工，基礎工，アスファルト舗装工，法面工等，具体的な工事の工種を記
　　述する。
(3)　**工事現場における施工管理上のあなたの立場**とは，工事現場における施工管理者とし
　　ての肩書きのことであり，例えば現場代理人，主任技術者，現場監督員，発注者監督員
　　等のように記述する。会社内での役職，つまり課長，係長，工事担当等ではないので，
　　注意すること。

〔設問２〕
　過去の問題では，例年「品質管理」「安全管理」「工程管理」の各テーマから２テーマが提
示され，そのいずれかを選んだ上で，特に留意した技術的課題など，限定した状況のなかで，
その課題を解決するために検討した内容と採用に至った理由及び現場で実施した対応措置
を，具体的に記述する問題であった。
　令和３年度は，設問１の工事で実施した「**現場で工夫した安全管理**」または「**現場で工夫
した品質管理**」のいずれかを選び，**特に留意した技術的課題，技術的課題を解決するために
検討した項目と検討理由及び検討内容，技術的課題に対して現場で実施した対応処置とその
評価**を具体的に記述するものであった。
　それぞれの現場ごとに技術的課題があるはずで，工事を進めるにあたり，その技術的課題
を解決するために，「安全管理」，あるいは「品質管理」の面でどのようなことを検討し，そ
の検討の結果，自らの判断によってどのような対応処置を実施し，対応処置に対してどのよ
うな評価を下したかを簡潔に要領よくまとめる。単に施工の状況説明に終始しないように，
注意する必要がある。

問題2　コンクリート

　フレッシュコンクリートの仕上げ，養生，打継目に関する文の空所補充問題である。

　解答に関連する技術基準を記した資料としては，土木学会「コンクリート標準示方書」，日本規格協会「JIS ハンドブック（生コンクリート）」などがある。

(1)　仕上げ後，コンクリートが固まり始めるまでに，**(イ) 沈下ひび割れ**が発生することがあるので，タンピング再仕上げを行い修復する。

(2)　養生では，散水，湛水，湿布で覆う等して，コンクリートを **(ロ) 湿潤状態**に保つことが必要である。

(3)　養生期間の標準は，使用するセメントの種類や養生期間中の環境温度などに応じて適切に定めなければならない。そのため，普通ポルトランドセメントでは日平均気温 15℃ 以上で，**(ハ) 5 日**以上必要である。

(4)　打継目は，構造上の弱点になりやすく，**(ニ) 漏水**やひび割れの原因にもなりやすいため，その配置や処理に注意しなければならない。

(5)　旧コンクリートを打ち継ぐ際には，打継面の **(ホ) レイタンス**や緩んだ骨材粒を完全に取り除き，十分に吸水させなければならない。

(イ)	(ロ)	(ハ)	(ニ)	(ホ)
沈下	湿潤	5	漏水	レイタンス

必須問題

問題３　安全管理（移動式クレーンを使用する作業）

建設工事における移動式クレーンを使用する荷下ろし作業の安全管理に関する記述問題である。(1) 作業着手前，(2) 作業中の各段階における，安全管理上必要な労働災害防止対策に関し，それぞれ１つ，おおよそ以下のような主旨の具体的な措置を記述できればよい。

解答に関連する法規としては，「クレーン等安全規則」が挙げられる。

（カッコ内の条文番号については解答に記載する必要はない）

	安全管理上必要な労働災害防止対策に関する具体的な措置
(1) 作業着手前	・事業者が，移動式クレーンによる作業の方法や転倒防止の方法，労働者の配置や指揮系統などについて定め，関係労働者に周知する。（クレーン等安全規則第66条の2） ・移動式クレーンの運転についての合図を統一的に定め，関係請負人に周知させる。（労働安全衛生規則第639条） ・巻過防止装置，ブレーキ，クラッチ及びコントローラーの機能について点検を行う。（クレーン等安全規則第36条第1号） ・ワイヤロープ等の異常の有無について点検を行う。（同規則第220条第1項） ・ワイヤロープ等の異常を認めた時は直ちに補修する。（同規則第220条第2項）
(2) 作業中	・移動式クレーンの運転や玉掛け業務について，各々の作業を実施するのに必要な資格を保有する者にのみ行わせるよう徹底する。（労働安全衛生法第61条第1項） ・作業の際に，アウトリガーまたはクローラを最大限に張り出す。（クレーン等安全規則第70条の5） ・労働者に対し，移動式クレーンの上部旋回体と接触することにより危険が生ずるおそれのある箇所への立入禁止の措置をとる。（同規則第74条） ・労働者に対し，つり上げられている荷の下への立入禁止の措置をとる。（同規則第74条の2）

必須問題

問題４　盛土

盛土の締固め作業及び締固め機械に関する文の空所補充問題である。

解答に関連する技術基準を記した資料としては，国土交通省「土木工事共通仕様書」，日本道路協会「道路土工構造物技術基準・同解説」などがある。

(1)　盛土全体を (イ) 均等に締め固めることが原則であるが，盛土 (ロ) 端部や隅部（特に法面近く）等は締固めが不十分になりがちであるから注意する。

(2)　締固め機械の選定においては，土質条件が重要なポイントである。すなわち，盛土材

料は，破砕された岩から高 (ハ) 含水比の粘性土にいたるまで多種にわたり，同じ土質であっても (ハ) 含水比の状態等で締固めに対する適応性が著しく異なることが多い。

(3) 締固め機械としての (ニ) タイヤローラは，機動性に優れ，比較的種々の土質に適用できる等の点から締固め機械として最も多く使用されている。

(4) 振動ローラは，振動によって土の粒子を密な配列に移行させ，小さな重量で大きな効果を得ようとするもので，一般に (ホ) 粘性に乏しい砂利や砂質土の締固めに効果がある。

(イ)	(ロ)	(ハ)	(ニ)	(ホ)
均等	端部	含水比	タイヤローラ	粘性

必須問題
問題 5　コンクリート（コンクリートの打込み時または締固め時に留意すべき事項）

　コンクリートの打込みまたは締固めに関する記述問題である。コンクリートの打込み時，または締固め時に留意すべき事項について，任意に 2 つ，おおよそ以下のような主旨の留意事項が記述できればよい。

　解答に関連する技術基準を記した資料としては，土木学会「コンクリート標準示方書［施工編]」などがある。

	留意すべき事項
打込み時	・原則として，打上がり面がほぼ水平になるように打ち込むようにする。 ・1 層当たりの打込み高さが原則として 40 ～ 50cm 以下になるようにする。 ・打込み時の温度を，寒中コンクリート，暑中コンクリート，マスコンクリート等それぞれの使用コンクリートや使用条件に適した範囲に保つ。 ・コンクリートの練混ぜ後できるだけ早い時期に打ち込み，所定の時間内に打ち終わるようにする。 ・練混ぜから打ち終わるまでの時間は，外気温が 25℃ を超えるときは 1.5 時間以内，25℃ 以下のときは 2 時間以内を標準とする。 ・打ち重ねを行う場合は，新旧コンクリートの打込み時間間隔が長くなり過ぎないように管理する。 ・許容打重ね時間間隔は，外気温が 25℃ を超えるときは 2 時間以内，25℃ 以下のときは 2.5 時間以内とする。
締固め時	・締固め時に使用する棒状バイブレータは，材料分離の原因となる横移動を目的に使用しない。 ・棒状バイブレータはできるだけ鉛直かつ一様な間隔に差し込む。 ・棒状バイブレータの差し込み間隔を，原則として 50cm 以下とする。 ・棒状バイブレータは下層のコンクリート中に 10cm 程度挿入する。振動時間は 1 箇所当たり 5 ～ 15 秒とする。

選択問題（1）

問題6　土工（盛土の施工）

　盛土の施工における施工上の留意点を記した文の空所補充問題である。

　解答に関連する技術基準を記した典拠としては，日本道路協会「道路土工―盛土工指針」，国土交通省「土木工事安全施工技術指針」などが挙げられる。

(1)　敷均しは，盛土を均一に締め固めるために最も重要な作業であり (イ) **薄層**でていねいに敷均しを行えば均一でよく締まった盛土を築造することができる。

(2)　盛土材料の含水量の調節は，材料の (ロ) **自然**含水比が締固め時に規定される施工含水比の範囲内にない場合にその範囲に入るよう調節するもので，曝気乾燥，トレンチ掘削による含水比の低下，散水等の方法がとられる。

(3)　締固めの目的として，盛土法面の安定や土の (ハ) **支持力**の増加等，土の構造物として必要な (ニ) **強度特性**が得られるようにすることがあげられる。

(4)　最適含水比，最大 (ホ) **乾燥密度**に締め固められた土は，その締固め条件のもとでは土の間隙が最小である。

(イ)	(ロ)	(ハ)	(ニ)	(ホ)
薄層	自然	支持力	強度特性	乾燥密度

選択問題（1）

問題7　品質管理（鉄筋の組立・型枠及び型枠支保工）

　鉄筋の組立・型枠及び型枠支保工の品質管理に関する文の空所補充問題である。

　解答に関連する技術基準を記した典拠としては，国土交通省「コンクリート構造物の品質確保・向上の手引き」，土木学会「コンクリート標準示方書［維持管理編］」などが挙げられる。

(1)　鉄筋の継手箇所は，構造上弱点になりやすいため，できるだけ，大きな荷重がかかる位置を避け，(イ) **同一**の断面に集めないようにする。

(2)　鉄筋の (ロ) **かぶり**を確保するためのスペーサは，版（スラブ）及び梁部ではコンクリート製やモルタル製を用いる。

(3)　型枠は，外部からかかる荷重やコンクリートの (ハ) **側圧**に対し，十分な強度と剛性を有しなければならない。

(4)　版（スラブ）の型枠支保工は，施工時及び完成後のコンクリートの自重による沈下や変形を想定して，適切な (ニ) **上げ越し**をしておかなければならない。

(5)　型枠及び型枠支保工を取り外す順序は，比較的荷重を受けにくい部分をまず取り外し，その後残りの重要な部分を取り外すので，梁部では (ホ) **底面**が最後となる。

(イ)	(ロ)	(ハ)	(ニ)	(ホ)
同一	かぶり	側圧	上げ越し	底面

選択問題（2）

問題8　安全管理（架空線に対する安全対策）

　道路上で架空線に近接してガス管更新工事を行う場合において，工事用掘削機械を使用する際の架空線損傷事故を防止するため配慮すべき具体的な安全対策を記述する問題である。解答については，以下のような内容の解答を2つ記述できればよい。

　解答に関連する技術基準としては，国土交通省「土木工事共通仕様書」などが挙げられる。

配慮すべき具体的な安全対策
・看板などを設置して，**架空線の位置**を明示する。 ・架空線に**近接**して施工する場合は，必ず**監視員**を配置する。 ・掘削機械を用いた施工の際は，架空線から適切な**安全距離**を確保する。 ・架空線と**掘削機械**の接触のおそれがある場所については，**立入禁止区域**を設定する。 　他

選択問題（2）

問題9　工程管理（各種工程表の特徴）

　ネットワーク式工程表と横線式工程表の特徴に関する記述問題である。

　それぞれの特徴に関し，おおよそ以下のような主旨の解答を1つずつ記述できればよい。

ネットワーク式工程表の特徴
・各作業の所要工期と他の作業との順序関係をノード（結節点）と矢線で表した図表で，各作業の間の前後関係が視覚的に明確に示すことができるため，**クリティカルパス**や，各部分作業間の**フロート**（余裕）の有無や日数が明らかになる。 ・表の作成が複雑で手作業での作成は困難なため通常はソフトウェアの利用が必要になるが，工事遅延による**工程見直し**が容易になり，高い精度の工程管理が可能になる。

横線式工程表の特徴
・縦軸に部分作業をとり，横軸に工期をとって横棒グラフで示すバーチャートと，縦軸に部分作業をとり，横軸に各作業の進捗率を横棒グラフで示すガントチャートがある。 ・バーチャートは，表の作成は容易で全体工期や各作業の工期が直観的に把握可能になる反面，各作業間の相互関係の把握は困難である。 ・ガントチャートは，表の作成が容易で各作業の進捗率が直観的に把握可能である反面，全体工期や各作業間の詳細な順序関係の把握はできない。

令和３年度　前期

No.1　土工作業の種類と使用機械
【正答　2】

1○　バックホウは，バケットを車体側に引き寄せて掘削する方式の建設機械であり，**掘削・積込み等の作業に用いられる**。その他，伐開・除根や溝掘り等の作業にも用いられる。

2×　**ランマは，土などの締固めに用いられる建設機械である**。振動や打撃を与えて，路肩や狭い場所などの締固めや建築物の基礎，埋設物の埋戻しなどに使用されるが，**溝掘りの作業には使用されない**。溝掘りの作業に使用される建設機械としては，バックホウやトレンチャ等が挙げられる。

3○　ブルドーザは，トラクタに土砂を押す排土板を取り付けた建設機械であり，**敷均し・整地等に用いられる**。その他，掘削や運搬（押土），伐開・除根にも使用される。

4○　ロードローラは，接地面積や重量の大きな車輪（ローラ）を持ち，その重量によって，道路工事のアスファルト混合物や路盤の締固め，**及び路床の仕上げ転圧を行うための建設機械である**。

No.2　土質試験
【正答　4】

1○　**砂置換法による土の密度試験は**，掘出し跡の穴を乾燥砂で置換えることにより，掘り出した土の体積を知ることによって，湿潤密度を測定する方式である。試験結果は，盛土の締固め度や締まり具合の判定など，土の締固め管理に利用される。

2○　**土の一軸圧縮試験は**，円筒形に成形した粘性土を上下方向に圧縮することでせん断強さを求める試験である。試験結果は，飽和した粘性土地盤の強度，盛土及び構造物の安定性の検討や支持力の推定に用いられる。

3○　**ボーリング孔を利用した透水試験**は，対象となる地盤に設置した測定用パイプの中の水位を経時的に測定する試験で，測定内容から透水係数が求められる。試験結果は，**地盤の透水性の判定**，**地盤改良工法の設計**，地盤掘削時の補助工法の検討などに用いられる。

4×　**ポータブルコーン貫入試験は**，原位置の地表やボーリング孔などを利用し，地盤の性質を直接調べる土の原位置試験の一種である。試験結果は，**建設機械のトラフィカビリティーの判定**などに用いられる。試験結果が土の粗粒度の判定に用いられるのは，**土の粒度試験**である。

No.3　盛土の施工
【正答　3】

1○　**盛土の締固めの目的は**，土の構造物として必要な**強度特性や法面の安定，土の支持力の増加などが得られるようにすることである**。締固めの効果としては，①土の空気間隙を少なくし透水性を低下させることで浸水による土の軟化や膨張を防ぐ，②荷重に対する支

持力を増加させ，盛土に必要な強度を
もたせる，③圧密沈下などの変形を少
なくする等が挙げられる。

2 ○　盛土の**敷均し厚さ**は，盛土の目的，
締固め機械と施工法及び要求される締
固め度などの条件によって左右され
る。道路盛土の場合，**路体では 35 ～
45cm 以下**，**路床では 25 ～ 30cm
以下**としている。**河川堤防では，35
～ 45cm 以下**としている。

3 ×　盛土材料の含水比が必要とされる**施
工含水比**の範囲内にないときは，含水
量の調節が必要となるため，盛土がで
きるだけ**最適含水比に近付くように締
固め作業を行う**。

4 ○　**盛土の締固めの効果や特性**は，**土の
種類及び含水状態，施工方法によって
大きく変化する**。そのため，盛土の締
固めに際しては，施工環境や土の状態
などに応じて適切な建設機械や締固め
方法を選択する必要がある。

No.4　軟弱地盤の改良工法
【正答　3】

1 ×　押え盛土工法は，盛土側方への押え
盛土を施し，法面勾配を緩くすること
により，**すべり抵抗のモーメントを増
大させて盛土のすべり破壊の抑止を図
る工法**で，**締固め工法には該当しない**。

2 ×　バーチカルドレーン工法は，排水距
離を短縮して圧密排水を促進すること
で地盤の強度増加を図る工法であり，
サンドドレーン工法やペーパードレー
ン工法等がある。**締固め工法には該当
しない**。

3 ○　サンドコンパクションパイル工法
は，軟弱地盤の中に振動によって砂を

圧入し，**密度の高い砂杭を形成するこ
とによって軟弱層を締め固める工法**
で，**締固め工法に該当する**。

4 ×　石灰パイル工法は，**生石灰を軟弱地
盤中に杭状に打設**し，地盤を改良する
工法で，**固結工法の一種**であり，**締固
め工法には該当しない**。

No.5　コンクリート用骨材
【正答　2】

1 ○　**骨材の品質**は，**コンクリートの性質
に大きく影響する**。主な品質項目は，
天然骨材及び砕石・砕砂の場合，粒度・
粒形，物理的性質，有害物質（不純物）
に関する許容限度などがあり，原料が
産業副産物であるスラグ骨材の場合
は，粒度・粒形，物理的性質等の他に，
化学成分についても要求品質となりう
る。

2 ×　コンクリート骨材の吸水量は，絶対
乾燥状態（絶乾状態）から表面乾燥飽
水状態（表乾状態）になるまで吸水す
る水量である。水分を多く含むほど凍
結時のコンクリートの膨張も大きくな
るため，**吸水率の大きい骨材を用いた
コンクリートは，耐凍害性が低下する**。

3 ○　コンクリート骨材に泥炭質や腐植土
等の有機不純物が多く混入している
と，セメント内の石灰分との化合等に
より，**コンクリートの凝結や強度など
に悪影響を及ぼす**。

4 ○　コンクリート骨材において，大きな
粒と小さな粒の混合している程度のこ
とを，**骨材の粒度**という。骨材の粒度
は，ふるい分け試験の結果から算出さ
れる**粗粒率**で表され，**粗粒率が大きい
ほど粒度は粗くなる**。

No.6　コンクリートの施工
【正答　1】

1 ×　コンクリートの練混ぜから打ち終わるまでの時間は，外気温が 25℃を超えるときは 1.5 時間以内，25℃以下のときは２時間以内とする。

2 ○　現場内でコンクリートを運搬する方法としては，コンクリートポンプ，コンクリートバケット，コンクリートタワー，ベルトコンベア，シュート，手押し車などの方法がある。コンクリートバケットをクレーンで運搬する方法は，運搬中のコンクリートの振動を少なくできるため，コンクリートの材料分離を少なくできる。

3 ○　コンクリートを打ち重ねる場合には，上層と下層のコンクリートの打継目が極力一体となるように，下層のコンクリート中に内部振動機（棒状バイブレータ）を 10cm 程度挿入する。

4 ○　コンクリートの養生に際しては，散水，湛水，湿布で覆う等の手段で，コンクリートを一定期間湿潤状態に保つことが重要である。

No.7　フレッシュコンクリートの性質
【正答　1】

1 ×　コンシステンシーとは，フレッシュコンクリートにおける変形または流動に対する抵抗性の程度を表す性質のことである。コンクリートの作業（運搬，打込み，締固め等）のしやすさを示す性質は，ワーカビリティーと呼ぶ。

2 ○　スランプとは，コンクリートの軟らかさの程度を示す指標であり，スランプ試験により測定される。スランプ試験では，固まる前のコンクリートをスランプコーンに入れ，コーンを抜き取った後のコンクリート頂部の下がり具合を測定するが，これをスランプ値（スランプ）と呼ぶ。

3 ○　材料分離抵抗性とは，コンクリート中の材料が分離することに対する抵抗性のことを指す。一般に，コンクリートの単位水量が大きくなると，材料分離抵抗性が低下する。

4 ○　ブリーディングとは，コンクリートの練混ぜ水の一部が遊離してコンクリート表面に上昇する現象であり，ブリーディングの発生に関係する要因としては，単位水量（多いほど発生しやすい），セメント量（少ないほど発生しやすい），細骨材の微粒分（少ないほど発生しやすい），温度（低いほど発生しやすい）などがある。

No.8　型枠の施工
【正答　3】

1 ×　型枠内面には，コンクリート硬化後に型枠をはがしやすくするため，はく離剤を塗布しておく。セパレータとは，設置した型枠の幅を一定に保つために使用される金物のことを指す。

2 ×　型枠に作用するコンクリートの側圧は，コンクリート条件や施工条件によって変化する。

3 ○　コンクリート型枠の締付け金物は，水の浸透経路になったり，腐食してコンクリート表面に汚点を作ったり，コンクリートにひび割れができたりする原因となるおそれがある。そのため，締付け金物は，型枠を取り外した後，コンクリート表面に残してはならない。

4 ✕ 型枠の取外しは，取り外しやすい場所を優先するのではなく，荷重を受ける重要な部分を避け，**過重負荷のかからない部分を優先する。**

No.9 既製杭の打撃工法
【正答 4】

既製杭の打撃工法とは，ドロップハンマやディーゼルハンマ，油圧ハンマによって杭に打撃を加えることで杭を打ち込む工法である。

1 ◯ ドロップハンマ工法とは，**ウインチによって巻き上げた**ドロップハンマ（モンケン）を自由落下させることで**杭頭を打撃し，杭を地中に打ち込む工法である。ドロップハンマは，ハンマの重心が低く，杭軸と直角にあたるものとする必要がある。**

2 ◯ ドロップハンマは，落下高さ（ウインチによって引き上げる高さ）を変えることで，**ハンマの重量が異なっても同じ打撃力を得ることができる。**

3 ◯ **油圧ハンマ**は，油圧によってラム（ピストン）を持ち上げ，油圧の解放によってラムを落下させ，杭頭に打撃を加え打ち込む形式のハンマである。ラムの高さを自由に設定できるため，打込み時の打撃力も調整可能で，**杭打ち時の騒音を低くすることができる。**

4 ✕ 油圧ハンマは，**構造自体が防音構造になっている**うえ，燃料の燃焼を伴わないため，ディーゼルハンマのような**油煙の飛散は起きない。**

No.10 場所打ち杭のオールケーシング工法
【正答 4】

オールケーシング工法は，ケーシングチューブを挿入して孔壁の崩壊を防止しながら，**ハンマグラブと掘削機で掘削し，支持層に達したことを確認した後，**スライム除去や鉄筋かごの建込みを行い，トレミー管でコンクリートの打設を行う工法である。

サクションホースは，リバース工法の際に用いられる機材で，回転ビットによって掘削した土砂を，泥水とともに吸い上げて排土する役割を担う。

したがって，正答は 4 である。

No.11 土留め壁の種類と特徴
【正答 2】

1 ✕ 連続地中壁は，**適用地盤の範囲が広い。**また，止水性がよく，剛性が大きいため，大規模な開削工事，地盤変形が問題となる場合に適する。ただし，施工期間が長く，かつ泥水処理施設の設置に広い施工スペースが必要になるため，**他の土留め壁に比べ経済的であるとは言い難い。**

2 ◯ 鋼矢板は，**止水性が高く，施工が比較的容易**である。引抜きに伴う周辺地盤の沈下の影響が大きいと考えられるときは，残置することを検討する。打設時及び引抜き時に騒音・振動等が問題になることがある。

3 ✕ 柱列杭は，**剛性が大きいため，深い掘削にも適する。**また，施工の際の騒音・振動が小さい。

4 ✕ 親杭・横矢板は，止水性が劣るため，**地下水のない地盤に適する。**また，施工が比較的容易である。

No.12 鋼材
【正答 3】

1 ◯ 鋼材は，応力度が弾性限度に達するまでは弾性（**応力を加えられた際に生**

じる歪みを元に戻そうとする性質）を示すが，弾性限度を超えると**塑性**（変形したその形状を保持する性質）を示す。

2○　**PC鋼棒**は，**棒鋼**（単純な形状の断面で，棒状に圧延された鋼材）の一種で，PC（プレストレストコンクリート）のプレストレスの導入に用いられる。**鉄筋コンクリート用棒鋼と比べて高い強さを持っているが，伸びは小さい。**

3×　鉄鋼は，鉄と微量の炭素による合金である炭素鋼（普通鋼）と，鉄以外の金属との合金である合金鋼（特殊鋼）に大別され，炭素鋼は，さらに炭素含有量により低炭素鋼，中炭素鋼，高炭素鋼に分類される。**炭素鋼は，炭素含有量が多いほど延性や展性は低下するが，硬さや強さは向上する。**高炭素鋼は，この性質を応用し炭素量を増加させることによってじん性や硬度を強化した鋼材で，表面硬さが必要なキー・ピン・工具に用いられる。

4○　継ぎ目なし鋼管は，パイプの長手方向に溶接や鍛接によるパイプの継目がない鋼管のことを指す。**小・中径のものが多く，高温高圧用配管などに用いられている。**

No.13　鋼道路橋に用いる高力ボルト
【正答　1】

1×　高力ボルトの**締付け検査**は，トルク法やその他の方法に関係なく，**ボルト締付け後，速やかに行わなければならない。**

2○　トルシア形高力ボルトの締付けにあたっては，予備締めには**インパクトレンチ**を使用できるが，**本締めにはイン**

パクトレンチではなく専用の締付け機を使用する。

3○　高力ボルトの締付けは，ナットを回して行うのが原則である。やむを得ず頭部を回す場合は，トルク係数値の変化を確認することが必要である。

4○　**耐候性鋼材**は，緻密なさびの発生による腐食の抑制を目的として開発された鋼材である。**耐候性鋼材を使用した橋梁には，耐候性高力ボルトを用いる。**

No.14　コンクリートの劣化機構・要因
【正答　4】

1○　中性化は，空気中の二酸化炭素の侵入などが劣化要因となり，**コンクリート中のアルカリ性が中性にシフトしていく現象**である。中性化すると，コンクリート中の鉄筋を覆っている不動態被膜が失われる。

2○　塩害は，コンクリート中に侵入した**塩化物イオンが劣化要因となり，鉄筋の腐食を引き起こす現象**である。塩害対策として，**水セメント比をできるだけ小さくし，**コンクリートの密度を上げることで塩化物イオンの侵入を防止する方法がある。

3○　**アルカリシリカ反応（アルカリ骨材反応）**とは，反応性骨材中に含まれるシリカ分が劣化要因となり，**コンクリート中に含まれるアルカリ性の水分が反応する現象**を指す。アルカリシリカ反応により，骨材の表面に膨張性の物質が生成されて吸水膨張することでコンクリートにひび割れが生じる。

4×　凍害は劣化機構の一種で，寒冷地においてコンクリート中に含まれる水分

が凍結し，その際に生成された氷によって発生する凍結膨張圧がコンクリートを破壊する現象である。繰返し荷重は疲労の劣化要因である。

No.15　河川
【正答　2】

1○　霞堤とは，急流河川の治水方策として，上流側の堤防と下流側の堤防を不連続にした堤防のことである。堤防のある区間に開口部を設けることで，洪水時には流水が開口部から逆流して堤内地に湛水し，下流に流れる洪水の流量を減少する。洪水後には，堤内地に湛水した水は開口部から排水される。

2×　河川堤防の断面の一番高い平らな部分を天端という。河川堤防における天端，及び天端保護工は，低水岸の背後からの侵食を防止するために施工する。

3○　既設堤防の法面に新たに腹付盛土を行う場合，腹付けを行う盛土の接着面は弱点になりやすい。そのため，腹付盛土と既設堤防の地山とのなじみをよくし，密着性を高めるために，法面に水平面切土を行い段切りする。

4○　堤防工事には，新しく堤防を構築する新築工事と，既設堤防を高くするかさ上げや断面積を増やすための腹付けといった拡築の工事などがある。旧堤の拡築工事は，かさ上げと腹付けを同時に行うことが多く，腹付けは一般に旧堤防の裏法面に行う。

No.16　河川護岸
【正答　4】

1○　横帯工は，法覆工の延長方向，河川の横断方向の一定区間ごとに設け，護岸の変位などによる破壊が他に波及しないよう絶縁するための構造物である。コンクリート二次製品の横帯ブロックを使用する。

2○　縦帯工は，護岸の法肩部に設けられる構造物で，法肩の施工を容易にし，法肩部の破損を防ぐ役割を有する。縦帯工は低水護岸に用いられるA型と高水護岸に用いられるB型に分類され，天端高は計画高水位とされる。

3○　小口止工は，法覆工の上下流の端部に施工して護岸を侵食破壊から保護する構造物である。

4×　根固工の説明である。護岸基礎工は，洗掘に対する保護や裏込め土砂の流出を防ぐために，法覆工の法尻部に設置し，法覆工を支持するための構造物である。

No.17　砂防えん堤の施工順序
【正答　1】

砂防えん堤を砂礫の堆積層上に施工する場合の一般的な順序は，以下のとおりである。

①（ロ）本えん堤基礎部の河床部を固め，両岸の山腹を固定する。

②前庭保護工を，（ニ）副えん堤→（ハ）側壁護岸・（ホ）水叩きの順番で施工する。

③（イ）本えん堤上部の打上げを行う。

したがって，1が正答である。

No.18　地すべり防止工
【正答　3】

1○　抑制工は，地すべりの地形や地下水の状態などの自然条件を変化させることにより，地すべり運動を緩和させる工法であり，水路工，横ボーリング工，

集水井工などがある。

2 ○　水路工とは，地表水排除工の一種で，地表面の水を水路に集め，速やかに**地すべりの地域外に排水する工法**である。

3 ×　**排土工は抑制工の一種**であり，**地すべり頭部に存在する土塊を排除し，地すべりの滑動力を減少させる工法**である。

4 ○　**抑止工**は，杭などの構造物を設けることにより，**地すべり運動の一部または全部を停止させる工法**であり，杭工やシャフト工などがある。

No.19　アスファルト舗装における路床・路盤の施工
【正答　3】

1 ○　**盛土路床**では，1層の敷均し厚さを**仕上り厚さで20cm以下**を目安とする。盛土路床は，使用する盛土材の性質をよく把握して敷き均し，均一かつ過転圧により強度を低下させない範囲で十分に締め固めて仕上げる。

2 ○　**切土路床**では，路床の均一性を著しく損なう**土中の木根，転石などは取り除いて**仕上げる。取り除く範囲は，**表面から30cm程度以内**とする。

3 ×　粒状路盤材料を使用した**下層路盤**では，**1層の仕上り厚さは20cm以下**を標準とし，敷均しはモータグレーダで行う。転圧には10～12tのロードローラや8～20tのタイヤローラを用いるのが一般的である。

4 ○　アスファルト舗装における**粒度調整路盤材料を使用した上層路盤**では，材料の分離に留意しながら路盤材料を均一に敷き均し締め固め，**1層の仕上り**厚は，**15cm以下を標準とする**。また，路盤材料が著しく水を含み締固めが困難な場合には晴天を待って曝気乾燥を行う。

No.20　アスファルト舗装の施工
【正答　4】

1 ○　**加熱アスファルト混合物**は，一般的には**アスファルトフィニッシャを用いて敷き均す**。アスファルトフィニッシャが使用できないような狭い箇所などでは人力で敷き均す。

2 ○　**敷均し時の加熱アスファルト混合物の温度**は，一般に**110℃を下回らないようにする**。

3 ○　敷き均された**加熱アスファルト混合物の初転圧**には，一般的に**ロードローラを用いる**。初転圧の転圧温度は，一般に110～140℃とし，ヘアクラックの生じない限り**できるだけ高い温度とする**。

4 ×　アスファルト舗装における**転圧終了後の交通開放**は，**舗装表面温度が50℃以下となってから行う**のが一般的である。これにより，初期のわだち掘れや変形を少なくすることができる。

No.21　アスファルト舗装の破損の種類
【正答　3】

1 ○　**わだち掘れ**は，通行車両の影響により路床・路盤の圧縮変形が促進され，アスファルト混合物の塑性変形が加わって，**車両の通過位置が同じところにおいて道路の横断方向に生じる凹凸状の破損**である。主な原因は，渋滞などにより，車両の荷重がかかることであ

る。特に温度の高い夏場は進行が早く
なる傾向がある。

2 ○ 縦断方向の凹凸は，**道路の延長方向
に，比較的長い波長で生じる凹凸**で，
どこにでも生じる破損である。切削オ
ーバーレイが修繕の基本となるが，詳
細な調査を実施する必要がある。

3 × ヘアクラックは，**縦・横・斜め不定
形**に，幅 1mm 程度に生じる**比較的短
いひび割れ**で，主に**表層に生じる破損**
である。アスファルトの初転圧時に生
じる場合がある。

4 ○ 線状ひび割れは，**縦・横に幅 5mm
程度で長く生じるひび割れ**である。路
盤の支持力が不均一な場合や舗装の継
目に生じる破損であり，路盤も損傷し
ている可能性があるため，詳細な調査
を実施して修繕計画を立てる。

No.22 コンクリート舗装
【正答 1】

1 × **コンクリート舗装**は，コンクリー
ト版の曲げ抵抗で交通荷重を支えるた
め，**剛性舗装**と呼ばれる。一方，**アス
ファルト舗装**は荷重によって多少たわ
んでも復元性のある舗装のため，**たわ
み性舗装**と呼ばれる。

2 ○ **コンクリート舗装**は，コンクリー
ト版が温度変化によって一定程度の膨張
や収縮を繰り返し，反り等が発生する
が，これを許容するために一般に**目地**
を設けることが必要である。目地には，
車線方向に設ける縦**目地**，車線に直交
して設ける横**目地**がある。

3 ○ **コンクリート舗装**には，レディーミ
クストコンクリートを用いて施工する
普通コンクリート舗装，アスファルト

と同様の施工機械を使用し施工性の高
い転圧**コンクリート舗装**，コンクリー
トに圧縮応力（プレストレス）をもた
せ，引張力が作用した際にひび割れを
防ぐ**プレストレストコンクリート舗装**
等がある。

4 ○ **コンクリート舗装**は，アスファルト
舗装に比べ**養生期間が長く，部分的な
補修が必要**な反面，**耐久性に富む**とい
う特徴がある。また，火災に対する抵
抗力も大きいため，**トンネル内の舗装
等に用いられる**。

No.23 コンクリートダムの RCD 工法
【正答 4】

RCD 工法は，単位水量が少なく，**超硬
練りに配合されたコンクリートを振動ロー
ラで締め固める工法**である。

1 ○ **RCD 工法**においては，**コンクリー
トの運搬**は，一般にダンプトラックを
使用する。また，地形条件によっては，
コンクリートをダンプトラックに積
み，ダンプトラックごとに設置された
台車で直接堤体面上に運ぶ**インクライ
ン方式**を採用することもある。

2 ○ **RCD 用コンクリートの 1 回に連続
して打ち込まれる高さ**をリフトとい
う。RCD 工法においては，**0.75m リ
フトの場合は 3 層に，1m リフトの場
合は 4 層に分割して仕上げる**のが一般
的である。

3 ○ RCD 用コンクリートの敷均しは，
ブルドーザなどを用いて水平かつ **3 〜
4 層の薄層に敷き均す**のが一般的であ
る。締固めは，作業性のよい**振動ロー
ラ**などで行う。

4× RCD用コンクリートの敷均し後，堤体内に不規則な温度ひび割れの発生を防ぐため，**横継目**を設ける。横継目は，コンクリートの敷均し後に振動目地切機などを使い，**ダム軸に対して直角方向に設ける。**

No.24 トンネルの山岳工法の施工
【正答 4】

1○ **鋼アーチ式（鋼製）支保工**は，吹付けコンクリートの補強や掘削断面の切羽の早期安定などの目的で行う。H型鋼材などをアーチ状に組み立て，所定の位置に正確に建て込む。

2○ **ロックボルト**は，掘削によって緩んだ岩盤を緩んでいない地山に固定し，落下を防止するなどの効果があるほか，内圧効果，アーチ形成効果なども認められている。ロックボルトは，特別な場合を除いて，**トンネル掘削面に対して直角に設ける。**

3○ **吹付けコンクリート**は，鋼アーチ式（鋼製）支保工の支保機能を高めるため，**鋼アーチ式（鋼製）支保工と一体化**するように注意して吹き付ける。

4× **ずり運搬**は，軌道を蓄電池式機関車でけん引する**レール方式**よりも，ダンプトラックを用いる**タイヤ方式**の方が，トンネル勾配に対する制約が少なく，大きな勾配に対応できる。

No.25 海岸堤防の形式
【正答 3】

海岸堤防の形式には，緩傾斜型（階段型），混成型，直立型，傾斜型がある。

1○ **緩傾斜型**は，堤防前面の法勾配が1：3より緩やかなものを指す。堤防用地が広く得られる場合や，海水浴等に利用する場合に適している。

2○ **混成型**は，傾斜型と直立型の両方の特性を生かした形式であり，**水深が割合に深く，比較的軟弱な基礎地盤に適している。**

3× **直立型**は，堤防前面の法勾配が1：1より急なものを指し，**基礎地盤が堅固**で波による洗掘のおそれがなく，堤防用地が容易に得られない場合に**適している。**

4○ **傾斜型**は，**比較的軟弱な地盤**で，堤体土砂が容易に得られる場合，また堤防直前で砕波が起こる場合に適している。海底地盤の凹凸に関係なく施工できるという特徴がある。

No.26 ケーソン式混成堤の施工
【正答 3】

1○ **進水したケーソン**は，波浪や風などの影響で，えい航直後の据付けが難しいときに浮かせておいたままでいると，波浪の影響で破損するおそれがある。ただし，**海面が常におだやかで，大型起重機船が使用できる場合**は，進水したケーソンを据付け場所までえい航して据え付けることが可能である。

2○ ケーソンは，波浪や風の影響を受けやすいため，えい航の際は**波の静かなときを選び，ケーソンにワイヤをかけて，引き船でえい航する**のが一般的である。

3× **ケーソンの中詰め材の投入**には，クレーンのついた**ガット船**や**グラブ船**を使用する。

4○ ケーソンを注水により据え付ける場合は，**底面が据付け面に近づいたら注水**をいったん中止し，潜水士によって

145

正確な位置を決めたのち，ふたたび注水して正しく据え付ける。ケーソンの安定を維持するため，各隔室内の水位差は1m以内とする。

No.27　鉄道の軌道
【正答　2】

1 ○　**ロングレール**とは，軌道の欠点である継目をなくすために，**定尺レールを溶接して繋いだレール**で，長さ200m以上のレールを指す。

2 ×　軌道の保守作業を軽減するため開発された省力化軌道の一種で，プレキャストのコンクリート版を用いた軌道構造は，舗装軌道である。**有道床軌道**とは，バラスト**軌道**ともいい，バラスト（マクラギと路盤の間に用いられる砕石や砂利などの粒状体）**によって形成した道床の上部にマクラギを並べ，その上にレールを敷設する構造**の軌道のことである。

3 ○　マクラギは，レールを支えるために平行に敷設された2本のレールの下に敷かれる部材である。**軌間を一定に保持し，レールから伝達される列車荷重を広く道床以下に分散させる役割**を担う。マクラギは，レールを強固に締結するために十分な強度を有するとともに，保守が容易で耐用年数が長いものがよい。

4 ○　**路盤**とは，道床を直接支持する部分のことを指し，**3％程度の排水勾配を設けることにより，道床内の水を速やかに排除する役割**を担う。路盤は，使用する材料により，良質土を用いた土路盤と粒度調整砕石を用いたスラグ路盤に大別される。

No.28　鉄道（在来線）の営業線内及び近接工事
【正答　4】

1 ○　**工事管理者**は，列車見張員の統括管理や作業員の安全管理，工事現場の品質管理などを職務とし，**工事現場ごとに専任の者を常時**配置しなければならない。また，「工事管理者資格認定証」を有する者でなければならない。（営業線工事保安関係標準仕様書（在来線）4.施工・保安体制並びに工事従事者の任務，配置及び資格等（別表）工事管理者）

2 ○　**軌道作業責任者**は，軌道工事における作業の指揮を職務とし，作業集団ごとに**専任の者を常時**配置しなければならない。（同仕様書（在来線）4.施工・保安体制並びに工事従事者の任務，配置及び資格等（別表）軌道作業責任者）

3 ○　**列車見張員及び特殊列車見張員**は，線路に近接している作業現場における列車の進来の監視や，列車の安全運行，作業員の安全確保を職務とし，**工事現場ごとに専任の者を配置する**ことが義務づけられており，他の作業従事者がこれらを兼任することはできない。（同仕様書（在来線）4.施工・保安体制並びに工事従事者の任務，配置及び資格等（別表）列車見張員）

4 ×　**停電責任者**は，電力供給用の架空線に近接しての工事・作業時における停電作業の責任者であるが，**工事現場ごとの専任者の配置は必要ない**。（同仕様書（在来線）4.施工・保安体制並びに工事従事者の任務，配置及び資格等（別表）停電責任者）

No.29　シールド工法
【正答　1】

設問文の空欄を補充すると，
「**土圧式シールド工法**は，カッターチャンバー排土用の**（イ）スクリューコンベヤ**内に掘削した土砂を充満させて，切羽の土圧と平衡を保ちながら掘進する工法である。一方，**泥水式シールド工法**は，切羽に隔壁を設けて，この中に泥水を循環させ，切羽の安定を保つと同時に，カッターで切削された土砂を泥水とともに坑外まで**（ロ）流体輸送**する工法である。」となる。

したがって，（イ）には**スクリューコンベヤ**，（ロ）には**流体輸送**が入るため，正答は１である。

No.30　上水道の配水管
【正答　1】

1 ○　**鋼管**は，管体強度が大きく，じん性に富み，衝撃に強いといった特徴を持つ。また，溶接継手により一体化でき，地盤の変動には管体強度及び変形能力で対応する。一方で，温度変化に対応するためには伸縮継手等が必要である。

2 ×　**ダクタイル鋳鉄管**は，管体強度が大きく，じん性に富み，衝撃に強く，継手の伸縮可とう性があるため施工性もよいといった特徴を持つ。一方で，継手の種類によっては異形管防護を必要とする。また，重量が比較的重いため，管の加工がしにくいという特徴もある。

3 ×　**硬質塩化ビニル管**は，質量が小さいため施工性がよく，耐食性に優れているという特徴がある。反面，低温時においては耐衝撃性が低下するというデメリットがあるため，接着した継手の

強度や水密性に注意が必要である。

4 ×　**ポリエチレン管**は，重量が軽く施工性がよいが，雨天時や湧水地盤では融着継手の施工が困難である。

No.31　下水道管渠の更生工法
【正答　4】

（イ）…**製管工法**の説明である。

製管工法は，既設管渠内に表面部材となる硬質塩化ビニル材等をかん合して製管し，製管させた樹脂パイプと既設管渠との間隙にモルタル等の充填材を注入することで管を構築する。

（ロ）…**さや管工法**の説明である。

さや管工法は，既設管渠より小さな管径の工場製作された二次製品の管渠を牽引・挿入し，間隙にモルタル等の充填材を注入することで管を構築する。

なお，選択肢にある**形成工法**は，熱硬化性樹脂を含浸させたライナーや熱可塑性樹脂ライナーを既設管渠内に引き込み，水圧または空気圧などで拡張，密着させた後に硬化させることで管を形成，構築する工法である。

したがって，正答は４である。

No.32　労働基準法（賃金の支払い）
【正答　2】

1 ○　労働基準法では，**賃金の定義**として，賃金，給料，手当，賞与など名称の如何を問わず，労働の対償として使用者が労働者に支払うすべてのものと定められている。（労働基準法第11条）

2 ×　**賃金**は，通貨で，直接労働者に，その全額を支払わなければならないと定められている。また，賃金は，毎月1回以上，一定の期日を定めて支払わなければならないと定められている。（同

法第 24 条)

3 ○ 労働基準法では，使用者は，労働者が女性であることを理由として，**賃金について，男性と差別的取扱いをしてはならない**と定められている（**男女同一賃金の原則**）。(同法第 4 条)

4 ○ 労働基準法では，**平均賃金の定義**として，**算定すべき事由の発生した日以前 3 箇月間に，その労働者に対し支払われた賃金の総額を，その期間の総日数で除した金額**と定められている。(同法第 12 条第 1 項)

No.33　労働基準法（災害補償）
【正答　4】

1 × **労働者が業務上死亡した場合**においては，使用者は，遺族に対して，**平均賃金の 1,000 日分の遺族補償を行わなければならない**と定められている。(労働基準法第 79 条)

2 × 労働者が業務上負傷し，または疾病にかかったことによる療養のため，労働することができないために賃金を受けられない場合，使用者は，労働者の療養中，**平均賃金の 100 分の 60 の休業補償を行わなければならない**と定められている。(同法第 76 条第 1 項)

3 × 業務上負傷し療養補償を受ける労働者が，**療養開始後 3 年**を経過しても負傷が治らない場合においては，使用者は，**平均賃金の 1,200 日分の打切補償を行わなければならない**が，その後はこの法律の規定による補償を行わなくてもよいと定められている。(同法第 81 条)

4 ○ 使用者は，労働者が**重大な過失**によって業務上負傷し，かつ使用者がその過失について行政官庁の認定を受けた場合においては，**休業補償または障害補償を行わなくてもよい**と定められている。(同法第 78 条)

No.34　労働安全衛生法（特別教育を必要とする業務）
【正答　1】

「安全又は衛生のための特別の教育（特別教育）」を必要とする業務については，労働安全衛生規則第 36 条の各号に規定がある。

1 × **エレベーターの運転の業務**は，特別教育を必要とする業務に該当しない。

2 ○ **つり上げ荷重が 1t 未満の移動式クレーンの運転の業務（道路上を走行させる運転は除く）**は，特別教育を必要とする業務に該当する。(同規則第 36 条第 16 号)

3 ○ **つり上げ荷重が 5t 未満のクレーン（移動式を除く）の運転の業務**は，特別教育を必要とする業務に該当する。(同規則第 36 条第 15 号イ)

4 ○ **アーク溶接機を用いて行う金属の溶接，溶断等の業務**は，特別教育を必要とする業務に該当する。(同規則第 36 条第 3 号)

No.35　建設業法
【正答　1】

1 × 建設業者は，建設工事の請負契約を締結するに際して，工事内容に応じ，**工事の種別ごとの材料費，労務費その他の経費の内訳並びに工事の工程ごとの作業及びその準備に必要な日数を明らかにして，建設工事の見積りを行うよう努めなければならない**と定められている。(建設業法第 20 条第 1 項)

2 ○　元請負人の責務として，請け負った建設工事を施工するために必要な工程の細目，作業方法を定めようとするときは，あらかじめ下請負人の意見を聞かなければならないと定められている。（同法第 24 条の 2）

3 ○　建設業法上，主任技術者及び監理技術者が，公共工事標準請負契約約款に定められている現場代理人を兼ねることができないとは特に定められていない。また，同約款第 10 条には，「現場代理人，監理技術者等（監理技術者，監理技術者補佐又は主任技術者をいう。）及び専門技術者は，これを兼ねることができる」と規定されている。

4 ○　建設工事の施工に従事する者は，主任技術者または監理技術者がその職務として行う指導に従わなければならないと定められている。（建設業法第 26 条の 4 第 2 項）

No.36　道路法（車両制限令）
【正答　3】

車両制限令第 3 条第 1 項の各号では，道路の構造を保全し，または交通の危険を防止するため，車両の幅，重量，高さ，長さ及び最小回転半径等の最高限度が以下のように定められている。

1 ○　輪荷重…5t

2 ○　高さ…3.8m（道路管理者が指定した道路を通行する車両は 4.1m）

3 ×　最小回転半径…（車両の最外側のわだちについて）12m

4 ○　幅…2.5m

したがって，3 が誤っている。

No.37　河川法
【正答　1】

1 ○　河川法上の河川とは，1 級河川（国土交通大臣が指定した河川）及び 2 級河川（都道府県知事が指定した河川）を指し，それぞれの河川の管理は指定者が行う。したがって，1 級河川の管理は原則として国土交通大臣が行う。（河川法第 4 条，第 5 条）

2 ×　河川法の目的は，河川が，洪水，津波，高潮等による災害の発生が防止され，河川が適正に利用され，流水の正常な機能が維持され，及び河川環境の整備と保全がされるように総合的に管理することにより，国土の保全と開発に寄与し，以て公共の安全を保持し，かつ，公共の福祉を増進することとされている。（同法第 1 条）

3 ×　1 級及び 2 級河川以外の河川は準用河川と呼ばれ，原則として市町村長が管理を行う。（同法第 100 条）

1 の解説にもあるように，都道府県知事は 2 級河川の指定者であるため，都道府県知事が管理する河川は，2 級河川である。

4 ×　河川法において，河川管理施設とは，ダム，堰，水門，堤防，護岸，床止め，樹林帯（国土交通省令で定める，堤防またはダム貯水池の治水・利水上の機能を維持・増進する効用を有するもの）など，河川の流水によって生ずる公利を増進し，または公害を除却し，若しくは軽減する効用を有する施設と定められている。（同法第 3 条第 2 項）

したがって，洪水防御を目的とするダムは，河川管理施設に該当する。

No.38　建築基準法
【正答　2】

1 ○　建築基準法上の**建築物**とは，「**土地に定着する工作物のうち，屋根及び柱若しくは壁を有するもの**（これに類する構造のものを含む。），**これに附属する門若しくは塀**，観覧のための工作物又は地下若しくは高架の工作物内に設ける事務所，店舗，興行場，倉庫その他これらに類する施設をいい，建築設備を含むものとする。」と定められている。（建築基準法第2条第1号）

2 ×　建築基準法上の**居室**とは，居住のみではなく，「**居住，執務，作業，集会，娯楽その他これらに類する目的のために継続的に使用する室をいう。**」と定められている。（同法第2条第4号）

3 ○　建築基準法上の**建築設備**とは，「建築物に設ける**電気，ガス，給水，排水，換気**，暖房，冷房，消火，排煙若しくは**汚物処理の設備**又は煙突，昇降機若しくは避雷針などの設備をいう。」と定められている。（同法第2条第3号）

4 ○　建築基準法上の**特定行政庁**とは，「**建築主事を置く市町村の区域**については**当該市町村の長をいい，その他の市町村の区域**については都道府県知事をいう。」と定められている。（同法第2条第35号）

No.39　火薬類取締法
【正答　3】

1 ×　**火薬庫の設置**，移転またはその構造若しくは設備の変更の許可を受けようとする者は，当該火薬庫を設置しようとする場所または当該火薬庫の所在地を管轄する**都道府県知事**（指定都市の区域内にある場合は，当該地を管轄する指定都市の長）**に提出しなければならない**と定められている。（火薬類取締法施行規則第13条第1項）

2 ×　**爆発，発火，または燃焼しやすい物は，火薬庫の境界内には堆積しないこと**と定められている。（同法施行規則第21条第1項第2号）

3 ○　火薬庫内には，**火薬類以外の物を貯蔵しない**ことと定められている。（同法施行規則第21条第1項第3号）

4 ×　**火薬庫内**では，**換気に注意し，できるだけ温度の変化を少なくし**，特に無煙火薬またはダイナマイトを貯蔵する場合には，最高最低寒暖計を備え，夏期または冬期における温度の影響を少なくするような措置を講ずることと定められている。（同法施行規則第21条第1項第7号）

　　したがって，夏期に換気をしてはならないとは定められていない。

No.40　騒音規制法（特定建設作業の規制基準）
【正答　1】

　　特定建設作業の騒音に関する規制基準については，騒音規制法第14条第1項及び第15条第1項の規定に基づき，環境省「特定建設作業に伴って発生する騒音の規制に関する基準」（以下「基準」）に定められている。

1 ○　規制基準においては，特定建設作業の場所の敷地の境界線において，騒音の大きさが**85デジベルを超える大きさのものでないこと**と定められている。（基準第1）

2 ×　規制基準においては，**1号区域の夜

間・深夜作業の禁止時間帯は，午後7時から翌日の午前7時であると定められている。（基準第2）

3 × 規制基準においては，1号区域は1日の作業時間は，10時間を超えてはならないと定められている。（基準第3）

4 × 規制基準においては，連続して6日を超えて行われる特定建設作業に伴って発生するものでないことと定められている。したがって，連続作業の制限は，同一場所においては6日である。（基準第4）

No.41 振動規制法（特定建設作業の届出先）
【正答　4】

振動規制法第14条第1項では，「指定地域内において特定建設作業を伴う建設工事を施工しようとする者は，当該特定建設作業の開始の日の7日前までに，環境省令で定めるところにより，次の事項を市町村長に届け出なければならない。ただし，災害その他非常の事態の発生により特定建設作業を緊急に行う必要がある場合は，この限りでない。」と規定されている。

したがって，4の「市町村長」が正しい。

No.42 港則法（船舶の航路，及び航法）
【正答　1】

1 × 船舶は，航路内において，他の船舶と行き会うときは，右側を航行しなければならないと定められている。（港則法第13条第3項）

2 ○ 船舶は，航路内において，投びょうし，またはえい航している船舶を放してはならないと定められている。（同法第12条）

ただし，以下の各号の場合は例外としている。

一　海難を避けようとするとき。

二　運転の自由を失ったとき。

三　人命または急迫した危険のある船舶の救助に従事するとき。

四　港長の許可を受けて工事または作業に従事するとき。

3 ○ 船舶は，港内においては，防波堤，ふとうその他の工作物の突端または停泊船舶を右げんに見て航行するときは，できるだけこれに近寄り，左げんに見て航行するときは，できるだけこれに遠ざかって航行しなければならないと定められている。（同法第17条）

4 ○ 船舶は，航路内においては，他の船舶を追い越してはならないと定められている。（同法第13条第4項）

No.43 水準測量
【正答　4】

標尺 No.1 の地点の地盤高が得られている場合，No.1～No.5 の各点においてレベルによって視準して得られた後視・前視の差から各測点間の高低差を算出し，No.1 の地点の地盤高からその高低差を加減することで，各標尺の地点の地盤高が算出できる。各測点の高低差は，以下のとおりである。

・測点 No.1～No.2 間の高低差
　測点 No.1 の後視 − No.2 の前視
　$= 0.9m - 2.3m = -1.4m$　…①

・測点 No.2～No.3 間の高低差
　測点 No.2 の後視 − No.3 の前視
　$= 1.7m - 1.9m = -0.2m$　…②

・測点 No.3～No.4 間の高低差
　測点 No.3 の後視 − No.4 の前視
　$= 1.6m - 1.1m = +0.5m$　…③

・測点 No.4～No.5 間の高低差

測点 No.4 の後視－ No.5 の前視

＝ 1.3m － 1.5m ＝－ 0.2m …④

よって，地点 No.5 の地盤高は，

9.0m ＋①＋②＋③＋④

＝ 9.0m － 1.4m － 0.2m ＋ 0.5m － 0.2m

＝ 7.7m

したがって，正答は 4 である。

No.44　公共工事標準請負契約約款
【正答　3】

1 ×　監督員は，受注者が**監督員の検査の規定に違反した場合において，必要があると認められるときは，工事の施工部分を破壊して検査することができる**と定められている。（公共工事標準請負契約約款第 17 条第 2 項）

　　いかなる場合でも破壊して検査ができるわけではない。

2 ×　**受注者は，工事の施工部分が設計図書に適合しない場合において，監督員がその改造を請求したときは，当該請求に従わなければならない**と定められている。（同約款第 17 条第 1 項）

3 ○　**設計図書とは，図面，仕様書，現場説明書及び現場説明に対する質問回答書をいう。契約書は設計図書には含まれない。**（同約款第 1 条第 1 項）

4 ×　受注者は，工事現場内に搬入した工事材料を**監督員の承諾を受けないで工事現場外に搬出してはならない**と定められている。（同約款第 13 条第 4 項）

No.45　土木工事の図面の見方（逆 T 型擁壁）
【正答　2】

　　逆 T 型擁壁各部の名称と寸法記号は，以下のとおりである。

・B…底版幅

・B1…つま先版幅　　・B2…かかと版幅

・H1…擁壁の高さ　　・H2…たて壁の高さ

・T1…たて壁厚　　　・T2…底版厚

　　したがって，2 の組合せが正しい。

No.46　建設機械
【正答　3】

1 ○　フローティングクレーンは，台船上にクレーン装置を搭載した移動式クレーンの一種で，**海上での橋梁架設や海洋構造物の据付け等**に用いられる。

2 ○　ブルドーザは，トラクタに作業装置として**土工板（ブレード）を取り付け**た機械で，**土砂の掘削**や盛土，整地，**短距離運搬（押土）**，除雪に用いられる。

3 ×　**タンピングローラは，ローラの表面に多数の突起（タンパフート）をつけた締固め機械である。フィルダムやアースダムの遮水層や軟弱路床などの含水比の高い粘性土の締固めに用いられることが多い。盛土材やアスファルト混合物の締固めには，タイヤローラ等が用いられる。**

4 ○　ドラグラインは，ワイヤロープに繋がれたバケットを長いブームを用いて放り投げ，手前に引き寄せて掘削を行う機械である。掘削半径が大きく，軟らかい地盤の掘削など，**機械の位置より低い場所の掘削に適する**。また，ブームのリーチより遠い所まで掘削可能である。水中掘削も可能で，**水路の掘削やしゅんせつ**，砂利の採取などにも使用される。

No.47　仮設工事
【正答　1】

1 ×　仮設工事の材料は，一般の市販品を使用して可能な限り規格を統一し，そ

の主要な部材については他工事にも転用できるような計画にするなど，経済性に最大限考慮する必要がある。

2○　直接仮設工事とは，足場工，土留め工，型枠支保工など，本工事の施工のために必要な仮設備を設置する工事を指す。これに対し，間接仮設工事（共通仮設工事）とは，本工事とは直接関係しない，工事の遂行のために間接的に必要な設備を設置する工事のことを指す。現場事務所や労務宿舎などの設備は，間接仮設工事である。

3○　仮設工事は，強度については使用目的や期間に応じて構造計算を的確に行い，労働安全衛生規則の基準に合致するかそれ以上の計画としなければならない。ただし，仮設は使用期間が短いため，安全率については多少割り引いて設計することが多い。

4○　仮設工事には，任意仮設と指定仮設がある。指定仮設は，発注者が設計図書でその構造や仕様を指定するため，施工業者独自の技術と工夫や改善の余地は少ない。一方，任意仮設は，指定仮設以外の仮設物で，設計図書などへ指定せず，規模や構造などを受注者の自由裁量に任せている仮設のため，施工業者独自の技術と工夫や改善の余地が多い。そのため，より合理的な計画を立てることが重要である。

No.48　安全管理（地山の掘削作業の安全確保）

【正答　3】

地山の掘削作業の安全管理に関する規定は，労働安全衛生規則第２編第６章「掘削作業等における危険の防止」等に記載され

ている。

1○　事業者は，明り掘削の作業を行うときは，地山の崩壊または土石の落下による労働者の危険を防止するため，点検者を指名して，作業箇所やその周辺の地山について，①その日の作業を開始する前，②大雨の後，③中震以上の地震の後に，浮石及びき裂の有無及び状態，並びに含水，湧水及び凍結の状態の変化を点検させることと定められている。（同規則第358条第１号）

2○　事業者は，掘削面の高さが2m以上となる地山の掘削（ずい道及びたて坑以外の坑の掘削を除く）の作業については，地山の掘削及び土止め支保工作業主任者技能講習を修了した者のうちから，地山の掘削作業主任者を選任しなければならないと定められている。（同規則第359条，同法施行令第６条第９号）

なお，地山の掘削作業主任者に行わせなければならないと定められている事項は以下のとおりである。

一　作業の方法を決定し，作業を直接指揮すること。

二　器具及び工具を点検し，不良品を取り除くこと。

三　要求性能墜落制止用器具等及び保護帽の使用状況を監視すること。（同規則第360条第１号〜第３号）

3×　事業者は，明り掘削の作業を行う際には，あらかじめ運搬機械等の運行経路や土石の積卸し場所への出入りの方法を定め，これを地山の掘削作業主任者だけでなく，関係労働者に周知させなければならないと定められている。

（同規則第 364 条）

4 ○　事業者は，明り掘削の作業を行う場所については，当該作業を安全に行うため**必要な照度の保持を行わなければならない**と定められている。（同規則第 367 条）

No.49　安全管理（コンクリート構造物の解体作業）

【正答　4】

コンクリート構造物の解体作業における安全管理に関する規定は，労働安全衛生規則第 2 編第 8 章の 5「コンクリート造の工作物の解体等の作業における危険の防止」等に記載されている。

1 ○　事業者は，高さ 5m 以上のコンクリート造の工作物の解体または破壊の作業を行うときは，倒壊，物体の飛来または落下等による労働者の危険を防止するため，あらかじめ，**当該工作物の形状，き裂の有無，周囲の状況等を調査し，それに基づく作業計画を定め，かつ，当該作業計画により作業を行わなければならない**と定められている。（同規則第 517 条の 14 第 1 項）

2 ○　1 の**作業計画**には，以下の事項が示されていなければならないとされている。

・**作業の方法及び順序**
・**使用する機械等の種類及び能力**
・控えの設置，立入禁止区域の設定等，倒壊または落下による労働者の危険を防止するための方法
　　（同規則第 517 条の 14 第 2 項）

3 ○　事業者は，高さ 5m 以上のコンクリート造の工作物の解体または破壊の作業を行う際に，**強風，大雨，大雪等の**悪天候のため，作業の実施について**危険が予想されるときは，当該作業を中止しなければならない**と定められている。（同規則第 517 条の 15 第 2 号）

4 ×　事業者は，**解体用機械を用いて高さ 5m 以上のコンクリート造の工作物の解体または破壊の作業を行うときは，**物体の飛来等により労働者に危険が生ずるおそれのある箇所にその解体用機械の運転者**以外の労働者を立ち入らせないこと**と定められている。（同規則第 171 条の 6 第 1 号）

No.50　品質管理（品質管理活動の PDCA サイクル）

【正答　4】

品質管理活動は，「PDCA サイクル」といわれるように，計画（Plan）→実施（Do）→検討（Check）→処置（Action）の手順で行われるのが一般的である。設問の作業内容（イ）～（ニ）を上記の PDCA サイクルの各段階に当てはめると，以下のようになる。

（イ）…「異常原因を追究し，除去する**処置をとる**」とあるので，処置（Action）に該当する。

（ロ）…「作業標準に基づき，作業を**実施する**」とあるので，実施（Do）に該当する。

（ハ）…「統計的手法により，**解析・検討を行う**」とあるので，検討（Check）に該当する。

（ニ）…「品質特性の選定と，品質規格を決定する」取り組みは，品質管理の基礎となる方針や目標の設定に該当する。これは，PDCA サイクルのうちの計画（Plan）の策定に該当する。

　上記を PDCA サイクルの順番に並べ替えると（ニ）→（ロ）→（ハ）→（イ）となるので 4 が適当である。

No.51　品質管理（レディーミクストコンクリート）

【正答　1】

1 ×　購入者は，納入されたレディーミクストコンクリートの品質が指定した条件を満足しているかどうかについて，**荷卸し地点で受入れ検査を行わなければならない。**

　　この受入れ検査は，強度，スランプ，空気量及び塩化物含有量について行い，各試験結果によって合否を判定する。

2 ○　国土交通省「土木工事特記仕様書」によると，「請負者は，レディーミクストコンクリート圧縮強度試験については，材齢 7 日及び材齢 28 日についても行うものとし（以下省略）」とあり，**一般的には，圧縮強度試験は材齢 28 日で行われている。**ただし，**購入者が指定した材齢で行うこともある。**

3 ○　レディーミクストコンクリートの品質管理項目は，強度，スランプまたはスランプフロー，塩化物含有量，空気量の 4 つである。

4 ○　購入者が指定したスランプが 8cm 以上 18cm 以下の場合，スランプ試験の結果のスランプの許容差は，± 2.5cm 以内である。

　　本肢の場合，スランプが 12cm のため許容値は± 2.5cm 以内であり，下限値は 12.0 − 2.5 ＝ 9.5cm となる。

No.52　環境保全対策

【正答　4】

1 ○　受注者は，土工機械について，定期的な整備確認を行うことで**常に良好な状態に整備し，**エンジンの異常音や無用な摩擦音やガタつき音の発生の防止に努めなければならない。

2 ○　**空気圧縮機**や**発動発電機，**排水ポンプ等は，工事現場の周辺の環境を考慮し，隣家から離すなど，**振動，騒音の影響の少ない場所に設置する。**

3 ○　土工機械の騒音や振動は，運転操作や走行速度によって発生量が異なる。そのため，**土工機械の使用にあたっては，道路及び付近の状況によって必要に応じて走行速度の制限を加える**などの対処をすることで，余分な騒音・振動の発生を防止する。

4 ×　アスファルトフィニッシャには，敷均しのためのスクリード部の締固め機構として，バイブレータ方式とタンパ方式がある。**タンパ方式は，高密度の締固めが期待できるが，騒音が発生しやすい。**一方，振動を利用した締固め機構のバイブレータ方式は騒音が発生しにくいという特徴がある。

No.53　建設リサイクル法（特定建設資材）

【正答　2】

　建設リサイクル法（「建設工事に係る資材の再資源化等に関する法律」）に定められている**特定建設資材**としては，以下の 4 品目が定められている。（同法施行令第 1 条）

①コンクリート

②コンクリート及び鉄から成る建設資材

③木材

④アスファルト・コンクリート

建設発生土は，**リサイクル法**（「**資源の有効な利用の促進に関する法律**」）に定められている「**再生資源**」（同法施行令別表第2）や「**指定副産物**」（同法施行令別表第7）には含まれているが，上記の「**特定建設資材**」には**含まれていない**。

したがって，正答は2である。

No.54　施工計画作成のための事前調査
【正答　2】

施工計画作成の事前調査に関する語句の空所補充問題である。

・**(イ) 自然条件の把握**のため，地域特性，地質，地下水，気象等の調査を行う。

・**(ロ) 近隣環境の把握**のため，現場周辺の状況，近接構造物，地下埋設物等の調査を行う。

・**(ハ) 資機材の把握**のため，調達の可能性，適合性，調達先等の調査を行う。また，**(ニ) 輸送の把握**のため，道路の状況，運賃及び手数料，現場搬入路等の調査を行う。

※その他，施工計画作成の事前調査の目的としては，**労務の把握**，**工事内容の把握**などが挙げられる。

したがって，2が正答である。

No.55　建設機械
【正答　1】

建設機械の作業能力，作業効率に関する語句の空所補充問題である。

・建設機械の作業能力は，単独，又は組み合わされた機械の**(イ) 時間当たりの平均作業量**で表す。また，建設機械の**(ロ) 整備**を十分行っておくと向上する。

・建設機械の作業効率は，気象条件，工事の規模，**(ハ) 運転員の技量**等の各種条件により変化する。

・**ブルドーザの作業効率**は，砂の方が岩塊・玉石より**(ニ) 大きい**。

※ブルドーザの作業効率は，砂が0.40～0.70，岩塊・玉石が0.20～0.35である。

したがって，1が正答である。

No.56　工程管理（工程表の種類と特徴）
【正答　3】

各種工程表の種類と特徴に関する語句の空所補充問題である。

・**(イ) バーチャート**は，縦軸に作業名を示し，横軸にその作業に必要な日数を棒線で表した図表である。

※バーチャートは，作業の流れが左から右へ移行しているため，作成が簡単で各工事の工期がわかりやすいという特徴がある。反面，作業間の関連は漠然としかわからず，工期に影響する作業がどれであるかはつかみにくい。

・**(ロ) ガントチャート**は，縦軸に作業名を示し，横軸に各作業の出来高比率を棒線で表した図表である。

※ガントチャートの横軸は完了を100%とした達成度をとり，各作業の進捗を横線で記入する形式の工程表である。作成が簡単で各作業の進捗状況が一目でわかる反面，各作業の日数や作業間の関連をガントチャートで把握することは困難である。

・**(ハ) グラフ式工程表**は，各作業の工程を斜線で表した図表であり，**(ニ) 出来高累計曲線**は，作業全体の出来高比率の累計をグラフ化した図表である。

※出来高累計曲線における上方，下方の

管理限界曲線はバナナ曲線と呼ばれる。

したがって，３が正答である。

No.57　工程管理（ネットワーク式工程表）

【正答　2】

ネットワーク式工程表の読み取りに関する語句の空所補充問題である。

ネットワーク式工程表は，作業をアクティビティ（矢線→）で，各作業の結節点をイベント（○）で表す。各作業の関連性を矢線と結節点で明確に表現できるため，**クリティカルパスの確認が容易**である。

クリティカルパスとは，ネットワーク式工程表における各ルートのうち，**最も長い日数を要する経路**のことである。最も長い日数を要する経路上の作業が遅延した場合，全体工期の遅延に直結してしまう。クリティカルパスがどのルートになるのか，日数が何日になるのかを特定，算出した上で，クリティカルパスをいかに順守するかが，工程管理の重要な管理項目になる。

以上を踏まえ，本問のネットワーク式工程表のクリティカルパスを算出すると，最長の経路は⓪→①→②→③→⑤→⑥（作業Ａ→Ｂ→Ｅ→Ｇ）となり，作業日数の合計，つまり**工期は３＋５＋(0)＋７＋５＝20日**となる。

※なお，表中の点線で示されている矢線は**ダミーアロー**といい，**各作業間の前後関係のみを示す**。日数は０として計算する。

したがって，**（イ）〜（二）**はそれぞれ以下のようになる。

・**（イ）**作業Ｂ及び**（ロ）**作業Ｅは，クリティカルパス上の作業である。

・作業Ｆが**（ハ）３日**遅延しても，全体の

工期には影響はない。

※クリティカルパス上にある**作業Ｅ（③→⑤）の日数は７日**である。一方，**クリティカルパス上にない作業Ｆ（③→④→⑤）の日数は４日**であり，７−４＝３日の余裕日数がある。

・この工程全体の工期は，**（二）20日間**である。

したがって，２が正答である。

No.58　安全管理（安全衛生管理体制）

【正答　4】

複数の事業者が混在している事業場の安全衛生管理体制に関する語句の空所補充問題である。

・事業者のうち，一つの場所で行う事業で，その一部を請負人に請け負わせている者を**（イ）元方事業者**という。

・**（イ）元方事業者**のうち，建設業等の事業を行う者を**（ロ）特定元方事業者**という。

・**（ロ）特定元方事業者**は，労働災害を防止するため，**（ハ）協議組織**の運営や作業場所の巡視は**（二）毎作業日**に行う。

したがって，４が正答である。

No.59　安全管理（移動式クレーンの災害防止）

【正答　2】

移動式クレーンの災害防止に関する語句の空所補充問題である。

移動式クレーンを用いた作業における事業者が行うべき事項については，クレーン等安全規則（クレーン則）等に記載がある。

・移動式クレーンに，**（イ）定格荷重**をこえる荷重をかけて使用してはならず，また**強風**のため作業に危険が予想されるときは，当該作業を**（ロ）中止**しなければ

ならない。(同規則第 23 条第 1 項, 第 74 条の 3)

・移動式クレーンの運転者を, **荷をつったままで (ハ) 運転位置を離れさせてはならない**。(同規則第 32 条第 1 項)

・移動式クレーンの作業においては, **(ニ) 合図者を指名しなければならない**。(同規則第 25 条第 1 項)

したがって, 2 が正答である。

No.60 品質管理(ヒストグラム)
【正答 3】

2 つの工区のヒストグラムの読み取りに関する語句の空所補充問題である。

ヒストグラムとは, 横軸に品質の特性を示す値をとっていくつかの区間に分け, 縦軸に各々の区間に入るデータの数(度数)をとり, 柱状のグラフで表した図のことである。横軸に品質の目標値, 及び上限と下限の規格値を設定し, 実際のデータの分布幅(ばらつき)やデータが規格値の範囲内に収まっているか等をみる。

・ヒストグラムは測定値の **(イ) ばらつき**の状態を知る統計的手法である。

　※**時系列変化を知る手段としては, $\bar{x}$-R 管理図**がある。$\bar{x}$-R 管理図とは, 測定データの平均値 $\bar{x}$ と, ばらつきとして範囲 R をプロットした折れ線グラフである。

・A 工区における測定値の総数は **(ロ) 100** で, B 工区における測定値の最大値は **(ハ) 36** である。

　※ヒストグラムに記されている n = 100 が測定値の総数である。また, 各グラフの横軸が値の階級値を指し, B 工区における測定値の範囲は, 柱状グラフの記載がみられる 27 ～ 36 で, 最大

値は 36 であることがわかる。

・より良好な結果を示しているのは **(ニ) A 工区**の方である。

　※A 工区は, 平均値に近い最頻出のデータの山が最も大きく, 平均値を離れて上限, 下限に近付くにつれ, データの山が均等に減少していっており, ヒストグラムの形状が左右対称になっている。こうしたデータの度数分布の形状を正規分布と呼ぶ。A 工区は正規分布の典型的な形状を呈しており, 測定値の範囲は 28 ～ 34 と, データのばらつきも B 工区(測定値の範囲 27 ～ 36)と比べて小さい。

したがって, 3 が正答である。

No.61 品質管理(盛土の締固め)
【正答 2】

盛土の締固め管理に関する語句の空所補充問題である。

・盛土の締固めの品質管理方式のうち工法規定方式は, 使用する締固め機械の機種や**締固め (イ) 回数**等を規定するもので, 品質規定方式は, **盛土の (ロ) 締固め度**等を規定する方法である。

・盛土の締固めの効果や性質は, 土の種類や含水比, 施工方法によって **(ハ) 変化**する。

・盛土が**最もよく締まる含水比は, 最大乾燥密度が得られる含水比で (ニ) 最適含水比**である。

　※所要の締固め度が得られる範囲内における最適値の含水比を施工含水比と呼ぶ。要求される締固め度の程度によっては, 施工含水比と最適含水比は常に一致するとは限らない。

したがって, 2 が正答である。

第一次検定　正答一覧

令和5年度　後期　第一次検定				令和5年度　前期　第一次検定			
No.1	2	No.31	2	No.1	1	No.31	4
No.2	4	No.32	3	No.2	1	No.32	2
No.3	2	No.33	2	No.3	4	No.33	1
No.4	3	No.34	3	No.4	3	No.34	1
No.5	2	No.35	4	No.5	1	No.35	4
No.6	2	No.36	1	No.6	2	No.36	4
No.7	4	No.37	4	No.7	1	No.37	1
No.8	3	No.38	1	No.8	3	No.38	3
No.9	4	No.39	2	No.9	1	No.39	1
No.10	1	No.40	2	No.10	1	No.40	4
No.11	3	No.41	3	No.11	3	No.41	4
No.12	3, 4	No.42	3	No.12	2	No.42	2
No.13	1	No.43	3	No.13	4	No.43	4
No.14	3	No.44	4	No.14	4	No.44	1
No.15	1	No.45	4	No.15	2	No.45	3
No.16	3	No.46	1	No.16	1	No.46	4
No.17	4	No.47	4	No.17	2	No.47	2
No.18	2	No.48	4	No.18	3	No.48	1
No.19	4	No.49	1	No.19	2	No.49	4
No.20	3	No.50	2	No.20	3	No.50	2
No.21	1	No.51	2	No.21	4	No.51	3
No.22	3	No.52	2	No.22	2	No.52	4
No.23	1	No.53	3	No.23	2	No.53	3
No.24	2	No.54	1	No.24	4	No.54	1
No.25	4	No.55	1	No.25	3	No.55	2
No.26	2	No.56	4	No.26	3	No.56	3
No.27	1	No.57	1	No.27	2	No.57	2
No.28	1	No.58	1	No.28	3	No.58	3
No.29	2	No.59	3	No.29	4	No.59	3
No.30	3	No.60	4	No.30	1	No.60	2
		No.61	3			No.61	1

●合格基準：解答した40問のうち, 24問以上の正解で合格（40問は全61問のうち, 必須及び選択問題を合わせた総解答数）

●合格基準：解答した40問のうち, 24問以上の正解で合格（40問は全61問のうち, 必須及び選択問題を合わせた総解答数）

第一次検定　正答一覧

令和4年度　後期　第一次検定			
No.1	3	No.31	1
No.2	1	No.32	3
No.3	4	No.33	2
No.4	1	No.34	3
No.5	1	No.35	4
No.6	3	No.36	2
No.7	3	No.37	2
No.8	4	No.38	3
No.9	1	No.39	2
No.10	1	No.40	1
No.11	4	No.41	1
No.12	2	No.42	2
No.13	4	No.43	3
No.14	2	No.44	4
No.15	3	No.45	3
No.16	2	No.46	3
No.17	1	No.47	1
No.18	4	No.48	3
No.19	1	No.49	2
No.20	2	No.50	1
No.21	4	No.51	4
No.22	1	No.52	3
No.23	2	No.53	4
No.24	2	No.54	2
No.25	3	No.55	4
No.26	3	No.56	4
No.27	4	No.57	2
No.28	3	No.58	1
No.29	3	No.59	3
No.30	4	No.60	2
		No.61	1

●合格基準：解答した40問のうち，24問以上の正解で合格（40問は全61問のうち，必須及び選択問題を合わせた総解答数）

令和4年度　前期　第一次検定			
No.1	4	No.31	2
No.2	1	No.32	1
No.3	3	No.33	4
No.4	2	No.34	1
No.5	3	No.35	4
No.6	4	No.36	1
No.7	3	No.37	3
No.8	2	No.38	4
No.9	3	No.39	3
No.10	2	No.40	4
No.11	1	No.41	4
No.12	3	No.42	1
No.13	2	No.43	3
No.14	2	No.44	2
No.15	3	No.45	3
No.16	2	No.46	3
No.17	4	No.47	2
No.18	1	No.48	2
No.19	1	No.49	1
No.20	4	No.50	4
No.21	3	No.51	1
No.22	4	No.52	4
No.23	3	No.53	3
No.24	2	No.54	1
No.25	3	No.55	3
No.26	4	No.56	2
No.27	2	No.57	1
No.28	1	No.58	4
No.29	3	No.59	1
No.30	3	No.60	3
		No.61	2

●合格基準：解答した40問のうち，24問以上の正解で合格（40問は全61問のうち，必須及び選択問題を合わせた総解答数）

第一次検定　正答一覧

令和3年度　後期　第一次検定			
No.1	1	No.31	4
No.2	2	No.32	3
No.3	4	No.33	2
No.4	4	No.34	1
No.5	3	No.35	3
No.6	1	No.36	1
No.7	3	No.37	2
No.8	1	No.38	3
No.9	1	No.39	2
No.10	2	No.40	3
No.11	3	No.41	4
No.12	2	No.42	2
No.13	1	No.43	3
No.14	4	No.44	3
No.15	2	No.45	1
No.16	1	No.46	3
No.17	4	No.47	2
No.18	2	No.48	1
No.19	3	No.49	3
No.20	4	No.50	4
No.21	1	No.51	3
No.22	1	No.52	2
No.23	3	No.53	4
No.24	1	No.54	4
No.25	4	No.55	3
No.26	4	No.56	1
No.27	2	No.57	3
No.28	2	No.58	2
No.29	4	No.59	4
No.30	1	No.60	1
		No.61	3

●合格基準：解答した40問のうち，24問以
上の正解で合格（40問は全61問のうち，
必須及び選択問題を合わせた総解答数）

令和3年度　前期　第一次検定			
No.1	2	No.31	4
No.2	4	No.32	2
No.3	3	No.33	4
No.4	3	No.34	1
No.5	2	No.35	1
No.6	1	No.36	3
No.7	1	No.37	1
No.8	3	No.38	2
No.9	4	No.39	3
No.10	4	No.40	1
No.11	2	No.41	4
No.12	3	No.42	1
No.13	1	No.43	4
No.14	4	No.44	3
No.15	2	No.45	2
No.16	4	No.46	3
No.17	1	No.47	1
No.18	3	No.48	3
No.19	3	No.49	4
No.20	4	No.50	4
No.21	3	No.51	1
No.22	1	No.52	4
No.23	4	No.53	2
No.24	4	No.54	2
No.25	3	No.55	1
No.26	3	No.56	3
No.27	2	No.57	2
No.28	4	No.58	4
No.29	1	No.59	2
No.30	1	No.60	3
		No.61	2

●合格基準：解答した40問のうち，24問以
上の正解で合格（40問は全61問のうち，
必須及び選択問題を合わせた総解答数）

※矢印の方向に引くと正答・解説編が取り外せます。